国家出版基金项目
NATIONAL PUBLICATION FOUNDATION

ARJ21新支线飞机技术系列

主编 郭博智 陈 勇

ARJ21-700新支线飞机项目 发展历程、探索与创新

The Development History, Exploration and Innovation of ARJ21-700 Project

刘乾酉 李根兴 夏 杰 编著

上海交通大学出版社
SHANGHAI JIAO TONG UNIVERSITY PRESS

内容提要

　　本书根据项目亲历者的回顾和反思，记录了 ARJ21 十几年探索的艰苦历程和获得的成果，并总结了其中的经验教训，希望为后续型号的发展提供借鉴，供我国的民机从业人员参考。

图书在版编目（CIP）数据

ARJ21-700 新支线飞机项目发展历程、探索与创新/刘乾酉等编著.
—上海：上海交通大学出版社，2017
（大飞机出版工程）
ISBN 978-7-313-18584-6

Ⅰ.①支…　Ⅱ.①刘…　Ⅲ.①民用飞机-研究　Ⅳ.①V271

中国版本图书馆 CIP 数据核字(2017)第 306519 号

ARJ21-700 新支线飞机项目发展历程、探索与创新

编　　著：刘乾酉　李根兴　夏　杰	
出版发行：上海交通大学出版社	地　　址：上海市番禺路 951 号
邮政编码：200030	电　　话：021-64071208
出 版 人：谈　毅	
印　　制：上海万卷印刷股份有限公司	经　　销：全国新华书店
开　　本：710mm×1000mm　1/16	印　　张：16.25
字　　数：298 千字	
版　　次：2017 年 12 月第 1 版	印　　次：2017 年 12 月第 1 次印刷
书　　号：ISBN 978-7-313-18584-6/V	
定　　价：128.00 元	

大飞机出版工程

丛书编委会

总主编

顾诵芬 （中国航空工业集团公司科技委原副主任、中国科学院和中国工程院院士）

副总主编

贺东风 （中国商用飞机有限责任公司董事长）

林忠钦 （上海交通大学校长、中国工程院院士）

编委会（按姓氏笔画排序）

王礼恒 （中国航天科技集团公司科技委主任、中国工程院院士）

王宗光 （上海交通大学原党委书记、教授）

刘 洪 （上海交通大学航空航天学院副院长、教授）

任 和 （中国商飞上海飞机客户服务公司副总工程师、教授）

李 明 （中国航空工业集团沈阳飞机设计研究所科技委委员、中国工程院院士）

吴光辉 （中国商用飞机有限责任公司副总经理、总设计师、中国工程院院士）

汪 海 （上海市航空材料与结构检测中心主任、研究员）

张卫红 （西北工业大学副校长、教授）

张新国 （中国航空工业集团副总经理、研究员）

陈 勇 （中国商用飞机有限责任公司工程总师、ARJ21飞机总设计师、研究员）

陈迎春 （中国商用飞机有限责任公司CR929飞机总设计师、研究员）

陈宗基 （北京航空航天大学自动化科学与电气工程学院教授）

陈懋章 （北京航空航天大学能源与动力工程学院教授、中国工程院院士）

金德琨 （中国航空工业集团公司原科技委委员、研究员）

赵越让 （中国商用飞机有限责任公司总经理、研究员）

姜丽萍 （中国商用飞机有限责任公司制造总师、研究员）

曹春晓 （中国航空工业集团北京航空材料研究院研究员、中国工程院院士）

敬忠良 （上海交通大学航空航天学院常务副院长、教授）

傅 山 （上海交通大学电子信息与电气工程学院研究员）

ARJ21新支线飞机技术系列

编 委 会

总　序

国务院在 2007 年 2 月底批准了大型飞机研制重大科技专项正式立项,得到全国上下各方面的关注。"大型飞机"工程项目作为创新型国家的标志工程重新燃起我们国家和人民共同承载着"航空报国梦"的巨大热情。对于所有从事航空事业的工作者,这是历史赋予的使命和挑战。

1903 年 12 月 17 日,美国莱特兄弟制作的世界第一架有动力、可操纵、比重大于空气的载人飞行器试飞成功,标志着人类飞行的梦想变成了现实。飞机作为 20 世纪最重大的科技成果之一,是人类科技创新能力与工业化生产形式相结合的产物,也是现代科学技术的集大成者。军事和民生的需求促进了飞机迅速而不间断的发展和应用,体现了当代科学技术的最新成果;而航空领域的持续探索和不断创新也为诸多学科的发展和相关技术的突破提供了强劲动力。航空工业已经成为知识密集、技术密集、高附加值、低消耗的产业。

从大型飞机工程项目开始论证到确定为《国家中长期科学和技术发展规划纲要》的十六个重大专项之一,直至立项通过,不仅使全国上下重视我国自主航空事业,而且使我们的人民、政府理解了我国航空事业半个多世纪发展的艰辛和成绩。大型飞机重大专项正式立项和启动标志着我国的民用航空进入新纪元。经过 50 多年的风雨历程,当今中国的航空工业已经步入了科学、理性的发展轨道。大型客机项目产业链长、辐射面宽、对国家综合实力带动性强,在国民经济发展和科学技术进步中发挥着重要作用,我国的航空工业迎来了新的发展机遇。

大型飞机的研制承载着中国几代航空人的梦想,在 2016 年造出与波音公司

B737 和空客公司 A320 改进型一样先进的"国产大飞机"已经成为每个航空人心中奋斗的目标。然而,大型飞机覆盖了机械、电子、材料、冶金、仪器仪表、化工等几乎所有工业门类,集成了数学、空气动力学、材料学、人机工程学、自动控制学等多种学科,是一个复杂的科技创新系统。为了迎接新形势下理论、技术和工程等方面的严峻挑战,迫切需要引入、借鉴国外的优秀出版物和数据资料,总结、巩固我们的经验和成果,编著一套以"大飞机"为主题的丛书,借以推动服务"大飞机"作为推动服务整个航空科学的切入点,同时对于促进我国航空事业的发展和加快航空紧缺人才的培养,具有十分重要的现实意义和深远的历史意义。

2008 年 5 月,中国商用飞机有限公司成立之初,上海交通大学出版社就开始酝酿"大飞机出版工程",这是一项非常适合"大飞机"研制工作时宜的事业。新中国第一位飞机设计宗师——徐舜寿同志在领导我们研制中国第一架喷气式歼击教练机——歼教 1 时,亲自撰写了《飞机性能及算法》,及时编译了第一部《英汉航空工程名词字典》,翻译出版了《飞机构造学》《飞机强度学》,从理论上保证了我们的飞机研制工作。我本人作为航空事业发展 50 多年的见证人,欣然接受上海交通大学出版社的邀请担任该丛书的主编,希望为我国的"大飞机"研制发展出一份力。出版社同时也邀请了王礼恒院士、金德琨研究员、吴光辉总设计师、陈迎春副总设计师等航空领域专家撰写专著、精选书目,承担翻译、审校等工作,以确保这套"大飞机"丛书具有高品质和重大的社会价值,为我国的大飞机研制以及学科发展提供参考和智力支持。

编著这套丛书,一是总结整理 50 多年来航空科学技术的重要成果及宝贵经验;二是优化航空专业技术教材体系,为飞机设计技术人员的培养提供一套系统、全面的教科书,满足人才培养对教材的迫切需求;三是为大飞机研制提供有力的技术保障;四是将许多专家、教授、学者广博的学识见解和丰富的实践经验总结继承下来,旨在从系统性、完整性和实用性角度出发,把丰富的实践经验进一步理论化、科学化,形成具有我国特色的"大飞机"理论与实践相结合的知识体系。

"大飞机出版工程"丛书主要涵盖了总体气动、航空发动机、结构强度、航电、制造等专业方向,知识领域覆盖我国国产大飞机的关键技术。图书类别分为译著、专著、教材、工具书等几个模块;其内容既包括领域内专家们最先进的理论方法和技术成果,也包括来自飞机设计第一线的理论和实践成果。如:2009 年出版的荷兰原福克飞机公司总师撰写的 *Aerodynamic Design of Transport Aircraft*(《运输类飞机的空气动力设计》);由美国堪萨斯大学 2008 年出版的 *Aircraft Propulsion*(《飞机推进》)等国外最新科技的结晶;国内《民用飞机总体设计》等总体阐述之作和《涡量动力学》《民用飞机气动设计》等专业细分的著作;也有《民机设计 1000 问》《英汉航空缩略语词典》等工具类图书。

　　该套图书得到国家出版基金资助,体现了国家对"大型飞机"项目以及"大飞机出版工程"这套丛书的高度重视。这套丛书承担着记载与弘扬科技成就、积累和传播科技知识的使命,凝结了国内外航空领域专业人士的智慧和成果,具有较强的系统性、完整性、实用性和技术前瞻性,既可作为实际工作指导用书,亦可作为相关专业人员的学习参考用书。期望这套丛书能够有益于航空领域里人才的培养,有益于航空工业的发展,有益于大飞机的成功研制。同时,希望能为大飞机工程吸引更多的读者来关心航空、支持航空和热爱航空,并投身于中国航空事业做出一点贡献。

2009 年 12 月 15 日

序

民用飞机产业是大国的战略性产业。民用客机作为一款高附加值的商品,是拉动国家经济发展的重要力量,是体现大国经济和科技实力的重要名片,在产业和科技上具有强大的带动作用。

自新中国成立以来,中国民机产业先后成功地研制了 Y-7 系列涡桨支线客机和 Y-12 系列涡桨小型客机等民用飞机。在民用喷气客机领域,曾经在 20 世纪 70年代自行研制了运-10 飞机,国际合作论证了 MPC-75、AE-100 等民用客机,合作生产了 MD-80 和 MD-90 飞机,民机制造业转包生产国外民机部件,但始终没有成功研制一款投入商业运营的民用喷气客机。

支线航空发展迫在眉睫。2002 年 2 月,国务院决定专攻支线飞机,按照市场机制发展民机,并于 11 月 17 日启动 ARJ21 新支线飞机项目,意为"面向 21 世纪的先进涡扇支线飞机(Advanced Regional Jet for the 21st Century)"。从此,中国民机产业走上了市场机制下的自主创新之路。

ARJ21 作为我国民机历史上第一款按照国际通用适航标准全新研制的民用客机,承担着中国民机产业先行者和探路人的角色。跨越十五年的研制、取证和交付运营过程,经历的每一个研制阶段,解决的每一个设计、试验和试飞技术问题,都是一次全新的探索。经过十五年的摸索实践,ARJ21 按照民用飞机的市场定位打通了全新研制、适航取证、批量生产和客户服务的全业务流程,突破并积累了喷气客机全寿命的研发技术、适航技术和客户服务技术,建立了中国民机产业技术体系和产业链,为后续大型客机的研制打下了坚实的基础。

习近平总书记考察中国商飞公司时要求改变"造不如买、买不如租"的逻辑,坚持民机制造事业"不以难易论进退",在 ARJ21 取证后要求"继续弘扬航空报国精神,总结经验、迎难而上"。马凯副总理 2014 年 12 月 30 日考察 ARJ21 飞机时,指出,"要把 ARJ21 新支线飞机项目研制和审定经验作为一笔宝贵财富认真总结推广"。工信部副部长苏波指出:"要认真总结经验教训,做好积累,形成规范和手册,指导 C919 和后续大型民用飞机的发展。"

编著这套书,一是经验总结,总结整理 2002 年以来 ARJ21 飞机研制历程中设计、取证和交付各阶段开创性的重要成果及宝贵经验;二是技术传承,将民机研发技术专家、教授、学者广博的学识见解和丰富的实践经验总结继承下来,把丰富的实践经验进一步理论化、科学化,形成具有我国特色的民机理论与实践相结合的知识体系,为飞机设计技术人员提供参考和学习的材料;三是指导保障,为大飞机研制提供有力的技术保障。

丛书主要包括了项目研制历程、研制技术体系、研制关键技术、市场研究技术、适航技术、运行支持系统、关键系统研制和取证技术、试飞取证技术等分册的内容。本丛书结合了 ARJ21 的研制和发展,探讨了支线飞机市场技术要求、政府监管和适航条例、飞机总体、结构和系统关键技术、客户服务体系、研发工具和流程等方面的内容。由于民用飞机适航和运营要求是统一的标准,在技术上具有高度的相似性和相关性,因此 ARJ21 在飞机研发技术、适航验证和运营符合性等方面取得的经验,可以直接应用于后续的民用飞机项目。

ARJ21 新支线飞机的研制过程是对中国民机产业发展道路成功的探索,不仅开发出一个型号,而且成功地锤炼了研制队伍。参与本套丛书撰写的专家均是 ARJ21 研制团队的核心人员,在 ARJ21 新支线飞机的研制过程中积累了丰富且宝贵的实践经验和科研成果。丛书的撰写是对研制成果和实践经验的一次阶段性的梳理和提炼。

ARJ21 交付运营后,在飞机的持续适航、可靠性、使用维护和经济性等方面,继续经受着市场和客户的双重考验,并且与国际主流民用飞机开始同台竞技,因此需要针对运营中间发现的问题进行持续改进,最终把 ARJ21 飞机打造成为一款航空公司愿意用、飞行员愿意飞、旅客愿意坐的精品。

ARJ21是"中国大飞机事业万里长征的第一步",通过ARJ21的探索和积累,中国的民机产业会进入一条快车道,在不远的将来,中国民机将成为彰显中国实力的新名片。ARJ21将继续肩负着的三大历史使命前行,一是作为中国民机产业的探路者,为中国民机产业探索全寿命、全业务和全产业的经验;二是建立和完善民机适航体系,包括初始适航、批产及证后管理、持续适航和运营支持体系等,通过中美适航当局审查,建立中美在FAR/CCAR-25部大型客机的适航双边,最终取得FAA适航证;三是打造一款具有国际竞争力的喷气支线客机,填补国内空白、实现技术成功、市场成功、商业成功。

这套丛书获得2017年度国家出版基金的支持,表明了国家对"ARJ21新支线飞机"的高度重视。这套书作为上海交通大学出版社"大飞机出版工程"的一部分,希望该套图书的出版能够达到预期的编著目标。在此,我代表编委会衷心感谢直接或间接参与本系列图书撰写和审校工作的专家和学者,衷心感谢为此套丛书默默耕耘三年之久的上海交通大学出版社"大飞机出版工程"项目组,希望本系列图书能为我国在研型号和后续型号的研制提供智力支持和文献参考!

ARJ21总设计师

2017年9月

我们要做一个强国，就一定要把装备制造业搞上去，把大飞机搞上去，起带动作用、标志性作用。中国是最大的飞机市场，过去有人说造不如买、买不如租，这个逻辑要倒过来，要花更多资金来研发、制造自己的大飞机。

中国的飞机制造业走过了一段艰难、坎坷、曲折的过程。实际上我们的大飞机制造很早就起步了，七十年代以后它就停下来了，现在是而今迈步从头越。

我寄希望于、寄厚望于这支队伍，相信通过你们的不懈努力会实现这个目标，尽管这条路还很长。我们要保持耐心，要一以贯之、锲而不舍、扎扎实实、脚踏实地。一定要有这个雄心壮志，一定要相信，我们是会实现这样一个伟大目标的。

——习近平总书记 2014 年 5 月 23 日
视察中国商飞时的讲话

中国商飞原副总经理、ARJ21－700 新支线飞机项目行政总指挥罗荣怀 2015 年书赠支线部

本书序

2014 年 12 月，ARJ21 - 700 新型涡扇支线客机经历了美国 FAA 的影子审查，通过了中国民航适航当局的适航审查，即将进入市场。这是中国民机产业的重大事件。它标志着中国航空人历经艰险，苦苦探索，顽强拼搏，终于初步走出了一条自主创新发展中国民机产业的成功之路。这部《ARJ21 - 700 新支线飞机项目发展历程、探索与创新》记录了 ARJ21 新支线客机从立项研制到适航取证的全过程，很值得一读。

发展中国的民机产业，自立于世界民机产业之林，是中国航空人的夙愿，也是祖国和人民的热切期盼和要求。为了这个目标，几代航空人前赴后继、不懈努力，从运十到 MPC75 再到 AE100，从 MD80 到 MD90，历尽艰辛，屡战屡败，却毫不气馁，屡败屡战。希望找到一条适合我国国情的民机发展之路。直到 1998 年，两件大事——MD90 停产和 AE100 项目终止，又令我国民机产业"三步走战略"走到了尽头。航空人痛定思痛，认真反思失败和挫折的经验教训，深刻认识到："中国制造"绝不等于"中国创造"，市场也根本不可能换来核心技术。航空制造业作为高科技的向阳产业，领先者更不可能"用自己的智慧去培养一个强大的竞争对手"，相反，还会采取一切措施阻碍后来者的进入。因此，要发展自己的民机产业，航空人别无选择，唯有以我为主，自主创新，才可能走出中国民机产业的成功之路。同时，在当今改革开放，实行社会主义市场经济的大背景下，民机市场早就国际化了，我们要发展民机产业，必须直面比自己强大得多的竞争对手，只有努力把自己打造得比对手更加强大，才可能真正在市场上占有一席之地。而我们与对手的差距，除了技术、管理、条件能力等诸多方面之外，更在于观念和文化层面的差距。我们长期在计划经济体制下工作、生活，对市场的理解和对客户的关注都非常不够，更缺乏对民机"商品"属性的本质认识，总是抱怨民航为啥不愿买国产民机，却很少认真研究航空公司的需求和如何去全力满足他们的需求。显然，这种观念不转变，也是无法真正走出中国民机发展的路子来的。

　　就在我们总结反思历史经验的同时，千呼万唤又迎来了发展ARJ21新支线客机项目的新机遇。这是一场输不起的战斗。正如当年一位高层领导所言："这可能是民机人最后的机会。"我们必须以此为契机，抓住机遇，集智攻关，努力走出中国民机产业发展的成功之路。这也是一场充满艰难险阻的战斗，每前进一步都要面对前所未有的挑战，都要经受挫折与失败的考验。

　　历史的经验告诉我们，新支线客机的研发必须坚持"以我为主，自主创新，在拥有自主知识产权的前提下积极开展多种形式国际合作"的正确路线。但实施起来却常常要遭遇各种来自"左"和右的干扰，极大地影响着人们对项目的信心，甚至破坏我们队伍的团结和稳定。我们必须拿出更大的勇气和智慧，既旗帜鲜明，又审慎应对。

　　历史的经验也告诉我们，民机项目要取得成功，必须始终牢固树立"对市场特殊理解，对客户特别关注"的市场观和客户观。可是，在实践中遇到问题时却往往不自觉地用过去计划经济体制下的观念去思考和行动。我们要反复不断地与自己的传统观念和习惯做斗争，而这也是非常困难的事情。

　　历史的经验还告诉我们，"不能用搞军机的办法搞民机"。民机项目要用系统工程理念实施项目管理。组建项目公司，构建市场营销、研发生产和客户服务三大体系。按照"主制造商-供应商"模式，整合国内外相关资源，建立"战略同盟"，当好主集成商，集各方之力共担风险共同把项目搞成功。但是面对原有的体制机制，变革又谈何容易！更不用说要建设适应全球化环境的先进管理体系对我们自己的能力又是何等严峻的考验。

　　历史的经验更告诉我们，要研制出在市场上有竞争力的民机，必须坚持"需求牵引，技术推动"的原则，着力提升自己的竞争能力，按"四性一化"（即适应性、舒适性、经济性、共通性和系列化）的要求，在设计、试制、试验、生产、试飞各个阶段都严格按适航标准组织实施。这对于产业基础薄弱，技术储备缺乏，研制队伍和适航审查队伍都缺乏经验的我们来说，时刻都要面对各种关键和难点，既要努力学习，更要不断创新。

　　挑战是如此严峻，几乎无法成功。但是，愈挫愈勇的民机人，硬是凭着崇高坚定的理想信念、无私无畏的事业担当和百折不挠的顽强坚持，杀出一条血路，终于取得了今天的胜利。我们不仅收获了一型可供市场选择的新支线客机，更积累了许多宝贵的新鲜经验，可供后来者借鉴和参考。

　　回顾这一段艰苦卓绝的奋斗历程，我们要衷心感谢当年决策项目并一直支持我们的国家领导和政府有关部门的同志们,是他们的远见卓识和勇于担当,才使项目在极其困难的条件下得以生存并顺利进行下去;我们也要感谢为项目成功发挥了关键作用的各级指挥员们,是他们审时度势,认真总结历史的经验教训,坚持改革开放,努力开拓创新,带领大家奋勇向前,才使项目始终在正确的轨道上运行;我们还要感谢所有参研的管理人员、科技人员、工人、试飞员和适航当局的战友们,是他们以大无畏的奋斗精神,勇闯各种难关,才终于有了今天的初战告捷;我们更要感谢那些我国民机产业的开拓者和先行者,是他们勇于探索,顽强坚持,为祖国的民机事业奉献着忠诚、热爱、智慧、才华乃至生命,才使我们今天的发展有了坚实的基础。总之,今天的成就是几代民机人生生不息、持续奋斗的结果,我们要万分珍惜,不断发扬光大。

我作为一名老航空人,一名民机事业的曾经亲历者,深知民机人一路走来的艰辛,由衷地为民机人取得的每一项成就欣喜若狂,无比骄傲和自豪。更期待祖国的民机事业不断取得新的更加伟大的成就。

今天,ARJ21新支线客机已经迈出了坚实的第一步,拿到了进入市场的通行证。就要去接受市场和客户的严酷考验,还要与竞争对手一比高下,以赢得市场成功,并进而取得商业成功。这是又一场更加艰巨也更加伟大的战斗,也是一场只许成功、不能失败的战斗。必须"下定决心,不怕牺牲,排除万难去争取胜利"。我们坚信,在中国商飞的正确领导下,已经成长起来的中国民机人一定能夺取最后的胜利,从成功走向更大的成功!

刘高倬

2014 年 12 月

前　　言

在民机产业屡遭挫折的情况下,2000 年 2 月,国务院决定专攻支线飞机,发展具有世界水平的先进涡扇支线飞机。中国航空工业第一集团公司开拓创新,探索在市场机制下自主研发具有自主知识产权的国产民用飞机的道路,启动 ARJ21 新支线飞机的研制工作,2002 年经国务院批准立项,调动资源、组织力量,成立项目公司——中航商用飞机有限公司,明确飞机的市场定位,确定技术方案,选定十九家一流的国外发动机和机载系统供应商作为合作伙伴,与先锋用户签订购机协议,研制攻关,2007 年 12 月 21 日实现了 ARJ21 - 700 飞机总装下线;2008 年 5 月起新成立的中国商用飞机有限责任公司(中国商飞)担负起统筹中国干线和支线飞机发展使命,在中国航空工业集团公司(中航工业)的协助下,于 2008 年 11 月 28 日成功首飞之后,和中国民航适航审定队伍共同完成长达 6 年的试验试飞验证和适航认证,2014 年 12 月 30 日取得了中国民用航空局(CAAC)颁发的 ARJ21 - 700 型号合格证(TC),并且接受了美国联邦航空局(FAA)的影子审查,2015 年 11 月 29 日首架飞机交付成都航空公司。不久,我们的老百姓就可以坐上中国人自己的喷气式飞机。同时,向世界宣告我国具备了大型运输类飞机研制能力和适航审定能力,这是中国民机产业发展史上具有里程碑意义的重大事件。

ARJ21 新支线飞机项目是一个复杂的系统工程。参加这个项目的不仅有现隶属于中国商飞的上海飞机设计研究院(原 640 所)、上海飞机制造有限公司(原上飞厂)、上海飞机客户服务有限公司、民用飞机试飞中心、基础能力中心,还有现隶属于中航工业的第一飞机设计研究院(原 603 所)、西飞、沈飞、成飞、强度所、试飞院和特种所以及国外十九家发动机和机载系统供应商等。

ARJ21 项目的任务,不仅是发展一个产品,更重要的是要走出一条道路,奠定一个重要的产业基础。ARJ21 - 700 新支线飞机的研制过程是对中国民机产业发展道路成功的探索,是一次中国民机人经营开发现代民机的宝贵实践,不仅开发出一个型号,而且使我们的能力得到了很大的提高,我们的队伍得到了很大的锻炼。总结了十几年工作的经验教训对中国民机产业的发展十分必要,中国商飞公司高度重视项目总结工作,成立了总结工作领导小组和办公室,工作组和编写组,全面总结项目工作,为探索的过程做记录,对探索的道路做标记,为后续型号的发展提供借鉴。本书就是这项工作的一部分。本书的任务就是记录这一艰苦探索的过程、总结探索的成果、梳理经验教训和体会,其内容是根据项目亲历者回顾和反思的结果编写而成。希望可供我国民机从业人员参考,能为后续型号的发展提供借鉴。

本书的第 1 章是对研制历程的描述,系统地记述了 ARJ21 新支线飞机从酝酿到取证交付的整个过程;第 2 章对项目在管理上所做的探索和创新进行了回顾和分析,2.10 节是全书的总结,最后附上 ARJ21 新支线飞机项目大事记。

本书由编写组完成。编写组由总部机关和各中心 ARJ21 新支线飞机项目的亲历者组成,参加编写的人员有刘乾酉、李根兴、夏杰、李飞虹、杨艳红、王炯、吕贤俊、王俊、卓刚、沙江、孙善福、陈鹰、钱维明、张红光、张黎明、王锋、黄丽瑛、宁俐、叶群峰、郑振亚、程静、孙滢、郭帅、蒋斯来、叶超、王曦、郑涵、王华平、陆俊、段坤等,编写组分头编写后由刘乾酉、李根兴、夏杰同志执笔统稿。

项目初期的老领导刘高倬、杨育中、汤小平、王启明、李万新、吴兴世等指导了本书的写作。原中航一集团总经理刘高倬先生为本书作序。总结和出版工作得到项目原总指挥罗荣怀、项目总设计师陈勇、总工程师姜丽萍、项目部长谢灿军及上海交大林忠钦院士等的大力支持。这里一并致谢。

本书所涉及的内容时间截至 2015 年底 ARJ21-700 飞机 106 架(民航注册号 B3321)交付成都航。2016 年 6 月 28 日,成都航在按照适航规章完成运行验证试飞后,B3321 号 ARJ21-700 飞机执行成都至上海虹桥的 EU6679 航班,开启了中国自己制造的喷气式客机航线载客的历史。中国人坐上了自己的喷气式客机!实现了几代航空人的夙愿。

祝中国的民机产业茁壮成长,祝中国的大飞机梦早日成真!

编著者

2017 年 3 月

目　　录

1 项目历程简述

建设一批重大高技术工程,主要是高速宽带信息网、深亚微米集成电路、生物技术工程、新型涡扇喷气支线客机、新型运载火箭等。

——《国民经济和社会发展第十个五年计划纲要》

(2001年3月15日第九届全国人民代表大会第四次会议批准)

1.1 项目的出来

发展中国的民机产业,让我们的老百姓坐上中国人自己的喷气式飞机,是几代航空人的夙愿,航空人为此付出了长期艰苦的努力和探索,希望找到一条发展民机产业的道路,打赢了一个个具体战役,但是路没有走通。20世纪70年代自主研制的运-10飞机在首飞成功、7次进藏之后项目夭折了。80年代与美国麦道公司合作生产组装MD82飞机在交付35架飞机之后结束了。中德合作发展MPC75支线项目在干支之争中不了了之。为了发展干线飞机,经过反复的争论,90年代原中航总提出发展中国民机产业三步走的设想,决定与麦道公司合作,执行MD90干线项目,提高飞机制造能力;与空客公司合作发展AE100项目,提高设计研发能力;规划自主开发型号逐步走上自主经营。由于波音公司兼并麦道公司,关闭MD90生产线,迫使我方在交付2架飞机后停止MD90干线项目;之后空客公司立即停止与我方合作的AE100项目,三步走的设想刚刚起步就走不下去了。中国民机产业的发展失去了方向。先发展干线飞机还是支线飞机、以我为主还是国际合作、如何组织研制队伍(东西之争)长期困扰着中国民机产业的发展。航空工业近十余年在寂寞和磨难中开展民机预研,消化吸收国外先进技术和管理,蓄势多年。在这种情况下,2000年2月,国务院要求总结民机发展的经验,指出最大的教训就是用计划经济的一套,用搞军机的一套办法搞民机,明确要从市场牵引出发,按市场机制办事发展民机;支线航空发展迫在眉睫,要集中力量攻支线飞机,决定发展具有自主知识产权的先进水平的新型涡扇支线飞机。

2000 年 3 月 6 日,在九届人大三次会议上,国家发展计划委员会(简称国家计委,2003 年改称为国家发展和改革委员会,简称国家发改委)在《关于 1999 年国民经济和社会发展计划执行情况与 2000 年国民经济和社会发展计划草案的报告》中把民用飞机发展作为加快科教兴国步伐的新兴产业和社会事业的重大项目,列入国家新兴产业计划。

2000 年 7 月,中国航空工业第一集团公司(简称中航一集团)向国防科工委呈报新支线飞机项目建议书。

2000 年 8 月 16 日,中航一集团为使项目尽快启动,决定组织一个投资主体多元化的项目实体公司;项目公司为实体,按照哑铃型模式,主要负责飞机总体方案的确定、工作包的分解及任务分包,经费、进度、质量控制、飞机总装、销售与售后服务;公司申请并持有适航当局颁发的型号合格证(TC)、生产许可证(PC)、单机适航证(AC);具体研制工作分包给有关单位,公司注册在西安,总装线在上海。项目公司董事会全权负责项目运作。

2000 年 10 月 27 日,中航一集团在北京召开新支线飞机项目启动动员会。

2000 年 11 月 6 日,国防科工委在珠海航展国务院新闻发布会上宣布中国将研制具有自主知识产权的 50~70 座级新型涡扇喷气支线客机。11 月 7 日,中航一集团在珠海航展宣布组建按现代企业制度运作的新支线飞机项目公司。

2000 年 11 月 17 日,中航一集团在上海飞机设计研究所宣布新支线飞机项目公司筹备组正式成立并启动运行。

筹备组提出,以 ARJ21 作为我国新型涡扇支线飞机系列的代号,意为"面向 21 世纪的先进涡扇支线飞机(Advanced Regional Jet for the 21st Century)"。

2001 年 3 月 15 日,全国人大九届四次会议批准的《国民经济和社会发展第十个五年计划纲要》将新型涡扇喷气支线客机列为国家十二大高新技术工程之一。

ARJ21 新支线飞机项目启动了,中国民机产业走上了市场机制下的自主创新之路。

1.2 项目立项

1.2.1 提出立项申请

2000 年 7 月,中航一集团向国防科工委呈报新支线飞机项目建议书。建议书提出"根据市场需求分析和现有技术水平,抓住我国支线飞机未来将开始出现批量更新换代的机遇,尽早启动符合国际适航标准的新型支线客机研制及系列化发展。"

2001 年 8 月,中航一集团向国防科工委上报了"关于新型涡扇支线飞机项目立项的请示"。

　　立项请示阐述了发展支线飞机的必要性,认为"根据国内外市场分析预测和市场竞争情况,考虑我国民用飞机产业的综合实力,总结我国民用飞机走过的道路,选择新支线客机作为我国民用飞机发展的切入点是必要和可行的。""发展支线航空运输,对服务于国家西部开发大战略具有十分重要的战略意义和经济意义。因此发展新支线客机是航空运输市场和国家经济发展战略的客观需要。"

　　立项请示提出了新支线飞机的构型,采用中等后掠角的超临界机翼,下单翼布置,尾翼为 T 形高平尾,尾吊两台发动机,前三点式可收放起落架布局;驾驶舱采用两人制,航电系统采用总线技术、LCD 平板显示并高度综合化,常规机械系统并采用国际成熟的先进技术;动力装置采用先进的低油耗、低噪声、可靠性高、维修方便的涡扇发动机;基本型为 72 座,同时考虑系列化发展,是涡扇发动机为动力的先进技术支线飞机。适航审定标准按照 CAAC/FAA/JAA 适航标准。

　　立项请示拟定了新支线飞机项目的研制途径,即坚持自力更生、以我为主的方针,牢牢掌握我国自主的型号知识产权;充分利用行业长期积累形成的技术、人才、设施、经验等方面的综合基础,充分发挥行业各参研单位在设计、制造、试验、试飞等方面的独特优势;充分利用对外开放有利条件,积极开展少量关键技术的国际合作,提高研制水平,加快研制进度;面向全球,择优采购符合设计和适航要求的动力装置、航电设备和必要的原材料;充分利用已有的成果(科研、预研和国际合作的成果),结合产业结构调整,发挥集团整体优势形成集团军开展新支线飞机的研制,按照专业化组织生产;按照国际惯例,邀请用户参与研制的各有关阶段;首先取得CAAC 适航证,争取同时取得国际适航证。

　　立项请示测算了新支线飞机项目研制的总经费、研制保障条件经费、技改经费,提出了研制经费的解决方案。

　　立项请示安排了新支线飞机项目的研制进度,明确了中航一集团为项目的责任单位。

1.2.2　开展项目前期工作

　　与此同时,中航一集团组织所属单位进行了大量的工作:

　　统一思想。国家把新支线飞机项目交给中航一集团,集团上下备受鼓舞,也感到责任重大,总结过去的经验教训,集团公司党组、总部和各主要参研单位的同志认识空前一致,必须转换机制,整合力量,背水一战,以我为主并开展多种形式的国际合作来研制新支线飞机,大胆创新,顽强拼搏去争取胜利。

　　转换机制。中航一集团公司党组经过反复研究,并且听取了主要参研单位的意见,上下形成共识,按现代企业制度,组建投资主体多元化的新支线项目公司,用市场机制运作新支线飞机的研制、生产和销售。成立联合工作队进行可行性研究工作。党组决定成立项目公司具体运作新支线项目,由集团公司发起组建一个由集团公司有关参研单位和国内外投资者组成的投资主体多元化的项目公司,具体运作该项目,项目公司申请并持有型号合格证(TC)和生产许可证(PC),主要负责总体方案的确定、工作包的分解和分配、飞机总装、飞机的销售和售后服务,项目公司董事会全权负责项目运作。具体的研制工作,分包给有关参研单位。

队伍组织与产业布局。为了更好地抓好新支线的工作,中航一集团于2001年7月26日决定成立民用飞机部。鉴于中国民机产业资源的状况,在国务院领导关心下,经过与上海、陕西地方政府的沟通协调,国防科工委、中航一集团从确保项目商业成功出发,调整结构,转换机制,形成整体,决定西安/上海相关资源要整合,成立项目公司注册在西安,顶层设计集中利用上海条件,然后具体设计工作分包给有关单位,国内生产布局要充分发挥MD90干线项目形成的生产能力,发挥上海优势,把总装线放在上海。将来西安就搞军机,上海搞民机,军机、民机分开,物理隔断,解决军机、民机混线问题,有利于国际合作。2000年10月27日,中航一集团召开新支线飞机专题工作会议,统一思想、落实组织、启动工作。会上,刘高倬总经理宣布,集团公司任命汤小平任总经理助理,负责新支线飞机项目,任命西飞公司总经理高大成为新支线飞机项目公司(筹)负责人,任命吴兴世为项目技术负责人,会议决定成立联合工作队在上海开展项目的前期工作。2000年11月17日,在上海新支线飞机项目工作地(640所)召开了新支线飞机项目公司筹备组第一次工作会议,宣布新支线飞机项目公司筹备组正式成立并启动运行。

转变观念,进行市场调研,确定市场定位,制订初步方案。项目公司筹备组树立以客户为中心的理念,提出"市场需求是我们的动力,乘客满意是我们的宗旨,客户赢利是我们的目标,一流服务是我们的承诺"。研究国家经济发展对支线飞机的需求,分析国际国内民机市场竞争态势,走访客户、了解航空公司对支线飞机技术方案的意见,进行市场调研,确定市场定位,制订初步方案。2000年上半年,中航一集团组织有关单位走访民航所属14家航空公司调研。2000年12月,项目公司筹备组基于以往的技术积累和国际合作技术交流的经验,特别是与麦道公司合作生产的体会,提出了新支线飞机初步技术方案——《总第一轮总体布局定义》。2001年上半年,中航一集团和新支线项目公司(筹)在中航一集团汤小平总经理助理的带领下带了新支线飞机的初步方案,走访了上海航空公司、四川航空公司、东方航空公司、山东航空公司及深圳金融租赁公司等,根据目标市场分析和市场调研的结论,进一步明确研制生产70座级涡扇支线飞机,以有特色的先进产品和服务满足细分市场需求的产品战略,用具备"四性一化"即适应性、舒适性、经济性、共通性和系列化特色的ARJ21飞机产品和优质服务,满足以七大用途为标志的细分市场需求。

四性一化是:

适应性——适应以中国西部高原高温机场起降和复杂航路越障为目标的营运

要求。

舒适性——支线飞机中的宽、静机身，为旅客提供与150座级干线客机同等的良好乘机环境。

经济性——全服务期成本和直接使用成本，尤以前者，低于竞争飞机。

共通性——与150座级单通道飞机的性能和使用特性相近，在飞行/维护人机界面以及操作程序方面尽可能保持一致。

系列化——基本型、加长型、缩短型、货运型、公务机型系列化发展。

七方面的营运需求是：

（1）替代较小支线飞机满足中国西部高原高温机场起降和航线越障使用要求，实现中国西部热点航线满客营运的突破和远程直飞，提高服务水平。

（2）替代较大飞机增加航班频度，满足乘客需求。

（3）用于"点对点"的瘦长航线，提高营运效率。

（4）将枢纽机场中心-辐射式航线延伸到较小机场。

（5）在非高峰时间为枢纽机场主要航线提供经济的空运工具。

（6）满足国内对公务机和支线货机的发展需求。

（7）为飞行员改装升级提供过渡机种。

这些细分市场需求，特别是第一种需求，既有中国特色，又在全球有相当大的共同性。如果一种70～110座级喷气支线飞机既能满足上述需求，又不牺牲在连接低海拔、起降条件优良的机场间无特殊越障要求的航线营运时的经济性，应可获得可观的市场分享量。

1.2.3　立项批准

中航一集团做了大量工作，向国家综合机关汇报并与之沟通，讨论关于我国支线飞机发展途径问题、民机研制程序问题、项目经费解决方案、项目法人的组织机制和运行模式问题、支线市场与研制周期问题等。

2002年4月，国家计委对上述讨论进行了总结，达成了如下共识：

航空工业是关系国家安全和经济命脉的战略性产业，在当今世界高技术产业快速发展，市场竞争日趋激烈的形势下，大力发展民用飞机产业，对促进产业优化升级，带动经济结构调整，增强综合国力具有十分重要的意义。航空界、科技界普遍认为，中国这样的大国一定要有自主的航空工业。

我国航空工业经过50余年的发展，基本形成了一套飞机研制、生产体系。这一体系的发展、完善、提高，进而形成产业，不可能通过单纯的仿制和零部件转包生产来完成，必须通过进行一个飞机的研发生产和销售运营全过程，形成自主发展的体系，才能实现。

从国际国内市场情况分析看，虽然大型飞机市场已经被实力强大的波音公司和空客公司垄断,但支线飞机市场需求量正在快速增长,国际生产制造厂商的产业垄断现象不像干线飞机明显,但竞争也已十分激烈。随着我国经济的发展和西部大开发的需要,支线飞机的国内市场需求量正逐步上升。据初步预测,2006—2025年,国内约需660架支线飞机,为我国自主发展支线飞机产业提供了市场基础和发展空间。社会各界呼吁抓住市场机遇,发展民用支线飞机,促进我国产业结构升级。2001年3月全国人大九届四次会议通过的"十五"计划纲要,已将新型涡扇喷气支线飞机项目列为国家十二大高技术工程之一。

明确了新支线飞机项目研制的主要原则如下:

(1) 坚持以我为主的发展道路。新支线飞机研制,在立足国内科研生产力量、掌握自主知识产权的基础上,开展多种形式的国际合作。

(2) 坚持采用新的运作机制和管理模式。实行国家、地方和企事业单位"共同投资、共担风险"的市场运作机制,多方式、多渠道进行融资。

(3) 坚持以市场需求为导向,以满足国内市场需求为主,积极开拓国际市场。

(4) 坚持充分利用全航空行业的优势,开展全国大协作。

明确了新支线飞机项目的研制总经费,明确了新支线飞机项目研制进度。明确了新支线飞机的研制实行项目法人责任制,目前该项目有关工作先由中航一集团负责组织,待项目的各投资方及组织模式和运行机制明确后,由新组建的项目公司作为法人责任单位。

文件明确的新支线飞机基本方案如下:

按照中国民用航空总局(CAAC)、美国联邦航空局(FAA)和欧洲联合航空局(JAA)的适航条例研制,选装低油耗、低噪声的涡扇发动机,采用大展弦比超临界机翼,基本型为72座,可系列化发展。主要技术性能指标为:设计航程2 200千米;巡航速度马赫数0.76~0.78;使用寿命达到60 000飞行小时/60 000飞行起落,20日历年;总体技术水平和使用性能略高于国际同类竞争飞机,制造成本比竞争飞机低20%,直接使用成本(DOC)低8%~12%。

研制经费及进度安排如下:

新支线飞机首批共制造5架原型机,其中3架用于试飞,1架用于静力试验,1架用于疲劳试验。计划2005年底首飞,再用18个月取得适航证并投入航线使用。

明确了项目研制总经费。

当时的国务院总理朱镕基主持召开总理办公会议,会议同意中国航空工业第一集团公司新支线飞机项目建议书。新支线飞机由上海、西安航空企事业单位联合设计研制,为便于利用现有设施,节约投资,总装厂设在上海。

2002年6月,国家发展计划委员会发文正式批复新支线飞机项目立项。要求中国航空工业第一集团公司坚决贯彻国务院关于发展国产支线飞机的决定,从国家利益出发,抓住当前有利时机,抓紧实施该项目。并据此编制项目可行性研究报告,报国家计委审批。

　　据此,中航一集团于 2002 年 10 月注册成立了中航商用飞机有限公司(简称中航商飞),作为新支线飞机项目的项目法人,并组织开展可行性研究工作。

　　项目在业内缺乏信心、业外不够信任、综合部门的支持也是有所保留的困难情况下起步了。

1.3　可行性研究

1.3.1　可行性研究报告的形成与批准

　　2000 年 11 月 17 日,新支线飞机项目公司筹备组成立后立即开展项目可行性研究工作。2001 年 6 月 26 日,筹备组完成了新支线飞机项目可行性研究报告(简称可研报告)的送审稿,送中航一集团总部审核。内容包括:支线飞机市场预测与分析、新支线飞机设计要求与目标、飞机技术方案、研制途径与分工、研制生产规划、研制能力和基建技改、经费概算和经济分析、项目管理和运作、销售和产品支援、国际合作的主要途径和方式、适航审定、项目评价等,文件带有 11 份附件和 73 份支持材料。

　　2001 年 7 月,中航一集团在北京主持召开了新支线飞机项目可行性报告(送审稿)评审会。由顾诵芬院士等 16 人组成的专家组经过认真讨论认为,送审稿论述全面、思路清晰,在大量工作的基础上提出了实现"十五"计划纲要研制新型涡扇支线飞机的具体方案设想,工作已有相当的深度。根据对国内外支线飞机市场的预测和分析,提出的目标市场和设计要求基本上是合适的,可以在今后方案设计中进一步征求用户意见,反复迭代,逐步完善;赞成选择 70 座级、一排 5 座的客舱布局作为新支线的基本型,并按照系列化发展的思路满足不同的市场需求,并建议在发展中应考虑满足进藏要求。专家组同意选用尾吊飞机的总体气动布局;同意采用超临界机翼设计;认为新支线飞机的结构设计要满足 CCAR – 25.571 验证要求和双 6 万(6万飞行小时/6 万次飞行起落)的寿命指标,在技术上有相当难度,建议将此项列为技术关键,提前安排攻关;将新支线与现有干线飞机在使用上要有一定的共通性作为设计要求,这个思路得到了用户的响应,是正确的;新支线飞机研制要拥有以我为主的知识产权,要做好自主知识产权的有关工作,同时要在以我为主的前提下,积极争取多种形式的国际合作。专家组认为,国家决策在 21 世纪初以我为主研制新支线飞机,并将其列入"十五"计划纲要,是我国民机发展的重要机遇和挑战。为做好新支线飞机的方案设计工作,当前的首要问题是将各方的技术力量组织起来,建立集中统一、能符合国际适航要求的型号设计系统,从而能够发挥各单位的优势,充分利用好现有的基础和成果,加速研制进程。新支线飞机的研制进度是成败的关键之一,建议上级机关尽快批准立项,并以这次报告提出的技术方案为基础,迅速开展进一步的工作。

2002 年 6 月,国家发展计划委员会正式批复新支线飞机项目立项。9 月 3 日,中航商用飞机有限公司(中航商飞)在陕西省西安市阎良区召开第一次股东大会、董事会、监事会,选举杨育中为董事长,聘任汤小平为总经理,中航商飞正式开始运作,10 月 10 日向中航一集团上报《关于申报〈新型涡扇支线飞机项目技术经济可行性研究报告〉的请示》。

随后,中航一集团向国家计委、国防科工委上报新支线飞机项目可行性研究报告,阐述新支线飞机项目运作、新支线飞机市场预测及分享量、新支线飞机技术方案、飞机销售和产品支援、研制途径及生产规划、研制进度及经济性分析。

12 月,国防科工委委托中国国际工程技术咨询公司在北京召开了新支线飞机项目技术与经济可行性研究报告评估会,评估专家组由陈一坚院士等 17 位专家组成。

评估专家组对新支线飞机项目的市场、组织与运作机制、研制成本、技术方案等展开了认真的讨论,并形成评审意见。要求中航商飞对可研报告进行补充、修改和说明,并报中航一集团。

12 月 13 日,中航商飞发文《关于上报新支线飞机项目可行性研究报告补充修改意见的报告》,向中国航空工业第一集团公司报告补充和修改意见,内容是:支线飞机市场需求分析与 ARJ 飞机市场分享量预测;项目运作体制问题;项目研制经费测算;项目科研保障条件建设;生产能力分析中各参研厂资源情况。

根据国防科工委的委托,中国国际工程咨询公司完成了对新支线飞机项目可行性研究报告评估,评估结论主要内容如下:

《可研报告》对支线飞机的市场需求做了较为全面的分析,飞机的市场定位和使用要求基本合理,以项目公司作为新支线飞机的责任主体和经营主体,体现了按市场机制运作的指导思想,其市场营销组织模式和生产组织模式基本上是合理可行的,新支线飞机的适航取证分两步走也是比较现实的。因此,以我为主发展新支线飞机是有条件的。但是,《可研报告》对产品竞争力分析不够,分享量估计过高,此外项目还存在设计组织模式不顺,研制任务分工不尽合理,预发展工作深度不够,技术方案存在不定因素等问题,希望有关方面予以高度重视,并采取有效措施。评估对经费估算提出了调整的意见。

2003 年 1 月,中航一集团向国防科工委呈报了补充报告,就新支线飞机项目市场分享量、项目运作体制、技术方案、研制经费测算、融资和科研保证条件建设等问题做了说明。

国防科工委很快做出批复,原则同意。国防科工委作为国家主管部门及时批复可研报告,为项目的继续推进创造了条件。

2003 年 11 月,国家发改委向国务院汇报了新支线飞机项目可行性研究报告的情况。国务院领导听取后,对新支线飞机的市场问题有所担心,要求对我国支线飞机发展的总体规划,包括布局、机型、发展方向、市场以及军民结合等进一步研究,并专门向国务院汇报。

国家发改委随后花了很长一段时间进行工作,在 2004 年 7 月写了一份关于我国民用飞机发展的现状及发展思路的报告,对支线飞机发展的现状、发展前景、市场需求、自主研制与国际合作的关系及中航二集团与巴西合作生产 ERJ145 飞机与新支线飞机座级不同,市场不冲突等做了全面的阐述,为新支线可行性研究报告的批复奠定了基础。

2005 年 5 月 12 日,国家发改委发文通知中航一集团,由中航一集团上报、国家发改委转报的中国航空工业第一集团公司新型涡扇支线飞机项目可行性研究报告已获国务院批准。要求中航一集团据此开展新支线飞机项目建设的各项工作,整合内部力量,切实加强管理,加快项目进度,积极拓宽融资渠道,研究制定新支线飞机的销售战略和建立售后服务体系,确保取得新支线飞机研制和商业的成功,并做好新支线飞机与大型飞机研制的衔接工作。项目总体目标:新支线飞机定位为 70 座级中短航程先进支线飞机;主要技术性能指标为:设计航程为 2 200 千米,巡航速度为马赫数 0.76~0.78,使用寿命为 60 000 飞行小时/60 000 飞行起落,20 日历年。项目目标为研制出 5 架原型机,计划 2006 年实现首飞,2007 年交付用户使用。

1.3.2　可行性研究阶段的工作

在可研报告形成和报批的同时,中航一集团领导中航商飞进行了大量的工作。

1.3.2.1　整合力量构建体系

2001 年 9 月 14—15 日,中航一集团新支线项目工作会议进一步明确,项目公司是新支线飞机项目的责任主体,是责权利统一的经济实体,对所有投资者负责。它不仅负责市场开发、销售及客户服务,还有经营和融资的责任,而且是申请适航证的主体。因此,项目公司是飞机技术完整性和技术符合性的责任主体,负责顶层设计及构型控制。项目公司负总体设计责任,有关单位负部件设计责任。项目公司的核心队伍、联合工作队、各单位支持队伍共同组成完整的技术体系。

2002 年 8 月 20 日,中国民用航空总局发文《关于设立中航商用飞机有限公司的意见》,告知"经审查,中航商用飞机有限公司的设立符合成立民用航空器设计、生产企业的条件。"

2002 年 9 月 3 日,中航商飞在陕西省西安市召开第一次股东大会,会议审议并通过了公司组建领导小组起草的《中航商用飞机有限公司章程》。根据《中航商用飞机有限公司章程》中的有关规定,选举了首届董事会成员。会议当日,召开了中航商用飞机有限公司第一届董事会第一次会议。选举杨育中任第一届董事会董事长,汤小平任副董事长。聘任汤小平为总经理。

2002 年 10 月 25 日，中航商飞在西安正式注册成立，承担起新支线飞机项目的项目法人的责任。新成立的中航商飞在总经理汤小平带领下，先到民航管理干部学院参加培训，了解航空公司是如何运营的，探讨民机发展特色，促进价值观的调整和价值链重审，建立"对市场的特殊理解、对用户的特别关注"。项目以"客户观、市场观"起步，重新审视民机发展的历史，建立客户、市场为引导的民机发展的价值观，把项目成功的目标定在了客户使用的"商业成功"上。在认清了"民用飞机是商品"这一特性的基础上，对现有的航空制造产业链进行细化的分析，识别和确定出民机产业必须要把握和控制好的与市场客户对接的主要价值链环节，即产品市场定位、产品构型的构造和控制、供应商选择和管理、产品总装和交付、市场开拓和销售、客户服务六大环节，以此构筑 ARJ21 飞机研制和产业化的商业模式，明确要把着力构建"三大体系"（即建立市场研究开发和产品营销体系、完善和改进现有产品研制体系、创建与国际接轨的客户服务体系）作为研制体系构建的中心思路。提出"市场需求是我们的动力，乘客满意是我们的宗旨，客户盈利是我们的目标，一流服务是我们的承诺"的公司理念，引导项目走上正确的发展道路，创造了良好的开端。

为充分发挥已有人力资源、技术资源和试验设施的作用，实现优势互补、充分调动一切积极因素，建立设计体系、落实设计责任，2001 年中航一集团开始进行东西整合工作，经过长时间反复的探讨、沟通和协调，于 2003 年上半年在 603 所和 640 所的基础上组建了第一飞机设计研究院，作为设计依托单位。

2002 年 8 月 5 日，新支线飞机项目公司筹备组向中国航空工业第一集团公司民机部发文《关于新支线飞机项目初步生产分工的报告》。报告提出了新支线飞机项目生产分工的原则，即在制造分工原则上与干线飞机保持一致的前提下，对干线飞机未明确分工的外购（包括提供件）结构件按分段归属原则进行分工，全新结构件按分段归属和加工能力原则进行分工，无能力加工的零件可通过厂际协作或分包的方式解决。

新支线飞机项目初步生产分工意见为：上海飞机制造厂作为新支线飞机项目公司委托的主制造单位承担总装、地面试验、喷漆、生产试飞、平尾制造工作；成飞公司承担机头制造工作；西飞公司承担机身段的制造工作、承担外翼、翼尖制造工作；沈飞公司承担机身尾段、垂尾、发动机挂架制造工作；中央翼制造工作分工另行确定（后确定为西飞）；详细的零部件（含系统件）的分工，待进一步工作后另行明确。

1.3.2.2　启动关键技术攻关

鉴于民机技术预研严重不足，2001 年 6 月 18 日，国防科工委安排了 15 个预研课题进行预发展阶段必不可少的关键技术研究和支持项目可行性研究工作，为全面启动研制提供决策依据。内容包括支线飞机市场分析与研究；支线飞机技术方案研究；民用飞机型号标准与规范体系研究；民用飞机共用技术体系研究；适航技术研究；超临界机翼设计与风洞试验研究；增升装置气动力研究；后体设计研究；噪声与声学设计研究;疲劳与损伤容限设计和评定研究;工程模拟器技术研究;航空电子系统综合;可靠性、维修性设计技术研究;项目管理与公司运作模式研究;项目经济性分析研究等。这些课题的研究工作在 2003 年完成并通过验收。

1.3.2.3　开展国际招标,落实发动机及机载系统供应商

为贯彻以我为主广泛开展国际合作的原则,以市场成功和商业成功为前提选择供应商,打消供应商担心我们只想学技术不是专心搞项目的顾虑,中航商飞提出"供应商必须满足我方的技术、经济等要求;必须建立客户服务体系与我方共同为客户提供优良的服务;为保证项目的成功,我们不以是否与我方进行工业合作为前提条件,但需要双方共担风险提供优惠的商务条件"的原则,得到供应商的欢迎和用户的支持,被外商称为"汤式三原则",同时也排除了一些不必要的行政干预,以良好的性价比选定了供应商。ARJ21 新支线飞机的市场定位和技术方案得到国际供应商的认可,纷纷派出代表与项目公司筹备组接触,表达了参与项目的意向,签署合作备忘录,筹备组也派人对主要的发动机供应商进行调研走访,进行新支线飞机与动力装置推力匹配、动力装置一体化的第一阶段联合工作。

2002 年 4 月 18 日新支线飞机项目公司筹备组向美国 Honeywell 公司、Collins 公司、法国 Thales 公司发放了新支线飞机项目航电系统的信息征询书(Request for Information,RFI),这是新支线飞机项目第一份正式对国外供应商发放的商务文件。

8 月 2 日中航商飞向参加新支线飞机的发动机竞标的美国通用电气公司(GE)、罗罗德国公司(RRD)、加拿大普惠公司(PWC)和法国斯奈克玛(SNECMA)公司四家候选供应商发放了发动机系统采购招标书(Request for Proposal,RFP)。

2002 年 11 月 1 日中航商飞经过对四家发动机候选供应商的反复比较和评审,最终选中了美国通用电气公司(GE)的 CF34 - 10A 发动机。

1.3.2.4　提出适航申请

从项目之初就启动了适航工作,2001 年 4 月 26 日项目公司筹备组召开新支线飞机适航专题会议,出席会议的适航部门有中国民用航空总局适航司,民航适航审定中心,华东、华北、西北、西南管理局的代表,筹备组汇报了新支线飞机方案及适航设想,听取适航部门的意见。2001 年 9 月 17 日项目公司筹备组和中航一集团同中国民用航空总局适航司就新支线飞机项目适航申请的有关问题交换了意见。11 月 27 日,中航一集团与中国民用航空总局适航部门召开新支线飞机适航工作会议,中国民用航空总局适航司及各审定中心代表参加了会议。会议对新支线飞机项目组织管理方案、双方工作联系渠道及新支线飞机型号合格证申请前的工作进行了讨论。明确项目公司是新支线飞机适航责任的唯一承担者,是新支线飞机的 TC、PC证的持有者,项目公司必须做到责、权、利的统一与到位,必须具有强有力的管理职能和权威性,必须具有真正的现代企业制度和新机制。双方建立了工作联系渠道,并确定了在型号合格证申请前应开展的工作。

2002年12月2日新支线飞机适航申请前工作汇报会议在北京举行。中国民航总局适航司、中航一集团民机部、中航商飞的领导和代表参加了会议。会议对新支线飞机研制的设计和生产组织、适航申请和管理,以及质量保证等事宜进行了交流和磋商。为了做好适航申请准备工作,会议建议,对设计组织手册、审定基础、特殊审查项目、利用CPC平台进行审查的模式等专题组织讨论会或组织专题研究,由适航部门帮助落实有关专家参加讨论和评审。2003年1月3日中航一集团总经理刘高倬向中国民用航空总局领导汇报新支线飞机项目进展情况和有关适航取证问题,中国民用航空总局杨元元局长、适航司王中司长等民航总局领导听取了汇报,表示全力支持新支线飞机项目适航取证工作,杨元元局长对民航部门提出了与航空工业部门搞好合作的要求。

2003年1月20日新支线飞机型号合格证申请书提交仪式在北京隆重举行。中航商飞向中国民用航空总局适航司递交了申请书《ARJ21飞机型号合格审定申请》。中国民用航空总局刘绍勇副局长、中航一集团常务副总经理杨育中在申请仪式上发表讲话。国家计委、国防科工委及美国联邦航空局(FAA)代表和ARJ21飞机发动机供应商美国通用电气飞机发动机公司(GEAE)的代表出席了仪式。随申请书提交的除中航商飞营业执照等证件外,还提交了《飞机设计说明》《合格审定基础(建议稿)》《研制和验证计划(草案)》《设计组织手册(草案)》等文件。

2003年3月27日,中国民用航空总局向中航商飞发出《受理申请通知书》(NATC00017A),同意受理新支线飞机的适航审查申请。

1.3.2.5　开展科研保障条件建设论证

抓紧项目科研保障条件(简称研保条件)建设的论证、报批和前期工作,尽快为项目研发提供基本条件,这些项目包括项目协同商务网络平台建设、航电综合试验、飞控系统铁鸟试验室、试飞研保、噪声试验室、鸟撞试验室、强度试验等,紧急启动了产品协同商务平台(CPC)的建设;同时开展生产能力分析,启动喷丸成型、自动钻铆、总装条件等项目的前期工作和形成年产30架飞机的生产能力的论证。

1.3.2.6　推向市场

在完成概念设计,明确适应市场需求的技术要求、性能指标和初步设计方案的同时开始把飞机推向市场。

2001年4月27日,中航一集团总经理助理汤小平率领新支线飞机项目公司筹备组对山东航空股份有限公司进行了市场访问和调研。双方经友好协商,签定了新支线飞机项目首家启动用户意向协议书,2001年5月16日,上海航空股份有限公司表示有成为新型涡扇支线飞机(ARJ21)启动用户的意向。

2002年11月4日,中航商飞以ARJ21展示样机和电子虚拟样机参加珠海航展,举行了产品推介会,新支线飞机成为航展的一个亮点。

1.3.2.7　明确项目目标,制定项目规划

多位专家、领导指出:新支线飞机的研制进度是成败的关键之一,国家发改委文件指出,目前我国支线航空运输业已进入较快发展阶段,对支线飞机形成了迫切的市场需要。同时,我国的支线飞机市场已经成为跨国公司竞争重点之一。因此必须加快项目进度,早日研制出具有自主知识产权和较强市场竞争力的支线飞机。

当时巴西50座的ERJ145飞机通过与哈飞合资已经进入中国市场,70和90座的ERJ170、ERJ190已经取证,俄罗斯的RRJ(即后来的SSJ100)也已起步,竞争态势非常严峻。因此,尽管基础薄弱、经验缺乏、投入不足,迫于市场和宏观经济环境的压力,中航商飞还是力图压缩周期、加快进度,早日拿出飞机。根据市场的需求和国外新机研制的周期,经过反复权衡,2003年1月28日中航商用飞机有限公司发出了《关于下发新型涡扇支线客机研制项目零级网络计划(第一版)的通知》,正式下发经董事会批准的"新型涡扇支线客机研制项目零级网络计划(第一版)"。项目总周期72个月,标志性里程碑4个:总体技术方案基本冻结(2003 - 6 - 30);实现首飞(2006 - 6 - 30);市场产品支援(2007 - 6 - 30),包括完成首架机交付准备和客户服务支援体系的建成;完成试飞取证交付首架飞机(2007 - 12 - 30)。其中预发展阶段为18个月(2002.1—2003.6);工程发展阶段为54个月(2003.7—2007.12)。

1.3.2.8　筹措资金

在中航一集团的支持下,中航商飞千方百计筹措资金,通过项目参研单位风险投入,各部件供应商以当期缓记劳务费的方式共担风险、机载设备供应商作为风险伙伴免费提供研制批的系统部件、银行贷款、寻求多方投资等多种渠道初步落实了项目预算费用。

项目工作全面启动起来了!

1.4　预发展阶段

中航商飞在项目可行性研究论证与报批的同时开展了预发展工作,2003年6月,预发展工作基本完成,7月14日根据国防科工委的要求,中航商飞对项目预发展阶段的工作和取得的成果进行了总结,并召开了项目预发展阶段评审准备工作汇报会,汇报了新支线飞机项目的由来、管理模式、市场情况、初步设计方案、制造与质量工作、供应商选择、客户支持、研制经费及研保条件建设、工程模拟器以及主制造商生产工艺技术准备情况等。7月17日中航商飞向中航一集团发出《关于进行新支线飞机项目预发展阶段评审的请示》,建议上级机关尽快组织安排对新支线飞机项目的评审,以便项目能够及时进入工程发展阶段。

1.4.1　预发展阶段的工作

从国外公司新研制民用飞机项目的主要任务节点上分析,项目在预发展阶段的

主要任务是两件事,即确定一定数量的先锋用户订单和总体设计技术方案冻结。对于正在建设和发展初期的中航商飞来说,还要组织队伍、建立新的运作机制和管理模式等基础工作,面向市场、面向全球供应商、面向适航管理,建立真正能够满足用户需求的客户服务体系等。

1.4.1.1　落实项目研制的组织体系

中航商飞作为项目的法人责任单位,对项目管理的机制创新和运作模式、项目管理架构的设计和管理体系的建设,进行了认真的分析研究和规划,建立了项目管理宏观框架、技术责任体系和技术管理体系。明确了中航商飞与政府、股东、客户和供应商以及成员单位的关系。建立了包括各参研单位在内的项目总设计师系统、计划管理体系、财务管理体系、质量管理体系、采购管理体系等各专项管理体系。编制了项目顶层管理与体系建设等六大类文件共 965 份。建立了由各参研单位主要行政领导组成的项目管理委员会以及中航商飞与研究院、中航商飞与上飞厂协调工作委员会等。同时,中航一集团抓紧了设计队伍的整合,以便承担起项目的工程发展工作。

初步建成以中航商飞为中心的计算机协同商务工作平台(CPC)系统,实现中航商飞与各参研单位间,在异地异构情况下的数据文档交换与共享、协同工作。

编制完成项目研制总方案,落实了项目研制工作的初步分工,完成了初版项目零级和一级网络图的编制工作。

构建型号标准体系的框架,组织编制标准文件。

建立项目总会计师系统,进行科研经费的测算和分解,组织进行项目研保条件建设的论证,制订了项目财务工作的规章制度、项目成本管理与控制办法,进行了融资方案的研究等。落实了项目研制保障建设条件内容并形成项目建议书。

1.4.1.2　首次 TCB 会议召开

按照适航要求,建立了以中航商飞和相关设计单位共同组成的设计组织,编制了有关适航管理的文件。2003 年 1 月 20 日,中航商飞向中国民用航空总局提出型号合格审定申请,2003 年 3 月 27 日,中国民用航空总局正式受理新型涡扇支线飞机型号合格证申请,2003 年 9 月 25—26 日,适航司在上海召开 ARJ－700 型飞机首次 TCB 会议,宣布了 ARJ21 飞机适航审定委员会成员,确定了适航审定基础,并与中航商飞签订了安全保障合作计划。应中国民航的邀请,美国 FAA 的代表作为观察员参加了会议,为今后 ARJ 飞机取得 FAA 适航证的工作做了铺垫。

1.4.1.3　飞机总体技术方案冻结,初步设计工作基本完成

坚持面向市场确定产品定义,按照市场研究的结论,确定了新支线飞机项目的市场定位。即以有特色的先进产品和服务满足细分市场需求的产品战略,用具备"四性一化"(即适应性、舒适性、经济性、共同性和系列化)特色的 ARJ21 飞机产品和优质服务,满足以七大用途(见本章 1.2 节)为标志的细分市场需求。并据此细化

飞机总体技术方案。

飞机总体布局设计中的主要技术特点是：超临界机翼，带一体化设计的翼梢小翼；五排座倒 8 字形客舱，提供与干线机相当的旅客舒适性；由前缘缝翼和双缝后缘襟翼组成的高效增升装置；尾吊两台 CF34 - 10A 涡扇发动机，提供具有竞争力的低巡航耗油率，满足高温高原机场起落所需的推力；采用先进的大屏液晶显示"玻璃驾驶舱"，提供与干线飞机相似的驾驶环境和驾驶特性。

到预发展阶段结束，共进行了 5 轮总体布局定义工作：2000 年 12 月 29 日，新支线飞机项目公司筹备组内部公布新支线飞机《总第一轮总体布局定义》，定义了基本型客座数混合级 72 座、全经济级 79 座、机翼参考面积 85 平方米、巡航速度 0.76 马赫数，基于候选发动机 BR710。

2001 年 7 月 18 日，新支线飞机项目公司筹备组内部公布《总第二轮总体布局定义》，定义了基本型客座数混合级 72 座、全经济级 79 座、机翼参考面积 75 平方米、巡航速度 0.76 马赫数，基于候选发动机 BR710。2001 年 7 月 3 日作为立项报告的附件，在北京接受了中航一集团专家的评审。

2002 年 1 月 11 日，新支线飞机项目公司筹备组发出《预发展第一轮（总第三轮）总体布局定义》。主要技术内容包括：基本型客座数混合级 72 座、全经济级 79 座、机翼参考面积 79.859 8 平方米、巡航速度 0.78 马赫数。此外，还有系列化发展定义，加长型客座数 92 座/99 座，基于候选发动机 BR710。

2003 年 3 月 4 日，中航商飞发出《预发展第二轮（总第四轮）总体布局定义》。相比《预发展第一轮（总第三轮）总体布局定义》，机身等值段中央翼前后各增加一个框距，原因是改善翼身整流鼓包与后货舱门的干涉区域。因此，基本型客座数混合级增加到 78 座、全经济级增加到 85 座、机翼参考面积不变，仍为 79.859 8 平方米。巡航速度仍为 0.78 马赫数。此外系列化中的加长型客座数增加到 98 座/105 座，基于选定发动机 CF34 - 10A。

2003 年 6 月 27 日，中航商飞发出《预发展第三轮（总第五轮）总体布局定义》。相比 2003 年 3 月 4 日发出的《预发展第二轮（总第四轮）总体布局定义》，该轮总体布局定义无明显变化，只是内容更完善，定义更明细，是预发展阶段结束的飞机构型定义。它被用作向先锋用户销售飞机的构型定义文件。

完成新一代超临界机翼设计和机体/动力装置优化设计等重要技术问题的设计研究，完成 8 项选型吹风试验，完成了机体结构的初步设计，在系统成品供应商选择中，按招标程序编制完成并发出全部技术规范，选定了发动机和航电、电源、液压等 11 个系统供应商，完成工程模拟器的设计评审，确定了试飞和试验方案。全面应用与西方航空工业接轨的先进标准，建立了满足型号研制需要的管理标准、技术标准、制造标准体系，采用数字化产品定义，形成了基于三维实体造型的数字虚拟样机。与乌克兰安东诺夫集团、波音公司等签署技术合作与技术咨询合作协议，开展了多种形式的国际合作。

1.4.1.4　落实了先锋用户

市场销售工作围绕对客户需求的了解、争取客户支持、落实先锋用户三个方面的任务,对重点航线公司进行了多次访问,按照国际通行的做法,适时地向重点航空公司提交了飞机技术说明书,并为他们提供航线分析和经济效益分析材料。经过艰苦努力,在 2003 年 6 月锁定了三个启动用户。2003 年 9 月 6 日中航商飞召开第三次董事会,批准了与启动用户签约的计划。9 月 17 日中航商飞在北京亮马河饭店与新支线飞机启动用户举行了"ARJ21-700 型启动用户购机协议签字仪式暨新闻发布会"。中航商飞分别与山东航空股份有限公司、深圳金融租赁有限公司签订了总数 30 架的新支线飞机购机协议。此前,中航商飞已与上海航空股份有限公司签署了确认上海航空股份有限公司成为拥有 5 架 ARJ21 飞机启动用户的相关文件。这样,ARJ21-700 飞机已经有 35 架订单,完全按照市场运作模式向国内用户销售正在研制中的大型民用飞机,把项目推向新阶段。

1.4.1.5　国外供应商的选择和管理

ARJ21 飞机国外供应商的选择和供应商管理总体思路是"积极开展国际合作,提高研制水平,加快研制进度,面向全球,择优采购符合设计和适航要求的动力装置、航电设备等系统",确定 ARJ21 飞机成品系统供应商在项目中的角色地位——风险合作伙伴。系统供应商选择的工作思路是:选用的系统应满足并有助于提高飞机性能;选用经过验证的先进、成熟技术且具有发展潜力的产品;有利于降低飞机成本、降低项目风险;尽可能地压缩供应商数量,减少协调层次,简化接口关系;系统供应商应分担飞机制造商的部分工作、费用和风险,通过供应商获得更多的市场机会。在谈判中明确要求:① 系统供应商必须自行承担系统研制和综合的研发费用(NRC),同时向中航商飞免费提供试飞和取证飞机上所需装机的完整系统;② 系统供应商向中航商飞提供的成套系统必须是低成本的产品;③ 系统供应商必须在中国和全球范围拥有良好的产品支援和客户服务体系,并愿意与我们一起建立起一整套完整的产品支援和客户服务体系。按照 ATA 章节对机上配套系统进行了权衡研究,确定了动力装置、航电系统等 12 个系统作为整套系统对外寻找风险合作伙伴,2 个系统采购成品件,同时确定了系统采购需求。

中航商飞抽调了商务、工程、制造、质量、适航、计划、产品支援等方面的精干人员逐步建立了 14 个选型工作组。并于 2002 年 4 月份向供应商发出了第一份 RFI,8 月份发出第一份 RFP。总共发放 RFI 共 51 份,发出 RFP 共 44 份。

2003 年 6—8 月,完成了动力、航电、电源、液压、燃油、环控、APU、起落架、飞控、防火、水/废水等 11 个系统的供应商选择,签署了意向协议,并开始进入合同谈判程序,国外供应商选择工作基本完成(见表 1-1)。同时形成了规范的公司商务管理和工作程序文件架构,开始进行联合定义阶段(JDP)的工作。

表 1 - 1 国外机载系统供应商

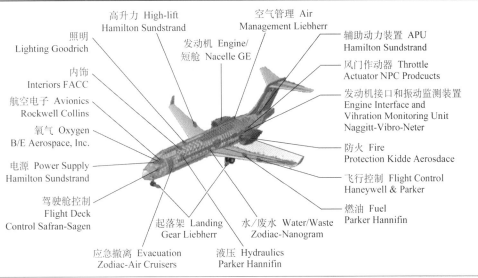

高升力 High-lift Hamilton Sundstrand

空气管理 Air Management Liebherr

照明 Lighting Goodrich

发动机 Engine/短舱 Nacelle GE

辅助动力装置 APU Hamilton Sundstrand

内饰 Interiors FACC

风门作动器 Throttle Actuator NPC Procducts

航空电子 Avionics Rockwell Collins

发动机接口和振动监测装置 Engine Interface and Vihration Monitoring Unit Naggitt-Vibro-Neter

氧气 Oxygen B/E Aerospace, Inc.

电源 Power Supply Hamilton Sundstrand

防火 Fire Protection Kidde Aerosdace

驾驶舱控制 Flight Deck Control Safran-Sagen

飞行控制 Flight Control Haneywell & Parker

起落架 Landing Gear Liebherr

水/废水 Water/Waste Zodiac-Nanogram

燃油 Fuel Parker Hannifin

应急撤离 Evacuation Zodiac-Air Cruisers

液压 Hydraulics Parker Hannifin

序号	名　　　称	供 应 商
1	动力装置	GEAE
2	航电系统	COLLINS
3	空气管理系统	LIEBHERR
4	起落架系统	LIEBHERR
5	飞控增升装置系统	SUNDSTRAND
6	飞控驾驶舱系统	SAGEM
7	主飞控系统	HONEYWELL
8	燃油系统	PARKER
9	液压系统	PARKER
10	APU 系统	SUNDSTRAND
11	防火系统	KIDDE
12	电源系统	SUNDSTRAND
13	水/废水系统	EVAC
14	照明	GOODRICH HELLA
15	驾驶舱照明控制板组件	EATON
16	主内饰系统	FACC
17	应急撤离设备	AIR CRUISERS
18	驾驶舱及乘务员座椅	ZODIACSICMA
19	驾驶舱风挡玻璃	SULLY
20	氧气系统	B/E AEROSPACE
21	雨刷及温控盒	GOODRICH RM
22/23	发动机震动监测仪和配电	VIBRO - METER
24	风门操纵机构	MPC

1.4.1.6 实施并行工程,编制制造工艺总方案和产品装配流程规划,启动生产准备工作

生产制造和质量工作按照项目研制运作模式的要求,按主制造商和供应商管理的模式,建立了以上海飞机制造厂作为中航商飞的委托主承制单位,西飞、成飞、沈飞、燎原公司为供应商的生产组织体系,完成了生产组织规划和详细分工。建立了制造和质量管理体系,形成了矩阵管理的构架,完成了工艺技术文件的顶层设计,编制了工艺总方案、产品生产装配流程和质量大纲,提出了质量代表的委派方案。根据项目研制特点,全面实施并行工程。

1.4.1.7 形成客户服务体系方案,启动客户服务体系的建设

我国各飞机公司还没有建立起完善的客户服务体系,缺乏必要的技术积累和经验,人力资源极其匮乏,特别是对客户服务的认识仍停留在"飞行保障",甚至"售后服务"的理念上,然而客户享受惯了国外飞机公司一流的服务,对飞机公司提出了很高的要求,在新支线飞机预发展阶段客户支援工作中,中航商飞理清思路、明确目标,规划建立符合民用飞机特点的、由中航商飞为主,研究院、上飞以及其他参研单位共同组成的客户服务工作体系,并建立了由南京航空航天大学、中国民航学院为依托的客户服务技术支持中心;编制完成了客户支援顶层管理文件,制订了客户服务工作大纲、研制阶段客户服务工作一级网络计划和工程技术服务、技术出版物、客户培训、备件服务、客户支援等技术工作的基础文件,明确了客户支援工作的基本框架;在进行国外供应商的选择过程中,以用户需求为出发点,在协议中较好地体现了对国外系统成品供应商配套设备的产品支援相关条款要求。

1.4.2 预发展阶段评审

2003 年 10 月 15—16 日国防科工委在上海组织召开了新支线飞机项目预发展阶段技术方案预评审会议。专家评审组由两院院士顾诵芬为组长的 17 位航空专家组成。国防科工委系统三司和中航一集团领导参加了会议。专家组听取了中航商飞总经理汤小平《建立三个体系、掌握自主产权、发展民机产业》的项目情况汇报、总设计师吴兴世的《ARJ21 项目预发展阶段工程工作汇报》,按总体/气动/适航、结构/强度/标准材料、系统/可靠性/维护性三个专题进行了评审。专家组认为:新支线飞机基本完成了预发展阶段的任务,在抓紧解决遗留问题的同时,可以转入工程发展阶段。

11 月 6—7 日国防科工委在上海主持召开了"新支线飞机项目预发展阶段评审会议"。由两院院士顾诵芬为组长的 23 人专家评审组在听取了中航商用飞机有限公司所做的《新支线飞机项目预发展阶段工作总结报告》《产品技术方案报告》《制造工作报告》《客户服务工作报告》后,专家组分为管理、市场和产品支援、制造质量工程适航、标准资料等四个评审组,听取了相关专业的专题汇报,并对有关问题进行了

质询。

专家组认为,新支线飞机项目研制采用项目公司的新管理模式,在预发展阶段深入研究了市场走向和客户需求,形成了适合国情的支线飞机的总体方案,获得了三家先锋用户的 35 架飞机启动订单,并收到了部分合同订金;新支线飞机总体设计方案已经过多轮风洞试验验证,进行了结构打样和虚拟样机协调,需要与国外合作的动力装置及主要功能系统已确定了供应商,完成了相关顶层文件和标准规范的编制;在预评审时提出的控制飞机重量等需解决的技术问题,项目总师系统已做了具体安排,该技术方案可行,可以在此基础上开展详细设计;在预发展阶段已开展适航审定的准备,适航当局已召开了型号合格审定委员会第一次会议;在预发展阶段编制了一批基础标准、设计标准和指南、工艺规范,以及标准件和材料选用目录等,建立了型号标准体系的基本框架,体系构成较为合理,可基本满足详细设计的需求;在项目的计划管理、供应商选择和管理、财务及成本管理等方面已形成了体系,建立了制造和质量工作体系,编制了工艺总方案,具备了开始研制生产的必要条件;中航商飞开拓了项目的计算机网络管理系统,初步建立了项目的产品协同商务工作平台,研制工作正按计划目标进行。专家评审组的审查结论为:"新支线飞机项目基本完成了预发展阶段的任务,可以转入工程发展阶段。"

专家组同时对新支线飞机的重量设计、设计制造管理体系、成本控制、标准化等方面的工作提出了改进建议。

国防科工委副主任张洪飚出席会议,要求中航商飞和一飞院发挥组织协调和总设计师系统的权威性,在项目管理、技术管理上建立高效的运行机制,最终取得新支线飞机项目的商业成功。

11 月 22 日中航商飞向中航一集团发出《关于新支线飞机项目预发展阶段转入发展阶段的请示》,根据新支线飞机项目预发展阶段的工作已基本完成,工程设计总体方案预评审获得通过,并完成预发展转阶段评审工作的情况,建议上级机关尽快行文批准新支线飞机项目转入发展阶段,以便项目在预发展阶段所做工作的基础上,按照项目计划进度要求,全面安排和组织实施工程发展阶段工作。

2004 年 3 月 23 日,中航一集团转发 2004 年 1 月 29 日国防科工委批复,同意新支线飞机项目转入工程发展阶段,并进一步明确了项目的研制目标:完成新支线飞机的研制,取得适航证,实现飞机交付客户使用,形成较为完善的客户服务和支援体系。

1.5　详细设计阶段

1.5.1　详细设计过程与评审

2003 年下半年,受中航商飞委托,新整合成立的第一飞机设计研究院(简称一飞院)担负起了新型涡扇支线飞机的工程发展责任,立即开展详细设计。

2004 年 12 月,一飞院经过连续 14 个月的加班加点,基本完成了结构 90%、系统 50%(即 9050)图纸设计工作,这实际上是一次详细的初步设计,没有进行适航审查,但是为长周期原材料采购订货和全面启动制造单位的生产准备工作赢得了宝贵的时间。

2005 年上半年,一飞院组织院内专家根据前段详细设计工作的情况,对 ARJ21-700 飞机设计性能进行全面复查和研讨,对超重和性能不达标等一系列技术问题展开了讨论和分析,提出对原技术方案进行较大变更的建议(有一种意见是改为翼吊布局并缩小机身截面)。7 月 15 日,在听取汇报后,杨育中副总经理强调,要调动整个集团的资源,组织好专家对详细设计进行技术复查,研究解决技术问题、完善详细设计的具体办法。根据中航一集团领导指示,顾诵芬院士等 12 人组成的专家评审组从 7 月 25—30 日就一飞院对新支线飞机项目复查后提出的问题和技术方案进行了评审。

专家评审组对技术方案进行评审后认为,从 2003 年 8 月 ARJ21 项目工程发展责任转移以来,一飞院对方案进行了细化,完成了详细设计“9050”的发图任务,做了大量工作,项目发展到今天是不容易的,是 20 多年来我国自主开发民机首次走到这样的深度和广度。已进行了四五年的技术工作很有成效,没有发现什么重大的颠覆性问题,目前看不出有改为翼吊布局或将机身缩小为四排座等重大方案性更改的必要。

关于技术方案的总体布局,ARJ21 新支线客机现有气动布局方案,经过努力是能满足设计要求的,现在 ARJ21 正处于详细设计阶段,所暴露的气动问题正是详细设计深化中应该解决的。飞机重量形势严峻,超重将严重影响 ARJ21 飞机的性能,机体减重在技术上是有可能的。专家评审组从技术和管理方面提出了具体的工作改进建议。

8 月 12 日,一飞院发文《关于开展 ARJ21 减重降阻攻关活动通知》,成立陈勇为主任的新支线飞机项目减重降阻委员会,建立包线优化、载荷、结构减重、电子电气系统减重、机械系统减重、改善气动性能等 6 个攻关组,要求 9 月底完成方案报告及打样,12 月底完成详细设计更改。8 月 23 日,中航商飞向中航一集团上报《关于加强新支线飞机研制工作的意见和建议》,中航商飞针对新支线飞机项目 6 月以来暴露的诸多问题,在以顾诵芬院士为首的专家组对 ARJ21-700 飞机技术方案评审意见的基础上,提出了加强和改进 ARJ21-700 飞机研制工作的意见和建议。8 月 30 日,一飞院发文《关于开展 ARJ21 飞机详细设计优化的报告》,从工程设计进展、存在的主要技术问题、对存在问题的认识、下一步工作思路、进度安排、工作措施、详细设计优化的工作内容、建议等 8 个方面,向中航一集团全面报告了开展 ARJ21 飞机详细设计优化的情况。

针对研制过程中出现的问题,根据专家组的评审意见和中航商飞及一飞院报告的情况,2005 年 8 月 31 日中航一集团党组召开党组会议,做出了《关于加强新支线飞机项目研制工作的决定》(简称《决定》)。《决定》明确指出:当前新支线飞机项目的技术攻关工作,主要是做好以减重、增升和减阻为重点的优化设计工作,加强与供应商的沟通和协调,这是重中之重。

按照《决定》的精神,一飞院上下行动起来,响应党组的号召,调整了任务分工,调集西安、上海两地的优势资源,以空前的政治热情、罕见的拼搏精神在全院开展新支线飞机的减重减阻、优化设计工作,取得了显著的进展。

2005 年 10 月,以顾诵芬院士为首的专家组对飞机的技术方案和优化设计工作进行了评审,确认"飞机的技术方案没有重大的颠覆性问题",对于优化设计工作,专家组认为"工作目标明确,技术方向正确,经过艰苦努力,克服了很多困难,取得了阶段性的重大成绩"。

年底,一飞院在西安总部召开新支线飞机工程图纸发放及适航审查汇报会。会议总结了发图和适航审查工作,适航审查代表宣布:一飞院提交的飞机结构、系统图纸全部得到适航认可。

根据国防科工委"关于新支线飞机详细设计评审和转段工作安排"的要求,2006 年 4 月 26—28 日,中航商飞在上海组织召开了 ARJ21 - 700 飞机详细设计评审会,会议由顾诵芬院士等 20 人组成评审委员会和专家组。分总体气动、结构强度、系统和设备、综合技术四个专业评审组进行了评审。评审委员会认为:ARJ21 - 700 飞机已完成详细设计阶段的工作,可以转入全面试制阶段。

2006 年 5 月 31 日,国防科工委在北京召开"新支线飞机项目转入全面试制阶段审查会议",大会听取了中航一集团常务副总经理兼中航商飞董事长杨育中做的《新支线飞机项目工作情况》,ARJ21 飞机项目总设计师吴光辉做的《新支线飞机项目工程进展报告》。顾诵芬院士宣读了专家评审组意见:一飞院通过方案初步设计、详细设计和优化设计等阶段的扎实工作,解决了飞机超重、飞机深失速特性、发动机进口流场畸变等关键技术问题,ARJ21 飞机总体气动性能、结构和系统设计达到了设计要求;设计图样和技术文件齐全、协调;飞机的系统和成品均已完成了系统联合定义和初步设计评审,部分系统已开始到货;供应商管理工作是有成效的。评审组认为 ARJ21 新支线飞机项目总体进展顺利,已完成详细设计阶段工作,可以转入全面试制阶段。会议同意新支线飞机项目由详细设计阶段转入全面试制阶段。

飞机的总体数据和客舱布置如图 1 - 1 和图 1 - 2 所示。

1.5.2 详细设计阶段完成的主要工作

1.5.2.1 工程设计工作

总体气动设计工作在详细设计阶段,随着风洞试验的进行,技术设计的深化,对

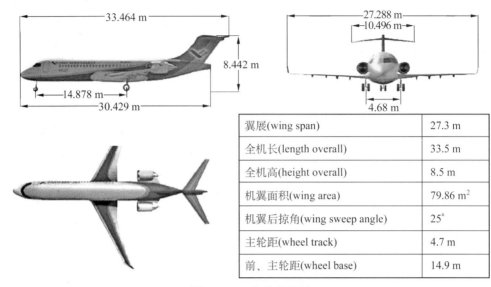

翼展(wing span)	27.3 m
全机长(length overall)	33.5 m
全机高(height overall)	8.5 m
机翼面积(wing area)	79.86 m²
机翼后掠角(wing sweep angle)	25°
主轮距(wheel track)	4.7 m
前、主轮距(wheel base)	14.9 m

图 1－1　飞机总体数据

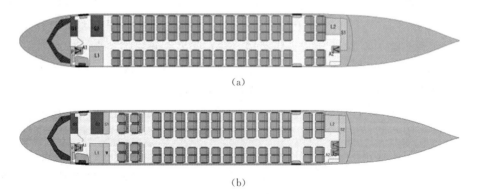

(a)

(b)

（a）90 座全经济级布置(31/30 英寸排距)　（b）78 座混合级布置(38/31 英寸排距)

G1、G2—厨房；A1—前服务员座椅；L1—前盥洗室；A2、A3—后服务员座椅；L2—后盥洗室；S1、S2—储藏室；P—电源中心；W—衣帽间(仅 b 有)

图 1－2　客舱布置

飞机总体布局做了局部的调整：2004 年 12 月 25 日,中航一飞院发出 D 版 ARJ21－700 飞机《总体布局定义》,随着新支线飞机设计工作深入,设计方案细化,对前一版的总体布局定义进行进一步的完善和扩展,供结构、系统设计打样；2005 年 1 月 18 日中航一飞院发出 E 版 ARJ21－700 飞机《总体布局定义》,对 ARJ21－700 飞机进行优化设计后,机身增加了两个框,对重量指标和全机重心位置进行了调整,同时增加了客座数：混合级为 78 座,全经济级为 90 座。完成了全机 29 份顶层设计文件的编制、全机三面图设计、理论图和布置图的设计与协调、全机外形数模的建立、全机数字化样机的设计与协调、重量、重心与平衡、构型管理、机头工程物理样机设计与制作等工作。进行了 ARJ21-700 飞机全机气动力计算分析、外形优化设计,完成了三轮性能计算、二轮操稳计算、三轮飞行载荷以及三轮疲劳载荷计算,共完成 16 项风洞试验,建立了风洞试验数据库,初步建立了 ARJ21-700 飞机气动特性数据曲线集,建立了工程模拟器气动力方程及气动模块,完成了深失速、进气道流场畸变、减重减阻攻关任务。

强度专业制订了强度设计顶层文件;编制了有限元建模规定,建立了全机有限元模型;制订了损伤容限分析方法;开展了载荷谱和强度载荷研究;进行了机翼、尾段颤振分析;对发出图纸进行了强度校核;进行了减重、方向舵颤振等攻关;完成了全机静力试验、全机疲劳试验大纲;开展了强度试验工作;对供应商进行了强度专业的技术监控。

结构专业编制了《ARJ21 飞机结构设计准则》等顶层文件;进行了结构方案的完善设计;组织开展了起落架、短舱、风挡等 JDP 工作;开展了结构减重攻关活动;完成了结构详细设计工作;发出了经工艺审查和适航认可的生产图样。采用三维为主、二维为辅的全数字化设计,用电子协调样机进行干涉协调检查、运动部件协调分析、结构与系统的协调、维修及维护和人机工效分析工作,并以此为基础开展多方位的并行工程工作。

在 ARJ21-700 飞机研制中,工程设计以三维数模为基础,建立成熟度管理机制。随着设计的进展按不同的成熟度,分阶段向各制造厂提供设计信息,供装配工艺性分析、材料采购启动、工装设计准备使用。对于重点、难点的工艺,如机翼壁板喷丸成形、自动钻铆、复合材料的制造工艺,机身机翼的对接装配,机身各部段的对接装配等,设计与制造进行了联合攻关,取得了阶段性成果。所有的结构图纸均通过了工艺评审和会签。

ARJ21 飞机机载系统由动力装置系统、航电系统、电源系统、辅助动力装置系统、高升力系统、液压系统、燃油系统、空气管理系统、起落架系统、飞行控制系统、防火系统、照明系统、内装饰系统、水/废水系统、氧气系统、防冰/除雨系统等组成,系统研制由中方提出系统设计要求和技术指标,中方与国外供应商进行联合定义,国外供应商进行研发,中方进行监控、评审、审批和适航审定,中方最后完成飞机级系统集成和综合。国外供应商有 19 家,涉及 ARJ21 项目 24 个系统/成品。按照"主制造商—供应商"国际通用的研制管理模式,组建了国外系统供应商的管理体系。一飞院负责与供应商联合定义阶段(JDP)中的工程技术工作。通过系统/成品联合定义阶段的工作,供应商与主制造商一起完成顶层要求、初步产品定义、项目里程碑计划和商务计划等。JDP 主要任务是:完成飞机各系统和结构的定义,定义并以接口控制文件(ICD)确定飞机系统与系统、系统与结构之间的所有物理接口和功能接口,定义并以文件确认与所有供应商的分工界面,完成飞机初步设计文件、图样和数字样机(DMU)。JDP 阶段共完成系统各类设计文件 1 092 份,所有系统完成初步设计评审(PDR),8 个系统完成关键设计评审(CDR)。

ARJ21-700 飞机标准化工作严格按照适航标准 CCAR-25 部和新支线飞机项目标准化综合要求开展。

新支线飞机采用异地数字化设计、异地数据传递和共享、异地数字化发放进行工程设计。工程文件通过 OA 平台内部审签、更改、发放,工程图样通过 VPM 平台进行内部审签、更改,最终工程设计图样和文件均通过 CPC 平台对外发放。经过 OA、VPM、CPC 三大平台的实际应用,设计图样和文件管理体系与数字化设计模式和管理需求已经融合,能够满足新支线飞机项目数字化设计的要求。

新支线飞机项目主要采用 CATIA 软件为设计工具,一飞院开发出系列数字化设计标准并在项目中实际使用,主要内容涵盖坐标系、建模(二维和三维)、模型命名、预装配等。

VPM 系统是异地数字化设计、异地数字化数据传递和共享的重要平台。在以工程设计图样文件管理和数字化设计标准为输入需求的前提下,VPM 核心工作组开发出系列标准和技术应用文件,主要内容涵盖应用管理、流程应用、数据库管理、非生产图样环境、更改管理、EBOM 和 EO 输出、用户角色和权限定义等。

CPC 平台是研究院工程数据发放的出口,亦相应建立了系列数据管理规范,内容涵盖发放流程、预发放、平台发放接收管理、平台数据管理等(见图 1-3)。

建立了新支线飞机标准件选用目录和标准件图册。对标准件进行了应用控制,同时明确了标准件标准和采购规范,建立了三维标准件库。

ARJ21-700 飞机设计采用国外民机成熟应用的材料,满足 CCAR-25.603 对材料的要求。经过材料应用的论证,编制形成了材料选用目录。编发了 ARJ21 飞机研制采用的金属材料通用规范目录。编发了 ARJ21 飞机研制采用的非金属材料通用规范目录,并编制了 100 份型号专用材料规范。已建立的材料规范体系,能够满足设计需求。

ARJ21-700 飞机项目完成了全机详细设计发图工作,共计发出 20 余万张 A4 的图纸。同时开展全机减重、全机减阻、深失速、进气道流场畸变、应急门设置等关键技术攻关,保证了详细设计工作的完成(见图 1-4)。

1.5.2.2　试验与试飞规划

规划了 276 项地面试验,其中重大试验 25 项,首飞前重大试验 20 项,详细设计阶段完成试验项目 34 项。其中风洞试验动用了全国模型加工能力,利用国内外 5 家风洞试验单位,完成了 10 套模型加工和 12 项风洞试验。结构设计发展试验已经完成 10 项。系统综合试验室土建已经完成,铁鸟试验台架制造正在进行,台架机头结构部分已经交付安装,相关试验设备的采购工作已经启动。工程模拟器完成预验

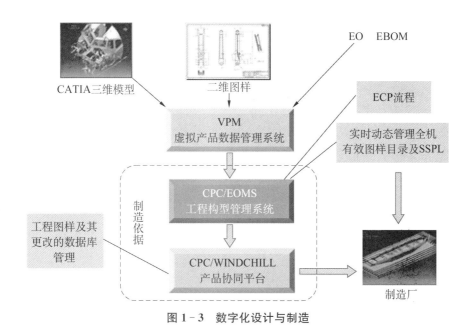

图 1-3　数字化设计与制造

收，运抵上海安装调试。

完成了全机静力和疲劳试验大纲编制、评审和修改；全机静力和疲劳试验机装机清单的编制。制订了试验工作的详细工作计划。

提出 ARJ21-700 飞机首飞、调整试飞和适航合格审定试飞要求，涵盖了CCAR-25部需用飞行试验验证的相应条款，满足试飞改装和试飞大纲编制需要；制订了空地勤试飞用各类手册、技术文件编制计划；完成了试飞任务组织分工；供试飞员、机务人员改装培训使用的工程模拟器正在进行安装调试；开展了试飞员培训工作。规划了三架试飞机的任务分工。

1.5.2.3　IT 技术应用与平台建设

针对产品数据生命周期中设计环节的数字化应用与管理，建设了统一、高效的管理平台。实现了产品在项目开发研究与应用过程中数据管理，具备嵌入式数字化签署功能的审签流程、设计更改控制、流程授权、EBOM 输出、与 Windchill 平台对接等功能，设计数据完整地由 VPM 系统传送到 CPC 平台，通过严格流程控制与过程记录管理，实现了跨地域、跨企业的数据传送和接收。形成在 ARJ21 飞机项目产品生命周期管理中由设计到制造的系统信息化管理。形成了具有自主知识产权的产品数据管理系统实施方法、数字化应用规范、自行开发的应用程序。

1.5.2.4　开展设计要求符合性检查

截至 2006 年 3 月 20 日，全机制造空机重量为 24 335.5 kg，飞机已达到重量指标要求。飞行性能计算所用原始数据的飞机构型反映了当前飞机发图的最新构型

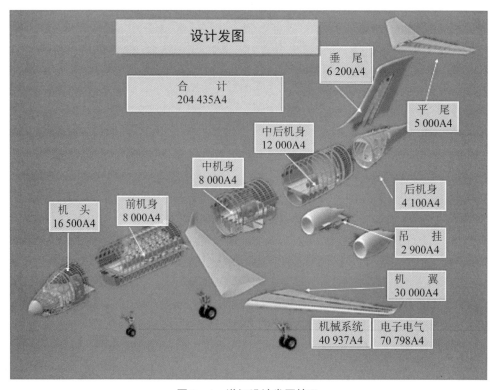

图 1－4　详细设计发图情况

状态,气动数据和发动机特性数据合理,计算结果可信,满足指标要求。制订了"ARJ21－700飞机可靠性/安全性工作方案",对飞机研制期间的可靠性/安全性工作进行了总体规划,明确了飞机及系统需要开展的可靠性/安全性工作项目、责任单位、工作方法要求,以及开始/完成时机和完成形式等;制订了"ARJ21－700飞机寿命可靠性要求/安全性要求",明确提出了各系统的平均故障间隔时间和签派可靠度指标,对飞机的系统和设备按照不同的研制状态,确定了相应的可靠性/安全性工作项目;各系统实际可靠性指标已为各系统接受,各系统可满足分配的指标要求。编制了《新支线飞机维修性要求》等18份维修性工程顶层文件,初步确定了ARJ21飞机维修性指标,明确了工作方法和要求,开展MSG－3分析和维修类技术出版物文件编写的准备工作,在确定整机维修性指标的基础上,分配了各系统维修性指标并已为各系统接受,各系统可满足分配的指标要求。

1.5.2.5　系统供应商工作

各系统供应商作为风险伙伴参加项目,在中航商飞的组织协调下参与飞机各系统的研发、取证。供应商投入数以百计的专业人员进行各自的工程研发工作,仅现场工程人员数量就有一百多人,在联合定义阶段(JDP)结束后,合同签署也即将结束。都已进入详细设计和样机试制、试验阶段。

1.5.2.6 生产制造工作

在工程设计工作进行的同时,研制批飞机的生产已全面启动。各生产厂高度重视新支线项目,组织队伍、创造条件提前启动生产工作。

工艺准备与工程设计同步进行、重要工艺方案已经确定;工艺难点基本攻克、机翼壁板喷丸成形和自动钻铆等关键技术难点已经突破,工装设计和制造全面展开;材料采购基本落实;零/部件制造已经开工。

1.5.2.7 产品支援与客户服务体系建设

产品支援与客户服务是我国民机产业最薄弱的环节,它包括技术服务、客户支援、备件支援、客户培训、技术出版物等工作,贯穿于整个飞机研制、售前和售后活动及飞机服役全寿命过程中。这些活动应遵循中国民用航空局有关适航和飞行安全规章以及一些国际惯例,有大量工作要做。中航商飞在航空公司和民航飞行标准司(简称飞标司)的帮助和指导下,完成了全面规划工作。为新型涡扇支线飞机项目建设与国际接轨的产品支援和客户服务系统的工作已全面启动;客户支援中心建设已经开工;民航当局相应的专业委员会也已经成立。

1.5.2.8 适航工作

2005年,中国民用航空总局成立了以杨元元局长为组长的ARJ21-700型飞机适航型号合格审定领导小组,中国民用航空总局适航司发文明确了ARJ新型涡扇支线飞机研制适航审定管理工作的框架,项目适航审查队伍已经基本形成。

新支线项目严格按照适航审定管理程序运作,得到中国适航当局的大力支持,2003年9月召开了首次TCB会议,之后召开各类适航审查会议60余次,确定各类审定问题,2005年12月召开了中间TCB会议。

为了保证新支线飞机项目发图进度,民航适航部门抽调了大量人员加班加点,完成了工程图纸的审查工作,确保了详细设计发图。

ARJ21-700飞机以中国民用航空规章第25部(CCAR-25-R3)《运输类飞机适航标准》、第34部(CCAR-34部)《涡轮发动机飞机燃油排泄和排气排出物规定》、第36部(CCAR-36部)《航空器型号和适航合格审定噪声规定》和有关专用条件及有关的营运要求等要求设计研制并进行适航审定。编制完成了《ARJ21飞机的型号合格审定基础》,确定了CCAR-121部《大型飞机公共航空运输承运人运行合格审定规则》、CCAR-91部《一般运行和飞行规则》的适用条款。编制完成了全机的符合性方法表。在此基础上,编制符合性验证计划(型号合格审定大纲及专项验证计划),开展符合性验证工作。

确定了供应商符合性方法表、适航支持计划、随机审定项目、机载设备适航状态清单,对供应商的制造检查项目和设计及符合性验证试验等适航审查工作取得进展。

开展适航审查,有些文件已得到审查方的认可,适航符合性试验和适航监控试验已经开始,风洞试验、复合材料性能许用值试验、部分颤振试验等已通过了适航审查。试验件(试验机)的图纸审查也已全面启动,发出的图纸都得到审查代表的认可。

在中国民用航空总局和中航一集团共同推动下,FAA联络员定期来华了解项目研制和适航工作,FAA各级负责人分别来项目公司考察,准备在上海设立专项办公室,为项目适航双边合作创造了良好的条件,FAA已承诺负责ARJ21飞机美国供应商的制造符合性检查工作,下一步将努力推动欧洲适航当局在ARJ21飞机上的合作,解决ARJ21飞机欧洲供应商产品的适航问题。

1.5.2.9　质量管理

ARJ21-700飞机项目质量体系已经建立,研制过程的质量控制通过设计质量复查、设计评审、试验质量控制、试制阶段质量控制、外协项目质量控制等手段得以实现。在详细设计阶段共进行了4次全面质量复查,两次各专业转段评审(初步详细设计阶段和详细设计阶段),进行了25次专项设计评审,3次内部审核,3次外部审核。截至2006年3月底,质量复查、设计评审和质量审核出的问题共2千多项,其中绝大部分已归零,归零率为97％。

1.5.3　项目计划的调整

在实际运作中总体方案细化、供应商的选取和联合定义(JDP)、研发试验、技术冻结和详细设计工作都有所延误。中航商飞在分析项目进展状况的基础上,综合考虑了系统供应商的交付周期、主要部件的研制周期等因素,2005年8月份重新调整了项目里程碑计划,总装下线时间调整到2007年12月15日,首飞时间调整到2008年3月,取得TC证的时间调整到2009年8月15日,交付客户的时间为2009年9月30日,报中航一集团党组和董事会批准,并同政府主管部门领导进行了沟通。

1.6　全面试制阶段

1.6.1　样机试制进展

ARJ21-700新支线飞机项目原计划研制批投产5架份,包括101/102/103三架试飞飞机、01架全机静力试验机、02架全机疲劳试验机。2006年因机头进行更改,增加03架机头试验件做新机头补充静力试验。2008年FAA同意受理ARJ21-700飞机型号合格证的申请,为了贯彻FAR25部新增的24项修正案,考虑到取证的日期和完成试飞科目的周期需要,2008年5月12日,ARJ21飞机项目联合指挥部首次会议决定增加投产104架机作为适航验证试飞飞机。因此,研制批飞机共6架。

按照并行工程的理念,样机试制工作从项目预发展阶段已经启动,进行了工艺准备、生产准备和原材料采购,进行了工艺技术攻关和关键设备设施配套,零部件也陆续投产。考虑到全新的项目,全新的体制,需要重建设计、生产体系和流程,中航商飞组织了 2003 年底的"1220 开工",实现了零件制造开工,旨在打通从设计到制造的全过程,暴露问题,是项目研制工作全面展开前的一次演练。

2006 年 5 月 31 日,国防科工委批准项目由详细设计阶段转入全面试制阶段。2006 年 8 月 12 日中航一集团成立 ARJ21 新支线飞机项目指挥部,以加强对 ARJ21 新支线飞机项目的领导和管理,进一步推动项目研制工作。

2007 年 3 月 30 日 ARJ21 项目总装、试验全面启动,6 月 28 日总装对接开铆,9 月 20 日以总装和试验为主战场的"百日会战"誓师大会在上飞厂总装厂房举行,时任上海市委书记习近平参加了会议并讲话。

2007 年 12 月 21 日,首架 ARJ21 - 700 飞机总装下线。2008 年 5 月 11 日中国商用飞机有限责任(简称中国商飞或 COMAC)公司成立,根据国务院批复的组建方案,中航商用飞机有限公司划入中国商飞管理,ARJ21 飞机项目由中国商飞负责。中国商飞高度重视 ARJ21 飞机的研制工作,在加大投入的同时,与中航一集团成立了联合指挥部,加强组织领导和质量管理,全力以赴确保 ARJ21 飞机项目的商业成功。

经过六年研制历程,首架 ARJ21 - 700 飞机 2008 年 11 月通过了首飞技术评审和放飞评审,2008 年 11 月 28 日 101 架机顺利首飞,12 月 18 日经中华人民共和国工业和信息化部(简称工信部)批准项目由全面试制阶段转入试飞取证阶段。

1.6.2 全面试制阶段的工作

1.6.2.1 工程工作

进入全面试制阶段后,工程设计方面的主要工作是:完善设计、试制跟产、试飞改装、试飞准备、适航验证试验、系统综合试验和机上地面试验等。

完善设计中最大的设计改进是机头更改。2006 年 5 月 30 日驾驶舱第二次适航评审会审查组认为:通风窗之间窗框离飞行员头部距离太近。2006 年 7 月 28 日航线飞行员咨询审查会认为:驾驶舱前部空间压抑、狭小。经过慎重研究,2006 年 9 月 18 日,中航商飞以中航商字〔2006〕181 号文下达"关于全面启动 ARJ21 - 700 机头改进设计工作的决定",一飞院成立了机头改进攻关组,经过紧张的工作,11 月初上报了《ARJ21 - 700 飞机机头改进方案决策建议》,2006 年 11 月 21 日项目控制委员会(PCB)召开了关于 ARJ21 - 700 机头改进方案决策会议,听取了总设计师系统报告,决定修改机头外形,采用曲面风挡的技术方案,12 月 14 日,项目计划协调会落实了生效架次和生产计划。机头更改解决了驾驶员头部空间、内/外视界、通风窗(驾驶员应急出口)尺寸等问题,满足适航要求。改进后飞机的气动特性、性能与原设计相当。构型更改计划是:01 架机、101~103 架机依然为原机头构型,机头更改自 104 架机起实施,并在 104 架机上进行补充试飞验证。02 架机采用新机头进行全机疲劳试验,增加 03 新机头用于补充静力试验。在样机试制过程中,工程根据试制、试验中发现的问题,还进行了一些局部的设计完善工作。

试验工作：按照试验规划完成了首飞前应完成的各项试验，其中工程研发试验96 项，机上地面功能试验 55 项，适航验证试验室试验（MOC4）56 项，适航验证机上地面试验（MOC5）9 项，适航验证工艺试验 19 项，国外供应商适航目击试验 39 项。

2007 年 9 月 28 日 ARJ21-700 飞机静力试验机（01 架机）交付中国飞机强度研究所（623 所，简称强度所），项目进入全机静力试验阶段。2008 年 10 月 27 日完成ARJ21-700 飞机首飞前全部静力试验（限制载荷试验），包括 14 个试验项目、79 个试验工况。

2006 年 11 月 4 日 ARJ21 飞机航空电子系统综合试验开试，标志着系统综合试验室建成，四大模拟试验：液压系统地面模拟试验（包括液压能源系统、起落架系统、反推力系统）、飞控系统地面模拟试验、供配电系统模拟综合试验、航电系统综合试验全面展开，至 2008 年 10 月底各系统首飞前模拟试验全部完成。

2008 年 10 月 16 日，101 架机完成全机地面共振和结构模态耦合试验；根据颤振分析与模型试验的结论，以及试验测得的结构模态结果，确定 101 架机可以满足颤振设计要求，具备首飞条件。

1.6.2.2 生产制造

ARJ21 飞机项目的生产按主制造商（上飞）/机体制造商/系统供应商模式在中航商飞的组织下共同完成。

ARJ21 飞机项目的主制造商/机体制造商/系统供应商通过共同制订和认同的方针政策、各种指令和程序一起建立起完整的技术、生产、计划体系，使得飞机制造系统成为有效协调的整体，满足适航及项目对生产组织相关职能的责任要求。

机体生产分工基本沿用了原 MD90 干线飞机生产布局，按照充分发挥参研单位独特优势、尽可能保持结构相对完整、减少协调界面、尽量减少总装工作量、便于部件运输的原则，确定分工如图 1-5 所示。

在数字化设计、制造技术的基础上，开展设计、制造并行工程，进行异地协同；建立型号工艺、生产、质量体系（程序）和工艺技术管理体系，发出各类指令性工艺文件，组织、协调各机体制造商工艺技术准备工作，进行全机工艺技术管理；编制《ARJ21 工艺总方案》《ARJ21 全机装配协调方案》《ARJ21 厂际标工协调方案》；编制 ARJ21 飞机工艺规范；完成全机装配工装；编制和发放了零、组件厂际交付状态规范书，用于定义零、组件最终交付状态。

制造技术攻关。为了完成 ARJ21-700 飞机的样机试制任务，总工程师系统组织各参研单位不仅掌握了基于数字化设计与制造技术的工艺组织，而且进行了必要的技术改造，补充了设施、设备，完成了大量的制造技术攻关，保证了样机试制的质量与进度。主要攻关内容如下所述。

基础工艺技术研究：铝合金新材料的化学铣切、热处理、成形、喷丸成形、硬度及电导率值的测试、孔的圆环压印工艺、大规格变截面铝合金机加壁板消除应力成形

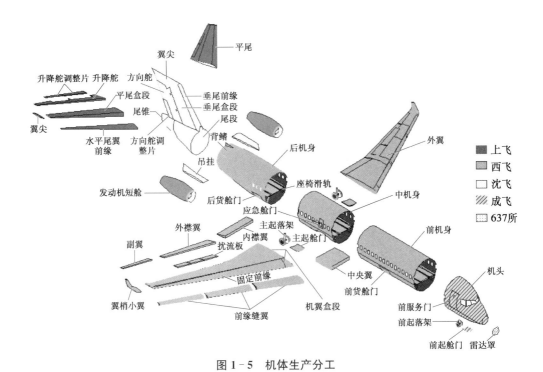

图 1-5　机体生产分工

工艺;金属胶接工艺;复合材料成型、检测工艺;钛合金超声速火焰喷涂碳化钨、超塑成型工艺;无扩口导管接头装配、柔性管接头装配工艺;电缆压接技术等。

　　零、组件制造技术研究:ARJ21飞机机翼整体壁板数控喷丸成形技术,客舱玻璃制造工艺,机翼壁板自动钻铆技术(西飞);机头座舱天窗骨架零件制造技术,通风窗复合整体结构零件加工技术(成飞);吊挂钛合金前、后梁加工工艺的技术攻关,复合材料方向舵壁板的制造,电缆组件的柔性自动测试技术研究(沈飞)。

　　全机制造协调与系统功能测试技术研究:数字化制造与协调技术研究,厂际数字标工技术应用研究,机上功能试验测试设备配置及机上功能试验,全机制造完整性确认等(上飞)。

　　样机试制总体进展情况如下。

　　(1) 首架试飞飞机(101架机)进展:

　　2006年9月9日前机身在西飞交付;

　　2006年11月23日发动机吊挂在沈飞交付;

　　2006年12月20日机头在成飞交付;

　　2007年3月7日中机身和机翼在西飞交付;

　　2007年3月13日后机身、尾段、尾锥在沈飞交付;

　　2007年3月30日总装、试验全面启动;

2007 年 5 月 11 日雷达罩在特种所交付；

2007 年 6 月 28 日开始全机对接；

2007 年 12 月 21 日飞机总装下线；

2008 年 8 月 27 日飞机转入试飞站；

2008 年 10 月 25 日进行了首次滑行；

2008 年 11 月 9 日通过首飞技术评审；

2008 年 11 月 28 日完满实现了首飞。

（2）研制批后续架次飞机进展：

01 架静力试验机 2008 年 10 月 27 日完成首飞前静力试验，开始进行极限载荷试验准备工作。

02 架疲劳试验机 2008 年 11 月已完成部件装配，开始进行中机身/机翼的对接工作。

03 机头交付试验现场，进行试验准备。

102 架机 2008 年 8 月 26 日完成全机气密/淋雨试验，进入总装。

103 架机完成全机对接工作。

104 架机零件制造基本完成，开始进行部件装配。

1.6.2.3　产品支援与客户服务

中航商飞在产品支援和客户服务方面投入了大量的精力，为 ARJ21 飞机项目建设与国际接轨的产品支援与客户服务系统的工作全面启动，围绕客户培训、备件支援、工程技术服务、技术出版物、客户支援、数字化服务平台 6 个方面开展大量工作，组建了产品支援和客户服务团队，2006 年 3 月与加拿大 CAE 公司签署飞行模拟器研制合同，上海民机客户服务中心一期工程于 2007 年 12 月 20 日顺利竣工。

2008 年 10 月 7 日中国商飞上海飞机客户服务有限公司正式成立，在 ARJ21 飞机项目中所承担的职责不变。

1.6.2.4　市场开发工作

截至 2008 年底，已经与山东航空公司等签订了总数为 206 架 ARJ21－700 飞机的确认订单和意向订单。其中，2007 年 12 月与鲲鹏航空公司签订了 50 架确认、50架意向共 100 架的订单。2008 年 11 月 4 日，在第七届中国国际航空航天博览会期间，中国商飞与美国 GE 金融航空服务有限公司正式签署了 ARJ21－700 飞机购机协议，协议购买 ARJ21－700 飞机 25 架，这标志着我国国产民用喷气飞机走出国门，进入了国际市场。

1.6.2.5　质量管理

为满足项目质量管理需要，2006 年 5 月成立了 ARJ21 项目质量管理委员会和质量工作团队。质量管理委员会负责制定 ARJ21 项目质量方针、策略，协调、调度质量工作资源并做出涉及质量管理的重大决策。

依据 CCAR－21 部《民用航空产品和零部件合格审定规定》（参照 AP－21－03

《型号合格审定程序》和 AP-21-04《生产许可审定和监督程序》)和 AS9100 的要求,初步建立了 ARJ21 项目质量管理体系,以满足适航取证和管理要求。

按照《ARJ21 飞机项目研制质量保证大纲》(简称《大纲》)建立了项目质量保证体系,《大纲》提出了项目质量总要求、设计质量要求、试验质量控制、试制质量控制、供应商控制、试飞控制以及型号合格审定等方面的管理要求。

首飞前,在 ARJ21-700 飞机研制过程中质量部门组织并实施了 7 次质量复查。2008 年 4—5 月,进行了第七次全面质量复查,以消除首飞安全隐患,为首飞评审和放飞评审做好技术和组织准备。组织了首飞技术评审和放飞评审,首飞前技术评审分为专业级、系统级、飞机级三级。

从 2003 年开始,项目质量体系审核组陆续对西飞、成飞、沈飞、上飞、一飞院、强度所、特种所进行了 21 次质量体系审核。

ARJ21 飞机项目开展了设计评审、质量复查、质量管理体系的内部审核和特种工艺的评审,以及对供应商的质量控制。发现的不符合项所采取的纠正措施,均得到了有效跟踪和验证关闭。体系运行正常,质量记录完整。所有的不合格品和代料均得到设计和适航工程代表的批准。

1.6.2.6 适航管理

新支线项目在中国民用航空局的监管下,严格按照适航程序运作。中国民用航空局高度重视 ARJ21 的适航审定工作,成立了新支线飞机适航审定领导小组,接受了 ARJ21-700 型号合格证(TC 证)申请,同时建立了相应的适航审定队伍,建立和完善了适航审定体系,确定了国外供应商的适航审定政策和飞机型号合格审定标准。在此基础上,适时进行工程资料和国内外制造符合性检查,确保了产品交付,验证试验审查已经开始。

在局方(对 CAAC、FAA 等的统称)和工业方共同推动下,美国联邦航空局 FAA 已介入 ARJ21-700 飞机的适航工作情况,FAA 联络员定期来华了解项目研制和适航工作情况,FAA 各级负责人分别来项目公司考察,FAA 在上海设立专项办公室,为项目适航双边合作创造了条件,FAA 于 2007 年 10 月 23 日完成了对 ARJ21-700 项目审定计划的评估工作,接受了中国适航当局依据有限双边协议提出的关于代表中国适航部门对 ARJ21 飞机的国外供应商产品实施制造符合性检查的要求,并逐步实施。

2008 年 4 月 15 日中航商飞通过中国民用航空局向 FAA 提交了型号合格证(TC)申请书。2008 年 5 月 28 日,FAA 复函正式同意受理 ARJ21-700 飞机型号合格证申请。

中航商飞建立了 ARJ21-700 飞机适航管理模式,从设计、制造、供应商适航管理等方面构建了适航管理体系,共计 79 份体系文件。确定了《符合性验证方法》,形成了《ARJ21-700 飞机符合性验证方法表》。制订了《ARJ21-700 飞机的符合性验证工作计划》，包括应完成的符合性报告和文件清单。形成了《ARJ21-700 飞机型号合格大纲》和《ARJ21-700 飞机试验项目清单及专项验证计划》，编制了 64 份专项合格审定计划，并获得审查组批准。

审查组确定了 6 架试验飞机和 5 架交付客户飞机的制造符合性检查项目。6 架试验飞机中 01、101 架机完成装配检查，02、102、103、104 架机开始进行装配检查。5 架小批生产飞机开始进行零部件生产检查。试验件和试验装置共有 72 项进行了制造符合性检查。101 架机共计收到国外系统设备及零部件适航标签 1 852 项。

试制飞机的机体结构和系统设计图样、相关的顶层文件、制造工艺规范，以及国外供应商的工程设计文件均经过适航审查组认可和预批准，并按照适航专项合格审定计划完成了各项验证试验，试验过程和结果得到了审查方的确认。

从提出型号合格证申请开始到 101 架飞机待飞状态的全部技术过程均在审查组的完全监控之下，首飞构型及其偏离，均得到了审查方的评审和预批准，为飞机首飞提供了安全保障。

1.6.2.7 试飞准备与首飞

1）试飞员队伍建设

组建了 10 名试飞员、2 名飞行指挥组成的 ARJ21 飞机试飞员队伍，试飞员完成了中型机、大型机、国外试飞员学院的学习以及 ARJ21 飞机型号理论和机上实习四个阶段的培训。

2）试飞改装

根据试飞飞机的任务分工，进行了试飞改装设计，完成了 101 架机机上测试改装任务，并在滑行和首飞过程中确保了测试数据的采集，验证了测试改装系统。

3）试飞文件与管理体系建设

编发了《ARJ21-700 飞机首飞任务书》和起落航线计算报告。首飞大纲、调整试飞大纲通过评审。编制了试飞管理文件。

4）首飞评审

按照 101 架机构型定义要求，101 架机的零部件和成品件装机状态完整，装机软件已经适航预批准，制造偏离均已经过工程评估，得到适航预批准。首飞前应完成的全机限制载荷静力试验、全机地面共振试验、适航验证试验、系统综合试验和机上地面试验均已完成。试飞用地面支援设备清册、各项非标地面支援设备总体上满足了试飞阶段的使用要求。供试飞用的 21 份技术出版物已开始在空勤和地勤培训及机务维护工作中使用。

按照国际民用飞机的惯例，制订了首飞放飞评审程序，组织了专家评审队伍，开展对国外供应商的分系统评审、各专业级评审、系统级评审、飞机级首飞技术评审工作。

2008 年 8 月 12 日通过了专业级技术评审，完成三级报告 66 份；9 月 26 日通过系统级技术评审,完成二级报告 13 份;11 月 7—9 日,工信部与中国商飞共同组织了以顾诵芬院士为组长的首飞技术评审专家组,评审专家组一致认为"目前 ARJ21-700 飞机 101 架机已完成首飞前的研制工作,同意通过首飞技术评审"。11 月 12 日,101 架机完成放飞评审。

2008 年 11 月 28 日 ARJ21-700 飞机 101 架机圆满完成首飞。

1.6.2.8　转入试飞取证阶段

2008 年 12 月,中国商飞提交《关于 ARJ21-700 新支线飞机项目转入试飞取证阶段的请示》的报告:"在工信部等国家有关部委和民航适航部门的支持下,在各航空公司的帮助下,在全体参研单位的共同努力下,在国外合作伙伴的共同参与下,经过 ARJ21 新支线飞机项目全体参研科技人员的艰苦努力,2008 年 11 月 28 日圆满地实现了首飞,全面进入试飞取证阶段的条件已经成熟,现正式提请政府批准 ARJ21-700 新支线飞机项目转入试飞取证阶段。"

关于后续工作,报告说:"首飞不易,取证更难,商业成功难上加难。为了取得项目的商业成功,为中国民机产业的发展探索道路,我们将继续全力以赴、攻坚克难,抓紧首飞后的工作,努力在 2010 年取得 CAAC 型号合格证,实现首架交付。具体安排如下:

着力抓好 ARJ21-700 的适航取证工作。抓紧 102、103、104 架飞机的试制,按节点要求进入适航取证试飞,同时抓紧 01、02 架飞机的静力与疲劳试验工作,满足取证进度的要求,满足取美国 FAA 型号合格证审定基础(增加了 24 个修正案)要求的 104 架机力争在 2009 年实现首飞,确保 2010 年取得 CAAC 型号合格证,争取 2011 年取得美国 FAA 型号合格证。"

2008 年 12 月 18 日,工信部在北京召开 ARJ21 新支线飞机项目转入试飞取证阶段审查会议,会议由工信部副部长苗圩主持。中国商用飞机有限责任公司总经理金壮龙,中国航空工业集团公司(简称中航工业)总经理林左鸣,ARJ21 新支线飞机首飞技术评审专家组组长、两院院士顾诵芬,科技部、财政部、商务部、海关总署、税务总局和民航局等政府有关部门代表,总装备部、空军装备部等军队机关的代表以及上海电气金融租赁公司、幸福航空公司等用户单位代表和国内研制单位的代表出席了会议。会议充分肯定了 ARJ21 新支线飞机项目所取得的成绩,一致认为 ARJ21-700 飞机已全面完成试制阶段的工作任务,具备了转阶段的条件,可以转入试飞取证阶段。

2009 年 2 月 9 日工信部对中国商飞《关于 ARJ21-700 新支线飞机项目转入试飞取证阶段的请示》给予批复,同意 ARJ21-700 飞机项目转入试飞取证阶段,并根据项目进展的实际情况,原则同意对研制进度进行调整,要求 2010 年完成全部适航取证试飞工作,完成飞机性能试飞、功能试飞和适航验证试飞,满足主要技术指标和适航要求,取得中国型号合格证;同时要求尽早取得生产许可证,履行交付合同;建立客户服务体系,完成飞机交付前各项客户支援准备工作;以商业成功为目标,进一步加强市场开拓力度,积极推进获取美国联邦航空局(FAA)型号合格证工作,为打入国际市场奠定基础;积极启动后续系列化改型工作。

1.7 试飞取证阶段

1.7.1 试飞与取证

试飞取证阶段的任务是设计验证和适航认证,通过试验、试飞全面检验飞机性能指标是否达到了设计要求,解决试验、试飞中暴露的问题,完善设计,冻结飞机设计构型,满足市场需求,通过适航认证,取得型号合格证 TC。在试飞取证阶段还要完成批产和客户服务能力的建设,根据市场订单需要,进行预投产,确保飞机首批交付。

1.7.1.1 试飞组织

系统地进行一个型号的民机试飞在中国是一个全新的课题,没有队伍、没有经验。ARJ21-700 飞机的试飞准备工作在项目初期就开始了。2003 年 1 月中航商飞召开了《新型涡扇支线飞机试飞工作会议》,2004 年 6 月提出了《新型涡扇支线飞机试飞总体方案》,明确飞行试验总体责任单位为中航商飞,工程发展单位为一飞院,试飞任务承担单位是试飞院和上飞厂。ARJ21 飞机的试飞总师系统负责试飞过程中技术和相关协调工作,在项目总设计师系统的领导下开展工作。ARJ21 飞机的研制试飞(首飞、调整试飞)、生产试飞、客户支援及服务飞行,由上飞厂承担。型号验证试飞、配合局方合格审定试飞等由试飞院承担。提出了各架试飞机的分工安排,并着手进行试飞员队伍的组建、管理与培训工作,组织试飞任务承担单位根据各自的试飞能力和承担试飞任务的具体情况,提出了试飞研保项目。

2003 年 3 月中航商飞提出了《适航审定试飞大纲》(讨论稿),9 月发出《型号合格审定基础建议》,一飞院 11 月完成《型号合格审定要求(送审稿)》,2004 年 6 月完成《调整试飞要求(送审稿)》,试飞院 2003 年 12 月完成《型号合格审定大纲(初稿)》,上飞厂 2004 年 9 月完成《调整试飞大纲(初稿)》,试飞院和上飞厂依据试飞大纲提出了试飞测试改装要求,试飞院汇总并据此进行测试改装设计,在飞机详细设计和部件装配期间开展了架内改装工作。

到 2008 年 10 月,试飞的基础准备工作初步到位,保证了首飞成功。在之后的试飞实践中,各责任单位共同探索,不断地完善组织体系和工作制度,中国商飞成立了西安现场指挥部和西安外场试验队,与试飞院及审查组一起完成了 ARJ21-700 飞机研制阶段的试飞任务。

1.7.1.2 试验

按阶段完成强度试验是保证试飞顺利开展的重要条件。ARJ21-700 飞机全机静力试验是第一次全面按照适航条例、全过程接受中国民航适航代表监控的全机静力试验。中国飞机强度研究所针对适航的要求和民机试验的特点，在以往经验的基础上，通过采取管理创新、技术创新来应对挑战。全机静力试验分两个阶段进行：首飞前限制载荷试验和首飞后极限载荷试验。2007 年 9 月 28 日 01 架静力试验机交付强度所，2007 年 12 月 14 日正式开始第一项试验，2008 年 10 月 27 日完成首飞前静力试验，共完成 14 项 79 个载荷情况，保证了首飞顺利进行；为确保适航验证试验的有效性，对飞机设计和制造构型符合性问题进行反复清理，通过了试验件的适航制造符合性检查，2009 年 7 月 30 日开始飞机极限载荷静力试验，2011 年 4 月 10 日全部完成，共计 26 项试验 90 个载荷情况。历时近 4 年时间，完成了全部静力试验。03 机头的补充静力试验于 2009 年 3 月完成。

期间，2009 年 12 月 1 日下午，ARJ21 - 700 飞机 01 架机进行稳定俯仰 2.5g 极限载荷试验，在试验加载到 87% 极限载荷时，因中机身龙骨梁局部出现异常，自动卸载保护启动，试验中止。2.5g 极限载荷试验中止影响了整个新支线项目的进展，中国商飞张庆伟董事长和中航工业总经理林左鸣迅速采取了一系列措施，加强组织领导，加大力度进行攻关，改进设计、恢复试验，经过全体参研单位的共同努力，2010 年 6 月 28 日，ARJ21 - 700 新支线飞机 01 架机全机稳定俯仰 2.5g 极限载荷静力试验圆满完成，标志着历时 7 个月的 2.5g 极限载荷静力试验攻关取得成功。

02 架机为疲劳试验机。CCAR - 25.571(b) 条规定：在该试验完成之前，任何飞机的使用循环数不得超过在疲劳试验件上累积的循环数的一半。也就是说，疲劳试验寿命必须领先飞机飞行时间的 2 倍。按照飞机的年利用率，要保证交付用户的飞机具有一年的安全飞行时间，疲劳试验至少要完成 6 000 起落，也就是说首架交付前要完成 6 000 起落的试验。试验于 2010 年 12 月 10 日开始至 2012 年 2 月 6 日完成了 6 000 起落的试验，2012 年 8 月 11 日做到 12 000 次起落。

2010 年 10 月 30 日完成全部鸟撞试验。

2012 年 9 月 21 日圆满完成应急撤离演示试验，CAAC - FAA 航空器评定组 AEG 目击了应急撤离演示。

ARJ21 - 700 飞机 MOC8 模拟器试验共计 5 项，分别是最小飞行机组模拟器试验、发动机不可控高推力模拟器试验、最小重量模拟器试验、反应型风切变模拟器试验、飞控系统故障及操纵品质评定飞行模拟器试验。其中，最小飞行机组模拟器试验分别在 CRJ 模拟机及 ARJ 模拟机上对比试验，其余 4 项试验均在 ARJ 模拟机上进行。试验从 2014 年 2 月 17 日开始，至 2014 年 8 月 7 日全部完成。

与此同时，项目的各系统试验工作全面展开，至 2014 年 11 月 30 日完成了 ARJ21 - 700 型号取证前全部试验工作，共计 458 项试验，其中设计研发试验 158 项，适航验证试验 300 项。适航验证试验中：MOC4 试验室试验 148 项，MOC5 机上地面试验 84 项，MOC7 航空器检查 45 项，MOC8 模拟器试验 5 项，MOC9 设备鉴定试验 18 项。有 57 项试验为供应商完成。

1.7.1.3　试飞

继 2008 年 11 月 28 日 101 架机圆满实现首飞后,2009 年 7 月 1 日 102 架机首飞,2009 年 9 月 12 日 103 架机首飞,2010 年 4 月 13 日 104 架机首飞,至此,ARJ21 新支线项目的样机试制工作基本完成,4 架试飞飞机全部投入试验试飞。

在完成了第一阶段研发试飞后各架试飞飞机陆续转场阎良:2009 年 7 月 15 日 101 架机转场阎良,2009 年 8 月 14 日 102 架机转场阎良,2010 年 1 月 24 日 103 架机转场到阎良,2010 年 9 月 17 日 104 架机转场阎良。经过 3 年多的研发试验试飞,飞行的安全性验证,系统性能和预期功能验证,机组界面、人为因素和操作评估,系统要求验证,以及系统限制的确定和验证等工作完成,2012 年 2 月 14 日 ARJ21-700 飞机型号合格审定委员会(TCB)验证试飞前会议批准发出型号检查核准书(TIA),2 月 29 日开始局方审定试飞,至 2014 年 12 月 16 日完成全部 285 个科目的验证试飞任务。6 年期间共完成试飞 2 942 架次/5 257 飞行小时 38 分钟,其中研发试飞 1 288 架次/2 745 小时,验证试飞 1 654 架次/2 512 小时,验证试飞中申请人表明符合性试飞 285 个科目/1 648 个试验点、局方试飞 243 个科目/1 361 个试验点。

1.7.1.4　取证

ARJ21-700 飞机适航取证适用审定标准是 CCAR-25-R3,相当于 FAR25 至第 100 号修正案水平。环境保护要求适用标准是涡轮发动机飞机燃油排泄和排气排出物规定(CCAR-34 部),相当于 FAR34 第 3 号修正案水平。噪声要求适用标准是航空器型号和适航合格审定噪声规定(CCAR-36-R1),相当于 FAR36 至第 28 修正案水平。

按照适航审定基础,ARJ21-700 飞机适航审定适用条款共计 398 条,其中 CCAR-25 部适用条款 324 条、CCAR-26 部适用条款 4 条、CCAR-34 部适用条款 1 条、CCAR-36 部适用条款 1 条、问题纪要 P005 引入辅助动力装置条款 55 条、专用条件 13 条。

遵照局方批准的符合性方法表,MOC1 设计说明文件 290 份、MOC2 计算/分析报告 613 份、MOC3 安全性评估报告 130 份、MOC4 试验室试验 148 项、MOC5 机上地面试验 84 项、MOC6 飞行试验 285 个科目、MOC7 航空器检查 45 项、MOC8 模拟器试验 5 项、MOC9 设备鉴定试验 18 项,共计 1 618 项适航验证工作,2014 年 12 月 23 日中国商飞和局方共同完成了全部验证工作,提交符合性报告 3 418 份,关闭了全部条款。

2014 年 12 月 26 日,CAAC 召开型号合格审定委员会(TCB)最终委员会会议,做出型号合格审定结论,向适航司提出颁发型号合格证的建议。适航司审核批准委员会的建议报告,CAAC 批准向申请人颁发型号合格证及型号合格证数据单(TCDS)。

2014 年 12 月 30 日 ARJ21 - 700 飞机取得 CAAC 颁发的型号合格证(TC)。至此,ARJ21 新支线飞机项目经历了从适航申请、首次型号合格审定委员会(TCB)会议、确定审定基础、签署航空安全保障合作计划(PSP)、开展现场审查、验证试飞前 TCB 会议发出型号检查核准书 TIA、开展验证试飞、关闭审定基础规定的 398 个条款、完成 AEG 航空器评审、完成 CCAR - 21 部要求的全部审查工作、最终 TCB 会议做出型号合格审定结论、民航局颁发型号合格证(TC)的型号合格审定全过程。

1.7.1.5 FAA 的影子审查

如前所述,自 ARJ21 新支线飞机项目启动之初,FAA 就高度重视和关注项目的进展,并派代表参加了 2003 年 1 月在北京举行的 ARJ21 新支线飞机型号合格证(TC)申请仪式。随后又派员参加了同年 9 月在上海举行的首次型号合格审定委员会(TCB)会议。2005 年 11 月 2 日,时任 FAA 局长 Marion Blakey 访问中航商飞。2006 年 5 月,FAA 派出 10 多名审定专家在上海与 CAAC 共同讨论和确认 ARJ21 - 700 飞机的符合性方法(MOC);2006 年 10 月,FAA 与 CAAC 签署美国境内供应商制造符合性检查双边协议,同意代表 CAAC 进行研制批美国供应商产品的制造符合性检查工作。2007 年 10 月 23 日,FAA 派代表团到上海对 ARJ21 - 700 飞机项目及适航工作进展进行了评估,并评审了系统级合格审定计划 CP;2008 年 5 月 28 日,FAA 正式受理 ARJ21 - 700 飞机型号合格证(TC)申请;2009 年 11 月 19 日,时任 FAA 局长助理 Dorothy Reimold 女士访问中航商飞;2010 年 2 月 5 日,时任 FAA 适航司司长 Dorenda Baker 女士访问中航商飞。

FAA 于 2010 年 2 月 1 日正式告知 CAAC 启动对 ARJ21 - 700 飞机的影子审查,并于 3 月 16—25 日在上海召开 ARJ21 - 700 飞机项目 FAA/CAAC/ACAC 三方 FAA 影子审查全面熟悉会议,CAAC 与 FAA 签署了影子审查期间 CAAC 与 FAA 协调工作程序,影子审查正式全面启动。

2010 年 5 月 13 日,美国联邦航空局(FAA)局长兰迪·巴比特、中国民用航空局(CAAC)副局长夏兴华一行访问中国商飞。兰迪·巴比特局长认为 ARJ21 - 700 飞机项目对 CAAC 和 FAA 都是很重要的项目,通过访问有助于信息沟通和交流,希望在接下来的工作中能增加双方信息交流和沟通。

2011 年 4 月 19—22 日,FAA 试飞专家团队在美国洛杉矶为中国民用航空局 ARJ21 审查组、中国商飞、中航工业试飞院等单位提供了大型运输类飞机型号检查核准书(TIA)及型号检查报告(TIR)专题培训。

2011 年 7 月 19—21 日,ARJ21 型号审查组、中国商飞、中航工业试飞院与 FAA 影子审查组在美国西雅图召开 ARJ21 - 700 飞机 FAA - TIA 工作技术交流会议。

2011 年 8 月 29—30 日,ARJ21 型号审查组、中国商飞与 FAA 影子审查组在美国西雅图召开 ARJ21 - 700 飞机影子审查项目阶段评估会议。

自 2010 年 2 月 FAA 影子审查正式启动以来,中国民用航空局(CAAC)

ARJ21-700 飞机型号合格审定审查组与 FAA 影子审查组共同讨论确定了 53 项影子审查技术评估项目(包括符合性文件评审、验证试验、验证试飞、机上检查、软件审核等)。2015 年 1 月,FAA 完成了影子审查的现场工作。

6 年的试验试飞、适航取证工作曲折而艰辛,全面地检验了我们的设计、制造、试验水平,检验了我们的项目管理特别是供应商管理和适航管理能力,完善了飞机设计,极大地锻炼和提高了研发队伍,加深了我们对民机研发的理解。

通过 ARJ21-700 飞机的 285 个科目 1 648 个试验点的验证试飞,我们初步掌握了民机适航验证试飞的方法和组织管理。了解了每个科目、每个试验点所对应的条款的含义、试飞场地、气象的要求、飞机的技术状态(构型)要求、测试改装技术、试验点的设置、动作的要领、试验判据、风险等级以及各科目试验内容的内在逻辑关系;了解了验证试飞的工作量,积累了高温、高寒、高原、大侧风、自然结冰等极端气象条件试飞的经验;建立了一整套本场和外场试飞组织管理的程序性文件。在国内第一次严格遵照适航监管程序组织型号试飞,建立了局方试飞员队伍,形成了局方审定试飞的管理程序,出色地完成了局方审定试飞任务。

ARJ21-700 飞机接受了最严格的适航审查:CCAR-25 部等审定基础的取证要求是国际标准,中国民用航空局审查十分严格、认真,由于局方和申请方都是第一次严格按照适航条例 25 部进行验证,ARJ21-700 飞机的验证工作特别充分,例如局方审定试飞,FAA 审查波音公司 787 飞机项目,局方试飞只有申请人试飞的 1/3,而 ARJ21-700 项目的局方试飞为申请人表明符合性试飞的 80%。不仅如此,按照中美双方 FAA 影子审查协调工作程序,关键、重要的试验、试飞项目都要通过 FAA 的目击,CAAC 的审定结果全部都要得到 FAA 的认可和确认。可以说,经过这样适航审查的 ARJ21-700 飞机,其安全水平是国际一流的。

试验试飞结果表明,ARJ21-700 飞机是一架符合适航要求的安全的飞机,一架有自己市场优势的可用的飞机,一架可改进有前途的飞机。

1.7.1.6　技术攻关

进入试飞取证阶段以来,项目团队先后攻克了全机稳定俯仰 2.5g 极限载荷静力试验、鸟撞试验、全机高能电磁场辐射试验和闪电防护间接效应试验、发动机短舱地面结冰试验、轮胎爆破试验等重大试验课题 82 项;空速校准试飞、失速试飞、侧风试飞、最小离地速度试飞、颤振试飞、高速特性试飞、动力装置试飞、起落架应急放收、高原特性试飞、高温高湿试飞、自然结冰试飞、溅水试验、排液试验、载荷试飞、起落架摆振试飞、功能可靠性试飞等一批关键试飞科目的技术难关,在 FAA 的目击下完成了相关试验、试飞的适航验证,填补国内技术的空白,大大地提高了我国飞机试验试飞的技术水平。

1.7.2　市场销售工作进展

进入适航取证阶段后至 2015 年底,新增订单 116 架。由于山东航空公司体制发生变化,需重新确定首发用户。2009 年 10 月 15 日在第十届中国西部国际博览会开幕前夕,中国商飞与鹰联航空有限公司签订 30 架 ARJ21 - 700 飞机购机合同。同时中国商飞与四川航空集团公司、成都交通投资公司就重组鹰联航空有限公司在成都签署合作协议,持股比例分别为 48%、40.97%、11.03%,中国商飞成为鹰联航空有限公司第一大股东。重组后的鹰联航更名为"成都航空"(简称成都航),中国商飞希望成都航能成为 ARJ21 - 700 飞机的首家用户,向成都航交付首批 ARJ21 - 700 飞机,以便能够集中力量保障和支持该型国产新飞机的运营,同时也有利于新飞机集中暴露问题并迅速解决问题,使国产飞机从进入市场起就建立良好的产品声誉。

1.8 预投产与首架交付

1.8.1 预投产

按照项目第四版网络计划的安排,2006 年 4 月 6 日,经中航商飞董事会审议,批准启动 ARJ21 - 700 型飞机的批生产工作。2006 年 4 月 29 日,中航商飞发出了"关于启动 ARJ21 - 700 飞机批生产工作的通知",要求各承制单位立即开始批产材料采购并明确了采购授权。

2006 年 9 月 11 日,发出"关于调整新支线飞机项目生产纲领的通知",决定新支线飞机项目批产工作按 2011 年达到年产 30 架飞机交付目标要求安排,各承制单位要按照 2011 年达到年产 30 架的零部件和总装生产能力进行规划。

2006 年 11 月 8 日,ARJ21 项目总指挥部发布了"关于紧急启动新支线飞机首批批生产风险投入的总指挥令",决定立即启动 ARJ21 - 700 批生产的风险投入。对批产首批投产数量、批产构型/材料采购、生产交付能力、流动资金、批产技改、速率工装等相关问题给出了明确的决策意见,并确定 2007 年 3 月,各承制单位对批生产首批 6 架的投入必须全部到位。

2007 年 3 月 29 日,召开了"新支线飞机项目批生产工作会议",会议明确了 2007 年批生产工作的两个主要任务目标,一是完成首批零件制造,主要部件进入装配;二是全面建立批生产项目技术与管理体系。明确批产工作顶层规划和管理模式。

批生产阶段实行订单管理,订单管理系统既适用于上飞、西飞、成飞、沈飞、637 所等机体制造单位,也适用一飞院、试飞院和中航商飞所承担的批产阶段分工任务的管理。上飞厂作为委托主制造商,在中航商飞发出产品批次采购/生产正式授权实施通知后,代表中航商飞向各供应商发布采购、零件投产、开铆、交付等的具体实施工作指令。

作为项目的工程技术责任单位,一飞院在批产阶段将通过对各批架次飞机构型状态的管理与控制,实施对工程技术的领导责任。

2008 年 5 月 12 日 ARJ21 飞机项目联合指挥部决定 104 架机转为研制批参与试飞取证工作,预投批产飞机由 6 架变为 5 架。

由于 ARJ21－700 飞机尚未取得型号合格证 TC,中国商飞也没有其他型号飞机的生产许可证 PC,飞机的取证构型尚未批准,质量保证体系也不够健全,给预投批产飞机的适航监管带来困难,为区别取得 TC 证后的批生产,适航当局与中国商飞商定称这些预先投产的交付客户的飞机为预投产飞机,预投产工作在进入装配阶段后难以进展。2009 年 3 月 3 日适航司考虑到"ARJ21 飞机型号合格审定期间,为满足交付计划,申请人决定预投产有限数量的该型飞机。为确定这些飞机对经批准型号设计的符合性,进而最终为其颁发适航证提供依据",特制订并发出《ARJ21 飞机预投产管理程序》AP－21－AA—2009－17。

2009 年 4 月 27 日在北京召开了 ARJ21 飞机预投产项目领导组首次会,会上中航商用飞机有限公司与中国民用航空局航空器适航审定司签署了《ARJ21－700 飞机预投产适航管理框架协议》,标志着适航司正式受理了 ARJ21－700 预投产批飞机适航审查的申请。框架协议适用于中航商飞 15 架 ARJ21－700 飞机(序列号为 105～119)的预投产适航管理。成立 ARJ21－700 飞机预投产适航管理项目领导组和 ARJ21－700 飞机预投产适航管理项目检查组,明确了构型管理、质量管理和制造符合性检查要求。

按照飞机交付程序的要求,成都航空有限公司作为 ARJ21 飞机的首家客户,2011 年 5 月派遣飞机监造组进驻上飞公司,开始执行 105、106 架机监造工作;2013 年 4 月,增加 107 架机监造工作。

2013 年底,105、106 架机总装下线,经过构型完善 105 架机于 2014 年 6 月 18 日实现首次飞行,7 月 18 日完成了"减小的最小垂直间隔(RVSM)"试飞。9 月 5 日飞至阎良,交试飞院进行功能可靠性试飞,11 月份完成功能可靠性试飞和部分机上地面试验任务后,转入中国商飞民机试飞中心完成出厂试飞,106 架机 2014 年 10 月 27 日首飞后参加了第十届珠海航展并做飞行表演。

1.8.2　首架交付

首架交付也是一项全新的工作,作为制造商的中国商飞和作为运营商的成都航均为第一次交接一架刚刚取得型号合格证的飞机并投入运营。按照飞机准备好、中国商飞的客户服务工作准备好、成都航空的接机和运营工作准备好的思路,中国商飞与成都航在局方(飞标司、西南局)的支持下,进行首架交付准备工作。2014 年 6 月 24 日召开了局方、航空公司、飞机公司三方协调会,落实了局方提出的航空器评审(AEG)评审项目、运行审定项目、运行机构批准、CCAR－142 部飞行训练中心合格审定、CCAR－147 部维修培训机构合格审定等,以及运行控制、发动机监控软件工具等工作。

中国商飞客服中心从客户培训、航材支援、工程技术服务、技术出版物四个方面大力开展客户服务准备工作,经过十年筹备和建设已初具规模,基本形成了产品支援和客户服务体系,基本满足适航要求,初步具备了保障飞机交付和运行的服务能力,准备接受实践的检验。为保证 ARJ21－700 飞机首架顺利交付和持续安全有效运行,中国商飞和成都航空共同制订了 ARJ21－700 飞机交付和投入运行计划(EIS 计划)。

客户培训工作。2013 年 12 月 31 日,全动飞行模拟机通过过渡 C 级鉴定。综合训练舱、灭火训练舱、舱门训练器、应急门训练器已到位,达到培训状态。局方对乘务训练体系进行了评估,认为乘务训练能力基本达到待实施状态,将获得飞行训练中心合格证(CCAR－142 部)和 CCAR－147 部维修培训中心合格证。对成都航接收首架飞机的培训工作正在进行中。

航材支援。在上海地区建立了航材中心库房,包括普通库房 4 000 平方米和保税仓库 2 200 平方米,设置货位 25 000 余个;在成都机场附近租赁了普通仓库 300 平方米,保税仓库 400 平方米。中国商飞采购的航材/地面支援设备逐步到位。

工程技术服务。为保障 ARJ21－700 飞机持续安全运行,中国商飞建立了工程技术支援体系和维修支援体系,并将飞行运行支援业务纳入工程技术支援体系建设中,以确保飞行运行支援工作快速、有效和顺畅。上飞公司计划将取得 CCAR－145 部合格证,并协助成都航建立 ARJ21－700 飞机维修能力,取得 CCAR－145 部合格证,为 ARJ21 飞机投入运行做好准备。

技术出版物。中国商飞成立了技术出版物联合攻关团队,加强技术出版物顶层规划,通过手册使用意见收集、评审、验证等方法不断提高技术出版物质量。ARJ21－700 飞机共计规划了 47 本技术出版物,其中 41 本需交付成都航;20 本属于持续适航文件,其中 5 本需要局方批准,15 本需要局方认可。在完成了手册机上验证工作后,2014 年 11—12 月,在功能可靠性试飞期间又经过了试飞保障的实践检验。在完成全部验证和批准手续后,计划在飞机交付时向成都航交付 41 本手册最终稿(含 4 本供应商手册)。

按照中国民航局咨询通告 AC－21－AA—2013－19《型号合格证持有人持续适航体系的要求》和《关于航空器制造厂家建立运行支持体系的指导意见》建立了持续适航体系和运行支持体系,统筹各中心和供应商资源,建立专业人员队伍、明确职责、理顺流程,向航空公司提供包括运行符合性、人员培训、维修支持、手册持续修订、使用信息收集与处理等运行支持工作,并在全寿命周期内采取必要的持续改进措施,确保飞机安全、高效、经济运行;在持续适航方面,负责收集影响或可能影响飞机持续适航的故障、失效、缺陷和其他事件的信息,并进行事件调查、判断、制订改正措施、管理改正措施以及向局方报告等。

成都航也积极进行了人员准备、资金准备、市场准备、航材准备,准备了 19 名机长,精心选出 13 条航线作为拟选航线。派出 ARJ21-700 飞机监造组,形成生产线、试飞线、接收准备三线同步的优良格局。

ARJ21-700 飞机 2014 年 12 月 30 日取得型号合格证后,为更好地符合中国民用航空局的运行要求和首发用户成都航空公司的运营实际,中国商飞对飞机进行了必要的改进和完善;为提前暴露航线运行中可能出现的问题,降低首批飞机正式投入航线运营后的风险,中国商飞与成都航共同组织实施了模拟航空公司模式的航线演示飞行,2015 年 3 月 16 日至 9 月 15 日,105 架机在 15 个机场间执行航线飞行116 架次/200 小时 48 分;中国民用航空局飞行标准司根据 ARJ21-700 飞机的设计特征和计划用途,按照中国商飞制订的驾驶员资格计划,通过飞行标准化委员会(FSB)转机型训练(T5)测试,确定了 ARJ21-700 飞机的驾驶员型别等级和训练规范,并于 2015 年 11 月 8 日完成了对成都航空公司驾驶员的型别等级实践考试,成都航空公司 4 名驾驶员获得了首批 ARJ21-700 飞机驾驶员资格授权书(LOA);中国商飞建立了持续适航体系和运行支持体系,并与上海审定中心签署 ARJ21-700飞机 AEG 持续评审合作计划。ARJ21-700 飞机航空器评审(AEG)项目全部通过。

ARJ21-700 飞机 106 架于 2015 年 11 月 28 日取得单机适航证(AC),具备了交付运营的条件,于 2015 年 11 月 29 日正式交付成都航。

ARJ21-700 飞机交付运营是我国自行研制的现代喷气式支线客机在经过严格的适航审查和航空器评审后投入运营的首次实践,标志着我国喷气式客机已经走入市场。中国的民机产业又迈出了关键的一步。

1.8.3 航空器评审

航空器评审(AEG)作为初始型号合格审定和运行合格审定的桥梁,它的意义在于推动和促进民机制造厂家将运行规章的要求贯彻到飞机型号设计中,管理当局结合型号合格审定过程对型号设计是否符合运行规章进行评审,确保飞机在取得型号合格证的同时满足预期运行条件对应的运行规章要求,保证飞机顺利交付客户和正式投入航线运行。AEG 评审由中国民用航空局飞标司航空器评审处负责审查,主要依据 CCAR-21 部《民用航空产品和零部件合格审定规定》以及 CCAR-91 部《一般运行和飞行规则》、CCAR-121 部《大型飞机公共航空运输承运人运行合格审定规则》等运行类规章,评审飞机对预期运行环境对应的运行规章的符合性。

ARJ21-700 飞机 AEG 评审。ARJ21-700 飞机确定的 AEG 评审工作主要内容及要求包括以下各点:

确定型别等级,新型运输类民用飞机驾驶员的型别等级的确定及资格获取由AEG 评审中飞行标准化委员会(FSB)进行评审和确定。

确定最低设备清单(MEL),AEG 评审中飞行运行评审委员会(FOEB)将根据相应的程序和规定,结合型号设计,辅以必要的验证试验、试飞,最终确定飞机运行时允许失效仪表和设备的清单,即主最低设备清单(MMEL)。

确定初始维修要求,AEG 评审中的维修审查委员会(MRB)负责指导民机制造厂家结合型号设计特点,开展全机 MSG－3(Maintenance Steering Group 3——维修指导组——以可靠性为中心的针对维修工作的分析逻辑)分析,确定维修任务和维修间隔,从而制订形成维修审查委员会报告(MRBR),为客户制订维修方案、申请运行合格审定等提供依据。

运行和持续适航文件评审,其批准或认可结论将作为客户化手册制订、运行合格审定申请的必要依据。

运行符合性清单评审,为判断民用飞机型号设计对运行规章的符合性,AEG 评审将利用型号合格审定的结论,对运行规章中适用条款的符合性进行评审和确认。

除上述项目评审外,AEG 评审还包括驾驶舱观察员座椅、机组操作程序、客舱应急撤离演示的评审,AEG 还将与型号合格审定方面协调进行最小飞行机组评估,参与飞机飞行手册(AFM)中正常、非正常及应急程序的评审。

中国民用航空局的航空器评审工作伴随着 ARJ21 飞机项目的进展而完善和发展,从 2004 年成立 ARJ21 航空器评审组(AEG)的三个专业委员会(ARJ21 飞机飞行标准化委员会(FSB)、飞行运行评审委员会(FOEB)、飞机维修审查委员会(MRB))起,AEG 进行了大量工作,2010 年 12 月 ARJ21－700 飞机运行和持续适航文件首次 AEG 评审会议召开,到 2014 年 12 月完成了颁发型号合格证前的 AEG 评审工作。2015 年 11 月 8 日 ARJ21 飞机的训练大纲、手册、培训体系以及程序通过局方审定,中国商飞建立了持续适航体系和运行支持体系,并与上海审定中心签署 ARJ21－700 飞机 AEG 持续评审合作计划,完成了 AEG 的初次评审:

(1) 根据中国商飞提交的《驾驶员资格计划》的建议,按照中国民用航空局飞行标准司咨询通告 AC－121/135－29《飞行标准化委员会评审的实施和使用指南》,飞行标准化委员会(FSB)已经完成了对 ARJ21－700 飞机的评审,确定了上述型号飞机的驾驶员型别等级和训练、检查、经历规范。

(2) 根据中国商飞提交的《ARJ21－700 飞机建议主最低设备清单》(ARJ21－700 PMMEL),按照中国民用航空局飞行标准司咨询通告 AC－121/135－49《民用航空器主最低设备清单、最低设备清单的制定和批准》,飞行运行评审委员会(FOEB)已经完成了对 ARJ21－700 飞机的评审,确定了上述型号飞机在合适的条件和限制下,可以不工作但仍能保持可接受安全水平的设备或项目清单,并以批准《ARJ21－700 飞机主最低设备清单》(ARJ21－700 MMEL)的方式予以正式发布。

(3) 根据中国商飞提交的《ARJ21－700 飞机建议维修审查委员会报告》(ARJ21－700 PMRBR),按照中国民用航空局飞行标准司咨询通告 AC－91－26《航空器计划维修任务的编制》,维修审查委员会(MRB)已经完成了对 ARJ21－700 飞机的评审,确定了上述型号飞机的初始最低维修要求,并以批准《ARJ21-700飞机维修审查委员会报告》(ARJ21-700 MRBR)的方式予以正式发布。

(4)根据中国商飞提交的《ARJ21-700飞机技术出版物管理规定》,按照中国民用航空局飞行标准司咨询通告 AC-91-11《航空器的持续适航文件要求》和AC-91-24《航空器的运行文件》,航空器评审项目组已经完成了对 ARJ21-700飞机的运行和持续适航文件评审,并通过持续安全合作计划,完成了对中国商飞相应运行和持续适航文件控制体系的评审。

(5)根据中国商飞提交的《ARJ21-700飞机运行符合性声明》,航空器评审项目组已经完成了 ARJ21-700飞机对 CCAR-91部、CCAR-121部的运行符合性评审,建立基于型号合格证数据单 TC0023A/0 版和飞机飞行手册 TP700100/初版(2014年12月18日)的运行符合性清单。

(6)经对中国商飞提交的《ARJ21-700飞机观察员座椅符合性声明》的评审,确认 ARJ21-700飞机驾驶舱观察员座椅符合 AC-121/135-28 的要求,该座椅可以在滑行、起飞、巡航和着陆阶段使用。

FAA航空器评审(AEG)。FAA的航空器评审按其参与性质可以划分为两个阶段,第一阶段:2010年3月FAA影子审查开球会影子审查组中包括两位FAA AEG评审代表,这是FAA AEG评审工作的开始。在2010年3月召开的FAA AEG评审专题工作会上,FAA AEG代表针对 ARJ21-700飞机提出包括初始维修大纲编制流程、运行和持续适航文件、驾驶员型别等级、训练、运行符合性评估、主最低设备清单、前观察员座椅和相关系统、客舱机组训练、检查和近期经历要求等7份 AEG评审问题纪要,重点阐述了FAA AEG评审在主要内容、规章要求、具体开展流程等方面的立场,要求 CAAC 和申请人补充各自立场。同时,FAA指出由于 ARJ21-700飞机构型还未确定,且尚无美国客户等两个原因,根据 FAA AEG 工作要求,FAA AEG 不能正式开展 ARJ21-700飞机 AEG 评审工作,但将跟踪、了解相关工作状态。在收到FAA的问题纪要后,中国商飞与审查方认为 FAA AEG 评审要求与 CAAC AEG 评审要求并无原则性的分歧,同意接受 FAA AEG 评审工作要求,同时,为更有利于项目开展,避免重复性工作,建议FAA考虑与 CAAC 同时开展相应的航空器评审工作,并在上述意见的基础上形成了 FAA AEG 评审问题纪要的答复。

FAA提出的关于维修大纲编制的问题纪要对 ARJ21-700飞机维修分析及审查工作提出了更高的要求,自项目立项之初至2010年,ARJ21-700飞机维修分析的依据文件是2003年版本的 MSG-3 维修指导组文件,FAA则要求需采用2007年版本的 MSG-3 维修指导组文件,两个版本的最大差别是,2007年版本的 MSG-3 分析文件重新设计了高强度电磁辐射场(L/HIRF)的分析流程,在决定采纳FAA的意见后,中国商飞按照2007年版的 MSG-3 分析文件对全机各系统/专业进行了重新分析。

2010 年 3 月至 2013 年 11 月间，FAA AEG 未正式开展评审工作，但参与了相关会议或活动，中国商飞向 FAA 通报了项目进展、计划安排、取证目标以及航空器评审工作进展，使得 FAA AEG 能了解最新工作进展和后续计划。

第二阶段：2013 年 11 月 18—22 日在上海召开了 ARJ21 - 700 飞机航空器评审CAAC、FAA 专题会，在会议上，FAA 明确表示由于人员和政策的调整，FAA 将全程参与 ARJ21 - 700 飞机航空器评审的后续工作，包括后续的 FSB、FOEB、MRB相应的评审工作。本次会议是 FAA AEG 评审工作的分界点，将 FAA AEG 评审工作划分为非正式参与和正式评审两个阶段。正式评审在有了明确的美国用户之后进行。

欧洲航空安全局（EASA）也进行了维修审查工作。根据 2009 年 10 月 10 日中国民用航空局飞行标准司致中航商用飞机有限公司的函件（《关于 EASA 介入ARJ21 - 700 飞机 MRB 评审的函》），EASA 分别于 2009 年 6 月和 9 月，向中国民用航空局飞行标准司表达了参加 ARJ21 - 700 飞机维修审查工作的意向。中国商飞2009 年 11 月向中国民用航空局飞行标准司回函，同意向 EASA 申请开展 ARJ21 -700 飞机维修审查工作。

2010 年 1 月，在中国民用航空局飞行标准司的大力支持和协调下，中航商用飞机有限公司在上海组织召开了欧洲航空安全局（EASA）介入 ARJ21 - 700 飞机维修审查委员会（MRB）审查讨论会。会议期间，EASA 对其组织机构、MRB 审查流程、国际维修审查委员会政策委员会（IMRBPB）以及 MRB 评审申请相关程序进行了介绍。EASA 开展 MRB 工作程序较为简单，无须以 TC 申请为基础，仅需申请人提出需求并通过 CAAC 正式提交申请即可。2010 年 5 月 9 日，中航商飞向 EASA 正式提交了 ARJ21 - 700 飞机维修审查申请，并得到受理。在得到 EASA 正式受理后，2010 年 8 月、2010 年 11 月、2011 年 3 月分别召开三次 EASA 维修审查项目回顾会，对 ARJ21 - 700 飞机维修分析工作组织机构、工作流程、已开展的维修分析结果进行评审，EASA 对维修分析工作流程、已进行的维修分析结果表示认可，2011 年1 月，EASA 与 CAAC 一起正式开展维修审查工作。EASA 介入维修审查的整个过程，收到了良好效果，同时 EASA 对 MRB 工作的介入也提升了 ARJ21 - 700 飞机项目的国际认可度，为新支线飞机今后进入欧洲市场创造了条件。

1.8.4 设计改进、优化与系列化发展工作

中国民航在近十几年高速发展，客货运输量剧增，主干航线十分繁忙，并且在边远地区新建了许多环境比较严酷的机场，如邦达、康定、阿里等，航行管理技术取得了长足的进步，ARJ21 - 700 飞机必须适应这种变化；另一方面，在 T5 测试和航线演示飞行中也暴露出一些问题，项目组织了对飞机的改进和优化，以满足航线运行

的需要,解除适航审定中保留项目对飞机运行的限制。明确了 2015 年要满足基本运行要求、放开主要运行限制、满足客户要求、改善驾驶舱和客舱舒适性的目标,完成了单发引气防冰更改、EICAS 第一阶段更改、卫星通信、RNP APCH、AOC、WQAR、舱内噪声、驾驶舱出风口更改等 23 项与交付相关优化项目的符合性验证,保证了首架交付。计划在接受航线经营运作检验的基础上,用两三年的时间实现顺畅运营,并启动后续系列化发展工作。

对于航空公司运营而言,系列化飞机有利于机队配置的灵活性,有利于飞行和维护维修人员的培训、减少备件需求,有利于降低运营成本。这就要求我们不断通过 ARJ21 系列飞机的持续改进和采用先进技术,提高市场竞争力。在 ARJ21-700 飞机销售中,我们已经向客户做出了"将及时推出系列化产品"的承诺,在项目之初就向我们的风险伙伴——供应商明确项目要系列化发展以扩大市场份额。按照国外民用飞机系列化发展的规律,一般在基本型飞机推出后 2 年,系列化机型随即推出,ARJ21 项目在早期即考虑了系列化发展工作。

1) ARJ21-900 飞机预研工作

2006 年 6 月中航商飞启动了 ARJ21 飞机加长型 ARJ21-900 飞机项目前期工作,2007 年完成了立项论证工作,2007 年 12 月 5 日向中航一集团上报了《新型涡扇支线飞机 ARJ21-900 项目立项论证报告》,2009 年 12 月完成可行性研究论证报告,完成飞机总体设计目标与要求报告、市场需求分析报告、总体初步技术设计方案初稿,并完成吹风模型方案和草图。

由于 ARJ21-700 飞机试飞取证工作延期,2010 年中国商飞决定中止了 ARJ21-900 的工作。

2) 公务机

发展公务机改型是 ARJ21 新支线飞机系列化发展的方向之一。ARJ21-700 公务机以大型企业、高端商务人士为主要客户,也包括行政公务机,旨在丰富 ARJ21 系列化产品,拓展细分市场。中国商飞支线项目部组织相关部门/单位开展了 ARJ21-700 公务机方案论证的前期工作。至 2012 年,上飞院完成了前期的技术论证工作,完成了初步布局方案。

由于目前国内在公务机改装和适航取证方面尚缺乏经验,因此决定通过寻找国外有能力的供应商,采用技术合作的模式开展 ARJ21-700 公务机改装研制工作。经过前期对供应商的调研和技术交流,确定了荷兰 Fokker(福克)公司作为技术合作的国外供应商。从 2012 年 4 月开始与 Fokker 公司通过不同形式进行了多次技术交流。2012 年 11 月上旬上飞院与 Fokker 公司就 ARJ21-700 公务机研制阶段划分、各阶段工作内容、合作模式及经费等具体问题进行了讨论。双方认为研制阶段主要分为概念定义、设计定义、产品定义、飞机改装、试飞取证等阶段,并重点对概念设计阶段的主要工作内容进行了讨论,主要包括总体设计与分析、内饰设计、辅助油箱系统设计、适航取证 CP 以及展示样机研制等。在合作模式方面双方认为应采用 IPT 联合工作模式共同开展公务机的研制和改装工作。2013 年 4 月双方高层会议上决议启动公务机改型项目的第一个工作包——概念设计。2013 年 11 月 25 日，"ARJ21 公务机项目开球会"在上飞院召开，正式进入联合设计阶段。主要内容是福克为 ARJ21 公务机改型提供若干概念设计，供我方进行选择。2014 年 2 月，对方正式提交 10 个概念设计方案。我方经研究，从中初选了 6 个方案，并最终确定了 1 个方案。

与此同时，经过市场营销部门的努力，2014 年 5 月 10 日中国商飞与上海盐商集团有限公司签署了 ARJ21 公务机意向购机协议，7 月 14 日，在第 49 届英国范堡罗航展开幕当天，在航展现场签署首架 ARJ21 公务机购买协议。上海盐商集团正式成为 ARJ21 公务机首家启动用户，也标志着 ARJ21 飞机系列化发展迈出了第一步。同日，中国商飞与南山集团在航展现场签署 2 架 ARJ21 公务机购机意向协议，南山集团成为第二家 ARJ21 公务机用户。

2015 年，中国商飞与福克公司签订了首架公务机改装合同。完成了首架公务机内部布局优化；完成了公务机项目联合概念定义（JCDP）阶段和初步设计评审（PDR）工作。

ARJ21 飞机系列化的工作还刚刚开始，随着飞机走入市场，系列化的工作将逐步展开。

1.9 小结

研制一架具有自主知识产权的新型涡扇支线飞机，并从真正意义上实现商业上的成功，是我国航空工业、民航业几代人的梦想。

ARJ21 - 700 飞机项目是我国"十五"规划的重大高科技发展项目之一，是自主研发和经营喷气式客机的第一个型号，是在市场机制下自主创新发展中国民机产业的艰苦探索，是发展现代民机产业的一次宝贵的实践，是中国民机产业的开路先锋。项目自 2002 年 4 月国务院批准立项，经历十余年的研制历程，取得了中国民用航空局的型号合格证，交付运营，ARJ21 - 700 飞机将成为中国商飞进入民机市场的第一个主打产品；完成 ARJ21 - 700 飞机的适航审定是中国由民航大国走向民航强国的重要步骤。这是中国民机产业发展史上具有里程碑意义的重大事件。

ARJ21 新支线飞机历经 13 年艰辛历程，积累了宝贵的经验，成果丰硕。走完了喷气客机设计、制造、试验、试飞、取证、交付全过程，掌握了一大批新技术、新材料、新工艺，积累了重大创新工程的项目管理经验；中国民用航空局具备了按国际标准开展 25 部运输类飞机适航审定的能力，中国商飞基本掌握了民用飞机国际标准，提升了适航验证能力；初步建立了"以中国商飞为核心，联合中航工业，辐射全国，面向全球"的我国民机产业体系；构建了"以中国商飞为主体，市场为导向，产学研相结合"的我国民机技术创新体系;锻炼培养了一大批信念坚定,甘于奉献,勇于攻关,敢打硬仗,拥有国际视野的民机人才队伍;践行了社会主义核心价值观,培育了"长期奋斗、长期攻关、长期吃苦、长期奉献"的大飞机创业精神;为 C919 大型客机项目顺利推进开辟了道路,创造了有利的条件。

回顾 ARJ21 新支线飞机项目十几年的研制历程,可以说:我们为 ARJ21-700 飞机确定的市场定位和市场切入点是正确的,技术方案是可行的;确定的研制途径是正确的;选择的市场进入时机也是正确的;项目走上了成功的道路。由于历史原因,产业基础薄弱,技术储备不足,研制队伍和适航审查队伍都缺乏实践经验,为了补上这一课,研制拖期,错过了最佳销售窗口,ARJ21-700 飞机的竞争优势有所丧失,但它仍然是一架符合中国支线航空市场需要的、有竞争优势的飞机,一架通过了中美两国适航当局适航审查和影子审查的飞机,一架可以改进、有发展前途的飞机,经过使用验证和完善,能够发展成为我国支线航空的主力机型。ARJ21 新支线项目是我国完全按照市场机制自主研制现代民用飞机的一次宝贵的实践,创造了自己的品牌,形成了一支队伍,获得了宝贵的经验。

ARJ21-700 飞机是我国民机产业的第一个投入营运的具有完全自主知识产权的涡扇喷气式客机,形成"中国人自己的飞机"——ARJ21 这一鲜亮而亲切的品牌标识,将大大拉近国人与国产民机的情感距离,赢得客户的尊重。

ARJ21 新支线飞机项目以"市场观、客户观、生命观"统领飞机的设计、研制、客户服务工作的研制理念是我国民机研制实践的第一次。建立"市场需求是我们的动力,乘客满意是我们的宗旨,客户盈利是我们的目标,一流服务是我们的承诺"的企业经营理念,使 ARJ21-700 飞机在国内第一次实现了完全按照市场运作模式向用户销售正在研制中的民用飞机。

ARJ21 新支线飞机项目严格按照国际通用的适航管理条例对设计、试制、试验、试飞、生产、销售和产品支援服务的全过程进行管理,这是我国民机研制实践的第一次。ARJ21-700 飞机的研制使我国真正实践了民机新机开发的全过程,对适航条例的理解和贯彻第一次走到如此的深度和广度。

ARJ21 新支线飞机项目把产品研发的单一任务扩展到"产品+服务"的理念是我国民机研制实践的第一次。按照"产品+服务"理念,在研制产品的同时,创建与国际接轨的客户服务能力,建设客户服务体系,得到主管部门的认可和支持,得到客户的欢迎。

ARJ21 新支线飞机项目研制和生产采用"主制造商-供应商"模式是我国民机新机开发实践的第一次。坚持以我为主,承担起全机综合的责任,牢牢掌握供应商选择和工作分工的决定权,第一次按国际惯例招投标选择供应商,ARJ21-700 飞机成为我们与众多国内外供应商共同参与下的"中国创造"的品牌。第一次采用风险共担的国际合作模式参与民机市场竞争,既坚持了自主知识产权,又降低了项目研制经费的总需求。

ARJ21-700飞机的北美自然结冰试飞，开创了利用国外资源完成适航验证试飞的先例，同时也创造了正在研制的国产喷气客机环绕地球飞行的壮举，飞越10个国家、辗转18个机场、飞行3万千米、横跨三大洲两大洋，引起了世界航空业界的关注，得到了广泛的好评和认同感。

ARJ21新支线飞机项目让从事民机产业发展的人才队伍得到了考验和锻炼，ARJ21的实践为一大批新人的成长提供了机会，尽管他们仍然需要锻炼，但他们终将成为今后中国民机发展的骨干力量。这些在项目中成长起来的年轻人，让世界看到了中国民机产业发展的蓬勃朝气。

但是，取得型号合格证仅仅是取得进入民航市场的资格证。交付首家客户仅仅是走向市场的第一步。作为一个商品，ARJ21-700的生命刚刚开始，要获得市场的认可、要实现规模的批量生产、要取得商业的成功，前面的路还很长很长，正可谓万里长征迈出了第一步。无论是中国商飞交付飞机还是成都航空担当首发用户都是第一次，前面的道路不会平坦。为了ARJ21飞机的声誉、为了中国商飞的声誉、为了国产民机的声誉，必须把ARJ21-700飞机运营好。ARJ21飞机项目的探路任务还远没有完成，经得起使用考验的设计才是好设计，后续工作还很多。要保证运行，要完善设计，要建成客户服务体系，要研究市场营销战略，要实现系列化发展，要让ARJ21飞机成为中国支线航空的主力机型并且走向世界，大量的工作在等待我们，任重道远，我们将不辱使命。

2 项目经营管理的探索与实践

2.1 项目责任主体与组织管理体系

在 2008 年 5 月 11 日中国商飞成立之前,ARJ21 新支线项目由中航一集团负责,中国商飞成立之后,ARJ21 飞机项目由中国商飞负责。

2.1.1 2000—2008 年 ARJ21 新支线项目由中航一集团负责

探索建立适合市场经济发展的民用飞机研制、生产、销售和营运的体制和机制,是 ARJ21 新支线项目一个重要的任务,也是项目成功的基本保证。2000 年 2 月,国务院会议研究民机发展问题,要求很好地总结民机发展的经验,指出最大的教训就是不能用计划经济的一套,用搞军机的一套办法搞民机,明确要从市场牵引出发,按市场机制办事发展民机。会后,中航一集团公司党组听取了主要参研单位的意见,总结历史经验,上下形成共识,按现代企业制度,组建投资主体多元化的新支线项目公司,用市场机制运作新支线飞机的研制、生产和销售。2000 年 5 月 30 日,党组决定成立项目公司具体运作新支线项目,由集团公司发起组建一个由集团公司有关参研单位和国内、外投资者组成的投资主体多元化的项目公司,具体运作该项目,项目公司申请并持有 TC(型号合格证)和 PC(生产许可证),主要负责总体方案的确定、工作包的分解和分配、飞机总装、飞机的销售和售后服务,项目公司董事会全权负责项目运作。具体的研制工作,分包给有关参研单位。

2000 年 11 月 17 日,中航一集团宣布新支线飞机项目公司筹备组正式成立并启动运行。中航一集团在《关于成立新支线飞机项目公司筹备组的通知》中强调:高技术产品的发展是决定一个国家国际竞争力的关键之一。为适应市场经济发展规律和经济全球化的要求,借鉴国际民用飞机工业发展的经验,根据我国航空工业的结构和布局,中航一集团商国防科工委同意后认为,必须建立一支高效、精干的民机工业队伍,组建一个现代企业模式的新支线飞机项目公司,集中优势力量研制新支线飞机。

2002 年 6 月国家发展计划委员会发文正式批复新支线飞机项目立项。要求"中国航空工业第一集团公司要坚决贯彻国务院关于发展国产支线飞机的决定,从国家利益出发,抓住当前有利时机,抓紧实施该项目。"国务院批准的国家计委关于审批中国航空工业第一集团公司新型涡扇支线飞机项目建议书的请示明确:"新支线飞机的研制实行项目法人责任制,目前该项目有关工作先由中航工业第一集团负责组织,等项目的各投资方及组织模式和运行机制明确后,由新组建的项目公司作为法人责任单位。"

2002 年 9 月 3 日,中航商用飞机有限公司召开第一次股东大会、第一届董事会第一次会议、第一届监事会第一次会议。会议审议并通过了《中航商用飞机有限公司章程》,同意设立中航商用飞机有限公司,注册在西安市,聘任了中航商用飞机有限公司领导班子,确定了中航商用飞机有限公司内部组织管理机构的设置。

作为项目的责任法人单位,为了有效地整合集团的资源,利用好国际资源,按市场机制经营运作好新型涡扇支线飞机项目,在集团公司的领导支持下,中航商飞进行了不断的探索和实践。

坚持发展市场销售、产品研制和客户服务为三大支柱的产业基础,将市场观、客户观落实到企业经营管理的各个环节。采用国际上通行的组建"战略同盟"的管理模式:中航商飞负责整个项目的市场开发与销售、客户服务和产品实现过程的运行管理,协同一飞院、上飞厂联合成为项目的三个核心企(事)业,与六家主要参研单位结成紧密企(事)业,GE 等十九家国际企业作为 ARJ21 飞机系统和成品供应商,组成强大的国际供应链。其项目运作模式如图 2-1 所示。

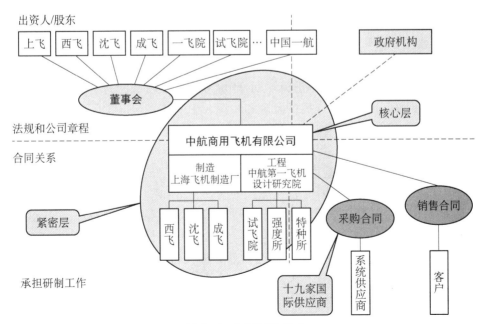

图 2-1 项目运作模式

　　中航商飞是新支线飞机项目的责任主体和经营主体,并按公司法进行独立运作和经营:制定和管理项目经营发展规划,研制科研计划与批产经营计划,确定参研单位的工作分工及分工调整;负责项目研制经费管理,负责项目成本指标的制订和分解,飞机部件采购价格和飞机销售价格的制订,成本控制与财务管理、资金筹措;负责飞机的市场研究和开发、销售和交付,作为对用户的唯一接口;负责飞机的总体定义、飞机的系列化发展、构型控制和管理、标准化体系的管理,组织管理和协调飞机的研制和生产,并对重大技术问题进行最终决策;负责飞机生产制造体系的建立和管理协调,负责质量体系的建立和管理协调;负责飞机研制和生产的适航审定、取证及持续适航,作为ARJ21-700新支线飞机TC、PC的唯一申请人和持有人负责飞机研制和生产的适航审定、取证及持续适航;负责项目采购管理和国际合作事宜;负责飞机售后的客户支援与服务。

　　在项目运作过程中,中航商飞的责任和经营主体功能主要表现在它和四大板块的作用与关系,即"股东板块""成员单位板块""客户和供应商板块"以及"政府板块"。

　　中航商飞同股东的关系:中航商飞的股东是中航一集团和各参研单位。中航商飞同股东的关系由《公司法》和公司章程进行规范和调整。根据新支线飞机项目的性质和特点,中航一集团处于控股地位,而且国家立项批复明确"目前该项目有关工作先由中航工业第一集团负责组织"。因此,中航商飞在项目运作中必须遵从中航一集团的领导,中航一集团明确集团民机部代表集团支持中航商飞的工作并协助处理在京相关事务。

　　中航商飞同参研单位板块的关系:中航商飞与各参研单位构成项目的紧密层,在中航一集团的领导下,通过项目研制总协议/工作包合同来协调和控制,一起建立完整的市场销售体系、客户支援体系、工程技术与生产制造和质量适航体系以及计划和成本控制管理体系。统一进行计划、产量与成本控制目标的管理协调,统一进行技术、质量和市场与客户支援的管理和协调。中航商飞与上飞厂、一飞院构成项目核心层,以一飞院为项目工程发展部、上飞厂为制造部并代表中航商飞作为主制造商对飞机部件和分系统的承制单位实施供应商管理。

　　中航商飞同客户和供应商板块的关系由合同进行规范:中航商飞通过飞机销售合同向客户销售新支线飞机,并提供相应的客户支援和服务;中航商飞与国外系统供应商以风险共担的风险伙伴关系共同开发ARJ21新支线飞机项目,系统供应商分担各自所负责系统的开发费用,承担系统集成工作,提供研制批的装机产品,通过签订采购合同从发动机、机载设备供应商处获得交付飞机所需的机载系统成品设备,以及稳定的成品备件供货和维护维修支援服务。

　　中航商飞同政府板块的关系:政府有关部门通过中航一集团对中航商飞实施项目的管理和监控,对项目发展的重要节点进行评审检查,同时对项目进展中的重大问题进行指导和协调。

中国民航适航当局对中航商飞提交的 ARJ21‑700 新支线飞机的适航申请进行审批,并对申请人的 ARJ21‑700 飞机研制过程进行监控和实施适航符合性审查。

经多次调整,形成了中航商飞内部的组织构架见(见图 2‑2)。

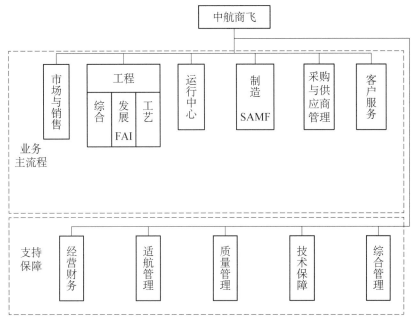

图 2‑2　中航商飞内部的组织构架

在中航一集团的领导下,通过组建项目公司,基本落实了经营责任,中航商飞面对市场、面对客户、面对政府,在集团的领导支持下,基本实现了发挥行业优势、组织四厂、四院所的力量担负起新支线任务的目标。但是,这还只是第一步,中航商飞只是一个项目公司或者更确切地说是一个管理公司,而且所有的国内供应商都是自己的股东、董事会的董事,各自都有各自的利益,单靠合同管理无法有效运作,难以建立起真正的主制造商‑供应商关系,加上自身经营管理经验不足,很难进行有效的组织管理。

中航一集团意识到项目必须有强有力的行政领导,在项目之初,2001 年 9 月 28 日,中国航空工业第一集团公司发文,决定成立新支线飞机项目领导小组和领导小组办公室,由党组副书记、常务副总经理杨育中任组长,总经理助理汤小平任副组长,民机部长王启明任办公室主任。负责对新支线飞机项目实施中的重大问题进行决策、与新支线飞机项目有关的重大人事安排、新支线飞机项目行政指挥系统和技术指挥系统的确定、新支线飞机项目技术体系的确定、新支线飞机项目主要分工任务的协调和对新支线飞机项目公司(筹)筹备组领导成员的业绩考核。在中航商飞正式成立之后则全力支持和帮助中航商飞担负起项目经营主体的责任。

根据项目运行的实际情况,中航一集团党组继续加强行政领导。2005年8月31日,党组书记、总经理刘高倬主持召开党组会议,听取了新支线飞机项目研制进展情况的汇报,并作专题研究,做出加强新支线飞机项目研制工作的决定,发出《中国航空工业第一集团公司党组关于加强新支线飞机项目研制工作的决定》的文件,要求坚持"一个目标——在规定的时间内研制出用户可接受的新支线飞机;一个团队——中航商飞、一飞院、各研制厂所和集团总部要组成步调一致的项目团队;一个计划——中航商飞制订的总计划要逐层分解、落实,成为各研制厂所自觉执行的计划"。要统一思想、统一指挥、统一行动。要调动全集团的资源,同时积极借用国内外的力量,集思广益,研制出客户和市场可以接受的、有生命力的新支线飞机,为中国民机产业的发展奠定基础。加强总部对项目的管理,集团公司主管领导靠前指挥,民机部领导及主管随行,帮助中航商飞履行项目法人责任,协调理顺研制系统的工作关系和流程,加强与政府的沟通。各参研单位一把手要立下军令状,切实承担起应负的责任。中航商飞要切实担负起新支线飞机项目的指挥管理和项目法人的责任,在实践中树立起权威;各参研单位必须服从其管理。中航商飞运行中心是整个项目的指挥调度中心,要充实力量,吸收参研厂所主管领导和项目主管参加运行中心的管理工作,加强沟通和交流。要及时协调,严格考核,树立调度权威。新支线任务完成情况是单位主要负责人年薪考核的主要内容;总部要进一步加强对新支线项目各级领导的考核,促其责任到位,管理到位。

2006年6月,林左鸣接任中航一集团总经理,并出任中航商飞董事长,进一步加强行政干预力度,2006年8月,中航一集团发文成立ARJ21新支线飞机项目指挥部,8月12日党组书记、总经理林左鸣主持召开了新支线项目工作会议,宣布指挥部成立,总经理林左鸣担任总指挥,副总经理李玉海任副总指挥,党组和集团领导有多人参加指挥部,中航商飞总经理郑强作为副总指挥兼任秘书长,协调整个指挥部的日常工作。指挥部工作机构设在中航商飞,中航商飞运行中心负责抓具体的工程指挥。林左鸣强调ARJ21工程就是我们集团的一把手工程。各单位的一把手都要亲自挂帅、亲自带队,进行攻坚。加强团队意识和合作精神,建立团队工作模式,要坚持"一个目标、一个团队、一个计划",各单位要相互支持,相互配合。一项新工作,很多界面很模糊,要发扬一种共产主义大协作的精神,坚决地把重要任务抢到自己跟前来做。用这样一种精神来确保我们按时完成任务。作为集团公司"十一五"最重要的任务,各单位要投入足够资源,在人力、设备、资金和工作安排上,充分保证新支线飞机项目的要求。

为了增强中航商飞的执行力,便于主制造商运作,中航一集团先后任命总经理助理兼中航商飞总经理郑强、罗荣怀为上海航空工业集团公司董事长,并于2007年

9月5日发出《关于上海飞机制造厂整体划归中航商用飞机有限公司的通知》,将上飞厂整建制整体划归中航商飞,作为中航商飞全资子公司。后由于国家决定组建中国商飞,中航商飞和上飞厂都整建制划归中国商飞,这项工作中止。

为了加强试验试飞现场的组织领导,2007年1月19日ARJ21项目指挥部发出ARJ21项目指挥部文件,成立了试飞院院长刘选民为总指挥的新支线飞机试飞现场指挥部,负责新支线飞机试飞工作的组织、指挥、协调,在新支线飞机项目指挥部的领导下开展工作。按局方要求完成新支线飞机型号合格审定验证飞行并全面完成适航取证的试飞工作,包括取证后遗留项目的试飞,并对飞行安全及飞机在整个飞行试验期间(包括首飞、调整试飞)负总责;对试飞工作开展过程中遇到的技术难点问题,协调一飞院、上飞厂、各飞机部件生产厂、供应商等单位,并做出综合性决策,支持并督促各技术和管理系统的工作,促进和保证试飞工作按项目计划节点进度要求,全面、协调推进。2007年9月24日ARJ21项目指挥部发出ARJ21项目指挥部文件,成立了强度所(623所)所长葛森为总指挥的新支线飞机强度试验现场指挥部,负责新支线飞机强度试验工作的组织、指挥、协调,在新支线项目指挥部的领导下开展工作。按局方要求完成新支线飞机强度试验工作,并对试验安全及飞机在整个强度试验期间负总责。

2.1.2　2008年起中国商飞统筹干线飞机和支线飞机的发展

2008年2月29日国务院常务会议审议通过了《中国商用飞机有限责任公司组建方案》,2008年3月13日国务院正式批准组建中国商用飞机有限责任公司(简称中国商飞),2008年5月11日中国商飞成立,统筹干线飞机和支线飞机的发展,根据《国务院关于组建中国商用飞机有限责任公司有关问题的批复》,中航商用飞机有限公司划入中国商飞管理,ARJ21飞机项目由中国商飞负责。

为了在中国商用飞机有限责任公司成立之后,继续加强新支线飞机项目的管理工作,中国商用飞机有限责任公司与中国航空工业第一集团公司(中国一航)联合发出《关于成立ARJ21新支线飞机项目联合指挥部的通知》成立新支线飞机项目联合指挥部,并于2008年5月12日在上海召开了新支线飞机项目联合指挥部首次会议。中国商飞总经理金壮龙和中航一集团总经理林左鸣出席了会议。新成立的项目联合指挥部是项目的最高指挥机构,项目联合指挥部对中国商飞负责,由中航一集团总经理、中国商飞副董事长林左鸣任总指挥,中国商飞副总经理、中航商飞总经理罗荣怀任副总指挥,项目联合指挥部办公室设在中航商飞。

根据中国商飞组建方案的精神,一飞院上海分院即上海飞机设计研究所(640所)整建制进入中国商飞,不再隶属一飞院,一飞院和640所共同协商,于2008年10月19日共同向中航商飞上报了《关于〈新型涡扇支线飞机项目研制合同〉分工的报告》,明确了双方对原中航商飞与一飞院《新型涡扇支线飞机项目研制合同》中相关工作的具体分工。

新成立的中国商飞抓紧编制《发展战略纲要》，提出打造三大中心：飞机总体设计研发中心、总装工程制造中心和满足客户需求的客户服务中心。形成五种能力：飞机设计集成能力、总装制造能力、市场营销能力、客户服务能力和适航取证能力。并明确按照"主制造商-供应商"模式，坚持体制机制创新，举全国之力、聚全球之智，推进 ARJ21 的发展工作。这样，中国商飞作为一个经营实体，逐步理顺关系，对ARJ21-700 飞机项目的组织构架进行了调整，承担起 ARJ21 新支线飞机项目主制造商的责任。

首先是对中航商飞进行组织机构适应性调整，2008 年 12 月 19 日中国商飞发出《关于中航商用飞机有限公司组织机构调整有关问题的批复》，明确：中航商飞在中国商飞内行使支线飞机项目管理部职能，对外作为ARJ21-700 飞机 TC 证的申请人和持有人；将原中航商飞批生产阶段的采购与供应商管理、批生产阶段的现场生产管理职能调整至上海飞机制造厂；将原中航商飞采购与供应商管理部整体调整至上海飞机制造厂；将 ARJ21-700 飞机 PC 证的申请人和持有人变更为上海飞机制造厂；在ARJ21-700项目适航取证工作中，上海飞机设计研究所、上海飞机制造厂和上海飞机客户服务有限公司作为中航商飞工程部、制造部和客户服务部，接受中航商飞的领导。

2009 年 1 月 22 日中国商飞和中国航空工业集团公司领导在北京举行高层会晤，共同探讨两个集团在 ARJ21-700 飞机项目工作中的协调、沟通和交流机制。中国商飞总经理金壮龙、副总经理罗荣怀，中国航空工业集团公司总经理林左鸣，副总经理耿汝光、李方勇出席了协调会。

会议认为，为确保项目全面有序地进行，根据项目管理的原有分工和新体制下的项目管理特点，两个集团顶层之间应就 ARJ21-700 飞机项目建立协调、沟通和交流机制，齐心协力共同抓好 ARJ21-700 飞机项目。双方同意建立 ARJ21-700飞机项目快速协调机制，中国商飞副总经理罗荣怀担任 ARJ21 项目总指挥，中航商飞总经理郑闻为副总指挥；中国航空工业集团公司副总经理耿汝光为中航工业主管负责 ARJ21 项目的公司领导，中航工业在集团内新设立一套为 ARJ21 项目接口的行政组织机构。2009 年 2 月 6 日，中国航空工业集团发文，成立了中国航空工业集团公司 ARJ21 项目工作协调指挥部和 ARJ21 项目办公室，耿汝光任总指挥，叶木生任办公室主任。

中国商飞研究，并商中航工业，决定成立 ARJ21-700 新支线飞机项目行政指挥系统。2009 年 5 月 27 日，中航商飞在上海组织召开 ARJ21-700 新支线飞机项目行政指挥系统成立暨首次工作会议。ARJ21-700 新支线飞机项目行政指挥系统设项目总指挥、项目副总指挥、行政指挥、总质量师、总会计师及指挥部办公室。

参照原国防科工委型号研制设计师系统和行政指挥系统工作条例，2009 年 8 月18 日中国商飞下发了《ARJ21-700 新支线飞机项目管理规定（试行）》，文件规定：

"行政指挥系统设立总指挥、副总指挥和行政指挥,并设立行政指挥系统办公室,办公室设在中国商飞中航商用飞机有限公司(中航商用飞机有限公司对内称支线飞机项目管理部,以下简称中航商飞)。根据工作需要,在行政指挥系统内,设立总质量师、总会计师。在中国商飞上海飞机设计研究所(设计研发中心即 ARJ21 项目工程部)、中国商飞上海飞机制造有限公司(总装制造中心即 ARJ21 项目制造部)和中国商飞上海飞机客户服务有限公司(客户服务中心即 ARJ21 项目客户服务部)设立行政指挥。为强化对现场研制工作的领导,必要时成立现场指挥部,设立现场总指挥,承担研制现场的组织、指挥、协调和调度职能。

行政指挥系统的职责是:负责项目研制的组织指挥、计划管理、进度控制、经费管理、质量管理、适航管理、人力资源和综合保障等;组织协调项目研制过程中跨行业、跨部门的有关问题以及需要国家有关部委和地方政府解决的问题;督促检查研制计划执行情况,对影响项目研制进展的重大问题进行协调和控制,力保研制经费按时足额到位,支持设计师系统开展工作,组织质量问题的归零工作,保证项目研制工作的正常进行。

行政指挥系统办公室(项目办公室)设在中航商飞,是行政指挥系统的综合协调和日常办事机构。中航商飞在中国商飞公司内部行使支线飞机项目管理部的职能,对外作为 ARJ21 - 700 新支线飞机 TC 证的申请人和持有人。公司各部门按职能分工,对 ARJ21 - 700 新支线飞机项目研制中相关业务实施管理。

设计师系统由总设计师/副总设计师(含制造、适航和客户服务技术)、主任设计师/副主任设计师、主管设计师/副主管设计师三级组成,并设立设计师系统办公室。根据工作需要,可设立总设计师助理职务。设计师系统主要职责是:在项目总指挥的统一组织领导下,负责 ARJ21 - 700 新支线飞机项目技术规划、技术管理和技术决策,主要工作包括工程设计、工艺工程控制、供应商技术管理、试飞、客户服务技术支持、市场营销技术支持、适航取证和持续适航等;组织关键技术攻关;提出项目研制、试验和客户服务的技术保障要求;协调并解决研制工作中的重大技术问题,负责技术问题的归零工作。"

《规定》具体规定了项目的组织体系;研制程序;研制与生产计划管理;研制经费与成本管理;工程技术管理;制造管理;供应商管理;项目构型管理;市场与销售管理;客户服务管理;质量安全管理;适航管理;研制合同管理;知识产权管理和档案资料管理等。

中国商飞成立后,所有参研单位都不再是股东,西飞、沈飞、成飞、特种所(637)、强度所、试飞院、一飞院与中航商飞不再属于共同的行政系统,成为完全基于合同约束的契约关系,完全的主制造商-供应商关系,《规定》明确:"ARJ21 - 700 新支线飞机项目采用"主制造商-供应商"模式,除主制造商本身承担的工作以外,其余的部件及系统由各供应商承担。中国商飞是项目的主制造商,中航商飞对外作为 ARJ21 -

700 新支线飞机 TC 证的申请人和持有人,在公司内部行使支线飞机项目管理部职能。ARJ21-700 新支线飞机供应商由上飞公司为主进行管理。中航商飞负责与中航工业 ARJ21 项目工作协调指挥部办公室联系,共同加强对国内供应商的管理;上飞所负责国内外供应商的工程技术管理;客服中心负责国内外供应商的客户服务管理。国际合作与供应商管理部、质量技术部、适航管理部、中航商飞按照各自职责协助上飞公司、上飞所和客服中心做好供应商管理工作。"

根据航空工业形势的变化,为进一步理顺 ARJ21-700 飞机技术责任体系,2010 年 8 月中国商飞和中航工业高层领导协商决定原来由一飞院承担的 ARJ21-700 飞机设计工作技术责任全部转移至上飞院负责,8 月 25 日中国商飞和中国航空工业集团公司在西安阎良组织召开了 ARJ21-700 飞机设计工作技术责任转移协调会,并于 2010 年 9 月 1 日联合发出了《关于明确原来由一飞院承担的 ARJ21-700 新支线飞机设计工作技术责任转移至上飞院的通知》。开始进行工作移交。

2011 年 3 月 31 日,中国商飞发文决定增设公司支线项目部,对内简称"支线部"。支线项目部成立后,中航商用飞机有限公司原有 ARJ21 新支线飞机项目管理、适航取证等职能全部划入支线项目部。

2013 年 8 月 30 日中国民用航空局航空器适航审定司对中国商飞下属中航商飞《关于变更 ARJ21-700 飞机型号合格证申请人的请示》正式批复,同意 ARJ21-700 飞机型号合格证申请人由中航商用飞机有限公司变更为中国商用飞机有限责任公司,原中航商用飞机有限公司已经开展的 ARJ21-700 型号合格取证工作涉及的适航性责任由中国商用飞机有限责任公司承担。

2013 年 12 月 28 日中国商飞向中国民航华东管理局发文《关于提交 ARJ21-700 飞机生产许可证申请书的函》,依据《民用航空产品和零部件合格审定规定》(CCAR-21 部)和《生产批准和监督程序》(AP-21-AA—2010-04R4)的要求,申请 ARJ21-700 飞机生产许可证。中国商飞在目前已建立的满足 AS9100 要求的 ARJ21-700 飞机预投产质量管理体系的基础上,按照生产许可证相关规章要求,完善生产制造体系和质量系统,加强对设计、供应商管控、制造过程等各环节的控制,确保生产的产品符合经批准的型号设计。为确保批产飞机满足中国民用航空局有关生产许可的规章要求,保证 ARJ21-700 飞机证后的生产和交付进度,中国商飞拟将 ARJ21-700 飞机序列号 120 架次起的批产飞机正式纳入局方批准的生产许可范畴。

至此,中国商飞完全理顺了 ARJ21-700 新支线飞机项目的经营管理体系,中航商飞完成了他的历史使命。

进入试飞取证阶段后,试飞工作的主战场转移至西安阎良,为便于现场试飞工作的指挥调度和长期外场工作的特点,中国商飞成立了西安现场指挥部和外场试验队。

2009 年 5 月 20 日中国商飞发出《关于成立 ARJ21 新支线飞机西安现场指挥部的通知》,为加快推进 ARJ21-700 飞机项目的进展,确保 2009 年项目目标按节点实现,同时加大试飞试验现场保障力度,促进项目进展过程中各类问题的协调解决,经与中航工业研究,决定成立ARJ21新支线飞机项目西安现场指挥部,高喜军任总指挥。

为加强并规范中国商飞ARJ21新支线外场试验工作的组织管理和保障工作,加快项目研制和适航取证进程,中国商飞决定组建ARJ21新支线飞机外场试验队,2010年8月24日发出《中国商用飞机有限责任公司ARJ21新支线飞机项目外场试验队管理办法(试行)》,文件规定了试验队组成、职责、分工管理模式及与中航工业各参研单位的协调关系。

2010年10月27日中国商飞公司党委发文《关于成立中国商用飞机有限责任公司ARJ21新支线飞机项目西安外场试验队临时党委及任命临时党委负责人的通知》,决定成立中共ARJ21新支线飞机项目西安外场试验队临时党委。

2010年11月2日ARJ21新支线飞机项目西安外场试验队成立暨动员会在西安阎良召开。中国商飞总经理金壮龙、中国航空工业集团公司副总经理李方勇、中国商飞副总经理兼ARJ21新支线飞机项目总指挥罗荣怀、中国民用航空局适航审定司副司长殷时军出席会议。中国商飞总经理助理兼人力资源部部长燕桦在成立大会上宣读了成立ARJ21新支线飞机项目西安外场试验队的通知,中航商飞总经理兼ARJ21新支线飞机项目副总指挥郑闻任试验队队长。

新支线项目是中国民机产业的开路先锋,几乎每前进一步都会遇到新的情况、新的问题,随着试验试飞工作的深入,暴露出大量的技术、管理问题,需要各级领导深入群众、靠前指挥才能及时准确地弄清情况,正确决策。2012年10月26日贺东风总经理、罗荣怀总指挥主持专题办公会,划分三条指挥线,分别由三位副总指挥负责,加强对技术攻关、试飞取证、生产交付工作的领导,会议明确副总指挥的分工:郑闻抓项目总体策划、总体协调和综合计划,侧重预投产、交付和客户服务;赵越让负责适航取证和试飞;郭博智负责构型到位与技术攻关。同时,中国商飞调整充实了外场试验队的领导班子,由副总指挥、适航管理部部长赵越让兼任试验队队长,党群工作部副部长吴建军任临时党委书记、副队长,进一步加强了外场试验队的领导。领导深入群众、深入一线靠前指挥,加强了对国内外供应商的管控,解决了许多长期议而不决的问题,有力推动了项目的进展。

2.2　观念与途径

中国的民机工业走过了充满坎坷的道路。

发展中国的民机产业,让中国的大飞机飞上蓝天,让我们的老百姓坐上中国人自己的飞机是我们航空人的夙愿,一代一代的航空人为此付出了长期艰苦的努力和探索,但总不能摆脱"屡战屡败"的梦魇。原因何在?是外在因素的影响,还是自身原因的结果?

按市场机制办事发展民机，ARJ21新支线飞机项目进行了新的探索。新的研制实践使我们深深地体会到，问题首先出在我们自身，首要的是转变观念，同时必须有一条适合我国民机产业状况的正确的发展途径。

2.2.1 市场观、客户观、生命观是民机制造商的必修课

我国的民航运输业早已市场化、国际化了，而我们飞机制造业却还停留在计划经济的框架下。计划经济的思维定式，使我们没有更多从自身的角度想问题。一怨客户不用国产飞机，二怨国家对民族工业保护不够，却没有深入地研究市场。在市场经济中，市场对资源配置起基础性作用，发展民机产业必须按市场规律办事。

总结以往的教训，我们一改过去的怨天尤人，认认真真地思考自身的问题，随着ARJ21新支线飞机项目的实践，总结提炼出了"市场观、客户观"的新理念，摒弃了长期计划经济形成的思维定式，思想观念的转变对企业的结构，飞机的设计、研制和客户服务工作带来根本性的转变，取得了前所未有的进步。实践使我们认识到，市场观、客户观是民机制造商的必修课。

2002年6月，时任中航一集团新支线飞机项目领导小组副组长汤小平在总结归纳实践经验的基础上，第一次正式提出了必须具有**"对市场的特殊理解、对用户的特别关注"**的市场观、客户观，要求进一步转变观念，按市场机制做好新支线飞机的研制工作。2003年11月，中航一集团党组肯定了新支线飞机项目的两观论，要求进行推广两观论的教育。新成立的中航商飞在正确的市场观和客户观指导下逐步形成了**"市场需求是我们的动力，乘客满意是我们的宗旨，客户赢利是我们的目标，一流服务是我们的承诺"**的新价值观，树立起以客户为中心的理念。

必须充分认识市场和客户的需求是民机制造商经营活动的出发点和归宿，决定企业生产什么、生产多少、什么时候生产以及生产的产品以什么方式去满足客户需求的关键因素是市场和客户。民机研制是市场主导的经济活动，必须树立"对市场的特殊理解"和"对用户的特别关注"的新理念，一切围绕市场和客户，按市场机制和规律决定造什么样的飞机、造多少飞机、何时交付飞机以及服务客户的工作方案，这就是两观论的内涵。

另一方面，民机是我们的父老乡亲、兄弟姐妹每日出行的交通工具，必须确保安全。"安全第一"是商业空运的基本准则，尽管航空公司可以采取多种措施来保证飞机的营运安全，但是从根本上还是要依靠飞机制造商的设计、试制、试验、试飞、生产以及客户服务的安全性保证，因此安全性应是中航商飞最为关注的事情。以人为本，以乘客生命至上为最高原则的理念逐步树立，2007年下半年，中航商飞总经理罗荣怀根据ARJ21新支线飞机项目的质量和适航管理实践，首次提出必须在飞机研制中树立尊崇生命的"生命观"。

必须充分认识确保研制出的飞机能在整个寿命周期内满足安全可靠运营是民

机制造商经营活动的基石。"安全第一"是民用航空的准则,以人为本、乘客生命至上是民机研制的最高原则,这就是生命观的内涵。要正确处理民机制造商自身、民机产品、客户(航空公司)、市场以及政府监管之间的关系,要围绕这些主题开展我们的工作,审视我们的理念、言行、规章制度、产品实现过程以及对环境的影响。

确立市场观、客户观、生命观就要认真研究民机产业的特点,在飞机设计、研制、生产、服务中采取正确的策略和措施切实贯彻。

2.2.1.1　市场决定需求

要造客户需要的飞机、造有竞争力的飞机就必须要有正确的市场定位。而正确的市场定位必须基于对市场需求的全面而深刻的理解,不但要有宏观的视野而且要了解客户的具体需求,在此基础上做出项目的经营决策。

过去我们做调研,大多了解的是政府对民航运输业的规划,而对真正客户——航空公司的需求了解不多。ARJ21 新支线飞机项目一改过去的做法,在确定飞机的市场定位、技术方案、供应商选择以及客户支援等重大问题时,都开展了周密的市场和客户调研,听取航空公司专家的意见,坚持市场和客户导向的市场原则,在项目预发展阶段,除项目研制的各项技术和管理工作外,围绕对客户需求的了解、争取客户支持、落实先锋用户三个方面积极开展工作,作为项目研制的市场基础。

在研究国家经济发展对支线飞机的需求,分析国际国内民机市场竞争态势,进行市场调研,走访客户、了解航空公司对支线飞机技术方案的意见的基础上,确定市场定位,制订初步方案,再听取客户意见。2000 年上半年,中航一集团组织有关单位走访民航所属 14 家航空公司调研,认为中国市场期待 70～110 座级、旅客舒适性标准较高的、能有效地在高温/高原机场运行的新型喷气客机。2001 年上半年,中航一集团和新支线项目公司(筹)带了新支线飞机的初步方案,走访了上海航空公司、四川航空公司、东方航空公司、山东航空公司及深圳金融租赁公司等,根据目标市场分析和市场调研的结论,进一步明确研制生产 70 座级涡扇支线飞机,以有特色的先进产品和服务满足细分市场需求的产品战略,用具备"四性一化"即适应性、舒适性、经济性、共通性和系列化特色的 ARJ21 飞机产品和优质服务,满足以七大用途为标志的细分市场需求(见本书第 1 章)。明确了对 ARJ21 新支线飞机项目的市场定位。项目的市场定位得到了客户和供应商的认可和支持,成为吸引风险伙伴和获得客户订单的基础。

2.2.1.2　技术服务于经营

市场定位是制订飞机总体技术方案的依据。在调研中形成飞机的市场需求并进一步形成设计要求,作为初步设计的出发点。技术指标、技术途径都要满足经营的需要,即满足客户对飞机性能、成本、进度的需要。例如客舱宽度问题,曾有人提出为了获得更高的气动效率,以一排四座为好,但是乘客、特别是乘惯了大飞机的中国乘客更看重客舱宽敞、舒适,为此,项目决策采用一排五座,获得了所有客户的欢迎,成为飞机的一个卖点,并且为系列化发展留有余地。又如发动机的推力选取,有人认为70座飞机选用CF34-10太大,要多付出重量和油耗的代价,CF34-8就够了,但是为了满足中国西部高原高温机场起降和航线越障使用要求,实现中国西部热点航线满客营运的要求,发动机选取不能只考虑东部航线的使用,其推力要留有余量,虽然有人说是大马拉小车,但是飞机对西部高原高温机场的适应性成为飞机的又一个卖点。当然,这些都增加了设计的难度。

在先进技术的采用上,我们的原则是尽量采用成熟的、经过验证的、为了达到客户要求的飞机性能而必须采用的先进技术,追求尽量通过综合的手段以成熟的技术实现客户的需求,以努力按照市场要求的周期完成项目研制。例如机体设计中复合材料的选用、飞控系统等的技术方案的确定都是贯彻了这个原则。

在项目管理上,构型控制的最后决策不是技术系统而是项目控制委员会,它要综合设计、制造、客服、市场、成本、质量、适航、供应商等各方面的意见才能决策,这是经营决策。

2.2.1.3　我们给客户提供的是产品＋服务

随着两观论的深入,我们对民机的客户——航空公司有了更多的了解,对他们的需求有了更深的理解,逐渐明确了民机的研制对象应是"产品＋服务",航空公司追求的是最大化机队全寿命周期的价值,所关注的不仅仅是飞机自身的性能指标(包括飞机的可维护、维修性能),更看重主制造商所具备的客户服务能力和所能提供的服务品质,包括航材服务、机队服务、飞行服务、信息服务、整合服务及客户支持等。因此,主制造商要努力通过最完整的服务解决方案保证客户运行安全性和最高级别的客户满意度,并且让服务渗透飞机全生命周期。为了民航运输业的发展,也为了飞机制造商开拓市场、培育市场,主制造商要能为航空公司运营提供飞机运行的全面支持,这就给自身客户服务能力建设提出了艰巨的任务。

客户服务理念与体系早已不是传统的售后服务模式,不但由原来的"被动支援"转变为"超前服务",更是渗透到飞机产品的整个全生命周期中。将客户"请进来"与自己"走出去"兼顾,及时发现客户对客户服务的当前要求以及未来的潜在需求。

从产品定义开始就启动客户参与、售前的客户培训服务、售后的运行支持、制造过程中的信息技术服务以及融资服务等,这一系列的前后端服务贯穿于飞机从研发到日常运营的全过程。

客户服务的提供者——民机主制造商要能够时刻关注客户,聆听客户内心,发现和捕获客户需求,挖掘客户个性化、定制化的服务需求,并具备综合性与定制化并重的客户服务能力,提高客户满意度、回头率和忠诚度。

2.2.1.4　建设以市场销售、研制生产、客户服务为三大支柱的核心能力

为适应任务的变化,必须对企业结构进行调整,我们在项目之初就明确要把着力构建"三大体系"作为研制体系构建的中心思路,即建立市场研究开发和产品营销

体系、完善和改进现有产品研制体系、创建与国际接轨的客户服务体系,形成以市场销售、研制生产、客户服务为三大支柱的核心能力。

我们历来重视企业科研生产能力的建设,但是飞机公司只具备产品研发和生产能力是无法在民机市场中生存的,还必须有市场开拓和飞机销售能力,有客户服务能力才能进行民机的经营工作。如果说市场工作除建立自己的队伍之外,还有更多外力可以借用,那么客户服务能力则必须主要靠自己建立。中航商飞在 ARJ21 新支线飞机项目初期即提出客户服务是项目研制的重要部分,努力说服各方支持客户服务的能力建设。认真听取航空公司对 ARJ21 新支线飞机产品支持与客户服务工作的意见。在此基础上,从客户培训、航材支援、飞行运行支援、工程技术服务、技术出版物、工程数据管理以及供应商客服支援等方面,策划和建立客户服务工作方案,在产品设计中全面落实客户期盼的服务指标,建立和组织实施客户服务的各专项业务,并逐步建立起 ARJ21 新支线飞机的客户服务体系和服务专职队伍。由于 ARJ21 新支线飞机的客户服务工作几乎从零开始,除研制客户服务工作本身外,体系和队伍建设、条件保障建设必须同步展开。为了有效开展客户服务工作,在建立客户服务体系和服务专职队伍的工作中,我们提出了客户服务工作对各种资源的需求,极力争取各种资源,保障服务研制工作的开展。中国商飞成立后,成立了市场研究中心,并且为了能对交付的飞机提供全方位、全天候的服务,把客户服务作为六大核心能力建设之一,成立中国商飞客户服务中心,狠抓客户服务规划的落实,不断完善和健全 ARJ21 新支线飞机的客户服务体系。

2.2.1.5 客户的参与要贯穿研制的全过程

依据 ARJ21 新支线飞机项目的市场定位,我们确定了飞机的总体技术方案,并在航空公司的帮助下选择了发动机和机载系统的供应商。这些工作既得到了客户的支持和认可,又获得供应商的积极响应。航空公司普遍认为,ARJ21 新支线飞机的市场定位准确,设计理念符合当代潮流,设计方案能够满足支线航空运营需求,78~90 座级填补了支线航空市场的空隙,具有很强的市场竞争力。当我们选定飞机的发动机后,上海航空、山东航空、武汉航空、深圳金融租赁公司分别致信支持中航商飞选用美国 GE 公司的 CF34 - 10A 作为新支线飞机的动力装置。

从项目研制的全过程来看,客户参与不足,特别是缺乏飞行员的早期参与仍然是一个硬伤。由于我们年轻队伍知识结构的限制,加上首发用户的变更引起的使用方缺位,在飞机交付前后暴露出在飞机的细节设计上对用户使用要求考虑不周,在试验试飞中发现的相关问题没有得到充分的理解和重视等问题,整改需要时间,影响了批量交付。

2.2.1.6 尊崇生命、贯彻适航法规,形成和树立严肃的"生命观"

民航运输涉及公众安全,政府要管,适航是政府对民机特有的要求。适航审查就是政府对民用航空产品进入市场的监管职责的体现。适航条例是政府法规,适航条款是民用航空产品进入市场的门槛。

ARJ21 新支线飞机项目是我国首次严格按照国际适航标准研发的民机项目,因此,在设计、研制的实践中我们认真组织设计研制人员学习和贯彻适航条例,加强适航管理,设计研制人员对适航条例逐步加深了认识,认识到适航条款是对航空产品安全性保障的最低要求,是航空产品进入市场的门槛,是航空产品设计、研制、试验、试飞、生产、交付和服务不可回避的强制性规定,按适航要求办事是法制观念的体现。

中国商飞成立后,进一步加强适航取证能力建设,对参与民机研制的所有相关人员进行全方位的培训,包括适航理念、适航基础知识、适航法规体系的培训和适航的专业知识培训,努力培育适航安全文化,以满足公众对航空安全的要求为出发点,建设以"诚信务实、遵章有序、沟通协作、究因重果、敏锐负责"为基本内涵的适航安全文化。牢固树立"生命至尊、安全至上"的核心安全观,提出"遵循适航规律、遵守适航标准、尊重局方意见"的三遵(尊)原则,深入理解适航条款,有效进行适航验证;尊重局方意见,服从适航当局的监管,无条件地执行适航当局的决定,尊重审查代表的执法权,学习、探索、遵循适航规律,努力从必然王国走向自由王国,提高适航取证能力;对适航条款的认识从"它是无法回避的"到"它是不能回避的",对适航监管从被动应付到主动遵从,这是对生命的尊崇,是对生命观认识的深化,是强化法制意识的体现。

2.2.1.7　观念的转变获得客户的赞许和支持

在市场定位、技术方案、供应商选择取得重大进展的基础上,在项目预发展阶段结束时,按照国际通行的做法,适时地向重点航空公司提交了飞机技术说明书,并为他们提供航线分析和经济效益分析材料。经过艰苦努力,在 2003 年 9 月同三个启动用户——上海航空公司、山东航空公司、深圳金融租赁公司正式签署了总数为 35 架飞机的购机协议,第一次实现了完全按照市场运作模式向国内用户销售正在研制中的民用飞机。

客户需求的了解、争取客户支持、落实先锋用户的成功,彻底改变了过去"我生产什么飞机,民航就不要什么飞机"的局面,极大地鼓舞了我们研制 ARJ21 新支线飞机的信心,实践尝到的甜头促使我们不断深化对市场和客户的理解。当我们的理念改变时,当市场的需求成了我们的动力时,就会千方百计地让我们的产品和服务适应市场需求,市场就会接受我们研制生产的飞机。2005 年,国内三大航空公司的一位董事长在谈及 ARJ21 新支线飞机时说:"他们现在干这个行,他们这么干,我肯定买。"ARJ21－700 飞机在北美进行自然结冰试飞时,参与试飞的加拿大 NTI 公司地面维护负责人 Klaus Markgraf 说:"我仔仔细细地观察了 ARJ21－700 飞机 104 架机,特别喜欢她宽敞舒适的内部空间,这绝对是个好卖点,我认为这款飞机将成为支线客机中的翘楚。"这就是对 ARJ21 新支线飞机项目的市场观和客户观实践的肯定。

2.2.1.8　飞机投入营运是对我们市场观、客户观认识的真正考验

2014 年 ARJ21－700 飞机取得中国民用航空局颁发的型号合格证(TC),2015

年 11 月首架交付成都航空公司。这是中国民机产业发展史上具有里程碑意义的重大事件,标志着我国首款涡轮喷气运输类飞机通过适航审定,具备可接受安全水平,可以参与民用航空运输活动。同时,向世界宣告我国具备了大型运输类飞机研制能力和适航审定能力。

但是,民机项目的成功与否,不是以获得型号合格证为成功的标志的,必须经过市场检验,取得商业成功。没有商业成功,项目最终是失败的。在项目进入交付运营阶段,贺东风总经理更进一步明确要求,虚心听取客户意见、充分研究市场需求、理解客户需要,把 ARJ21 - 700 飞机改进完善成有市场、有利润,航空公司愿意买、飞行员愿意飞,乘客愿意坐的国产支线飞机。

为了使 ARJ21 - 700 飞机成为航空公司"好用"的飞机,性能好、安全适航、旅客喜欢乘、飞行员愿意飞、运行人员好管理、维修人员好维护的飞机,能为航空公司运营盈利、能为我们生产交付赚钱,我们的技术、管理队伍要了解客户如何使用飞机。需要了解乘客如何乘飞机、飞行员如何驾驶飞机、机务人员如何维护飞机、运行人员如何组织管理飞行、航空公司如何经营航线,要了解民航运行规章,了解机场的建设情况,了解航线规划。要以客户为中心,审视我们的言行、制度、环境,不断提高客户的满意度和忠诚度,使客户认同我们的服务。要把以上各项具体化为技术指标,作为设计输入落实在飞机设计中,落实到生产和客户服务人员的职责中。要以出色的服务来弥补我们产品的不足,并抓紧设计优化,不断改进 ARJ21 - 700 飞机,满足市场和客户的需求。

飞机的交付并不意味着制造商已完成对飞机安全性的责任,必须进一步深化对生命观的认识,做好运行支持、持续适航工作,确保飞机在整个寿命周期内满足安全可靠运营的要求。

2.2.1.9 在实践中不断加深对市场观、客户观、生命观的理解和认识

ARJ21 - 700 正式投入航线运营后得到了乘客的好评,但是在交付前的航线演示飞行和交付后开航前的运行验证飞行中发现的问题使我们深切地感觉到,要把正确的市场观、客户观、生命观落实到研发、生产、客服的所有环节和型号全寿命周期的一切经营活动中,还有大量的工作要做,认识只有在实践中才能完成。ARJ21 新支线项目研制用了 12 年的时间,宏观经济在发展,航线需求在变化,机场情况在变化,对此我们跟踪和关注不够;当启动用户变化为成都航时,未能及时听取他们的意见,做出必要的更改以满足他们的需求。由于研发队伍缺少懂乘客心理、懂使用维护、懂航线飞行、懂航线运行的人才,对飞机使用中的要求不甚理解,重视不够,未能及时落实。

市场是动态的,客户的需求也在变化,在型号研制过程中要不断地研究市场的变化,不断地培育和开发市场。要研究宏观经济对民航业的发展的影响,研究竞争对手的动向,要时刻关注客户需求的变化。在研制过程中要不断检查飞机性能、功能对客户需求满足的程度,研究飞机性能偏离原定目标造成的影响,并在改进和优

化过程中落实。

要持续跟踪研究机场状况的变化,研究民航机场和导航设施的改进对飞机运营性能的要求。中国民航事业的飞速发展,大量的新机场正在建设,为促使航线大量采用航行新技术,如为了从传统陆基导航飞行模式过渡到基于性能的导航(PBN),2009 年 10 月发布《中国民航 PBN 实施路线图》;为推动自动相关监视(ADS－B),2012 年 11 月发布《中国民用航空 ADS－B 实施规划》,2012 年 8 月发布《飞机平视显示器 HUD 应用发展路线图》等,作为飞机主制造商必须研究飞机需要怎样改进才能适应更多的航线和航空公司。

尽管我们通过学习市场观和客户观的理念,对它的重要性有了初步认识,并已经进行了多年的准备,但是要真正建成与国际接轨的、具有竞争力的客户服务能力难度非常大,需要伴随着机队的成长而成长。初步建成的客户服务体系还未经实践的检验,以什么方式才能满足客户的服务需求,我们还没有自己的体会,要理解乘客、理解飞机维护、理解飞行、理解运行、理解客户的经营,了解客户服务工作的规律学会服务,需要在今后的客服实践中不断地学习、体会,路还很长。

2.2.2　发展我国民机产业的正确途径

我国的民机研制在争论中走过了曲折的路,经过多次的挫折和失败,甚至迷失方向,终于在队伍中就民机发展途径达到了统一,当国家把研制世界水平的新型涡扇支线飞机的任务交给我们时,中航一集团党组明确提出要以我为主,开展多种形式的国际合作,得到了所有参研单位的一致拥护和国家综合机关的支持和肯定,在国家计委关于新支线飞机项目研制的主要原则中明确:

坚持以我为主的发展道路。新支线飞机研制,在立足于国内科研生产力量、掌握自主知识产权的基础上,开展多种形式的国际合作。

这是发展我国民机产业的正确途径。

2.2.2.1　ARJ21 新支线飞机项目研制途径的确立

对于中国民机产业的发展途径,主要有两种观点:一种是,中国人民有志气、有能力,原子弹、导弹都能搞,干个民机就不行吗? 航空工业要"站起来"干民机,要"独立自主、自力更生";另一种是,民机是高科技复杂产品,我们技术和管理基础弱,我们没有能力却有市场,应以"市场换技术",做转包生产零部件的供应商或合作组装国外品牌的飞机,快速满足民航需要,同时提高我国的民机制造能力。

我们曾经有过一次宝贵的尝试,进行过一次有意义的攀登——"运－10"的研制。20 世纪 70 年代,在西方对中国进行经济封锁的背景下,中国不能没有自己的大型客机,在毛泽东主席和周恩来总理的关怀下,在叶剑英、李先念、曹里怀等国务院、中央军委领导的具体组织下,研制运－10 是中华民族发展大型民用飞机的第一次尝试。1980 年 9 月 26 日成功首飞,继续进行各种科研试飞,先后转场到北京、合肥、哈尔滨、乌鲁木齐、广州、昆明、成都和拉萨。至 1985 年 2 月 11 日止,累计飞行 121 个起落、164 飞行小时。试飞证明,运-10 飞机达到预定设计指标,研制在技术上取得巨大成功。研制历程可歌可泣。国外人士评价说:"中国能自行设计制造'运-10'飞机,这是一个飞跃性进步。它表明中国飞机制造技术已具有相当水平。""在得到这种高度复杂的技术时,再也不能视中国为一个落后国家了。"

但是,历史没有给"运-10"飞机走完成功的道路的机会,项目不幸夭折了。运-10 项目的中止,有着复杂的政治经济原因,但一个不可忽略的因素是:运-10 仍然是计划经济下的产品,是为了打破西方的封锁,一开始是按照专机要求来设计,不考虑经济性,没有考虑航线的运营(设计这一架飞机的指导思想,时任空军副司令曹里怀说得非常明确,要一架航程足够远,从中国新疆起飞途中不作停留加油能直飞阿尔巴尼亚的远程旅客机,开头的几批飞机用作首长专机,批生产时,供民航开辟国际航线使用)。正在进入世界航空市场的中国民航是不会接受的。

在改革开放的今天,在民机市场和生产都已经全球化的情况下,拒绝国际合作,完全靠一己之力单独研制自己品牌的具有国际竞争力的民机显然是不现实的,问题是如何开展国际合作。

以市场换技术,在对外开放中曾是一个时期的正统观点,但是民机产业的实践表明,民用飞机是一个商业驱动的复杂产品,核心技术是不可能用市场换来的,同时,由于经营权在人家手里,人家说下马,你就得下马,以市场换技术的结果是民机的市场被人占领了,核心技术却还在人家手里。MD80 合作生产和 MD90 中国干线项目给我们以深刻教训。在 MD90 项目中,我们虽然干了飞机制造厂的 70%~80%的工作,他们从我们这里拿走了民机制造的红利,我们却得不到民机生产的自主权,波音公司兼并麦道公司,停止 MD90 生产,我们也只能同步停产,花费了巨大投入却只生产了 2 架飞机,干线飞机项目中止,工厂失去产品,工人下岗,处境艰难。空客公司也同步逼迫我们同意 AE100 飞机项目停止,中航总发展民机三步走的设想一步也没有走出去就夭折了! 没有核心竞争力就没有发言权,不以我为主自主研制,不掌握核心技术,就永远没有自主知识产权,没有自主知识产权就没有项目的自主经营权,永远受制于人。

2000 年 2 月,在国务院召开的民用飞机发展思路汇报会上,中航一集团总结亲身经历的民机产业发展历史,提出"坚持自主知识产权的民机产业发展"的思路,主张从"以我为主导的深度国际合作"方式研制支线飞机入手,重振我国民机产业发展。2001 年 8 月,中航一集团上报新型涡扇支线飞机项目立项的请示,提出了项目研制途径的总体思路:坚持自力更生、以我为主的方针,牢牢掌握我国自主的型号知识产权;充分利用行业长期积累形成的技术、人才、设施、经验等各方面的综合基础,充分发挥行业各参研单位在设计、制造、试验、试飞等方面的独特优势;充分利用对外开放有利条件,积极开展少量关键技术的国际合作,提高研制水平,加快研制进度;面向全球,择优采购符合飞机设计和适航要求的动力装置、航电设备和必要的原材料。总体思路的核心就是新支线飞机的研制,既要"坚持自主创新,坚持拥有自主知识产权",又要"在自主知识产权下积极开展多种形式的国际合作"。

ARJ21 新支线飞机项目的"坚持自主创新,坚持拥有自主知识产权,同时在自主知识产权下积极开展多种形式国际合作"的研制途径得到了国家的批准。

2.2.2.2　ARJ21 新支线飞机研制途径的实践

2000 年 11 月 17 日,新支线飞机项目公司筹备组为即将开始研制的新型涡扇支线飞机系列选择面向市场的、响亮的、反映我国新支线飞机特点的并与国际接轨的项目代号——"ARJ21",飞机研制的各项工作沿着形成 ARJ21 新支线飞机的自主知识产权和以我为主开展多种形式的国际合作的方针有序展开。

1) 自力更生,努力创建 ARJ21 新支线飞机自主的型号知识产权

提出产品创意、确定市场定位、抓好综合集成、形成飞机级产品定义、完成飞机研制和验证、取得型号合格证、批量生产并实现市场销售,这是具有 ARJ21 新支线飞机自主知识产权和经营权的关键,也是以我为主发展民机产业的前提。

从 ARJ21 新支线飞机项目启动开始,我们紧紧抓住产品创意,通过市场和客户调研,确立"四性一化"的 ARJ21 新支线飞机市场定位,即"适应性""舒适性""经济性""共通性""系列化发展"的市场定位。依据"四性一化"的市场定位,确定 ARJ21 新支线飞机产品的设计要求,即适应中国西部高原高温机场起降和复杂航路越障的营运要求;为旅客提供良好的乘机环境,实现支线飞机中的宽机身及宁静机舱的要求;低于竞争飞机的直接使用成本和全寿命成本的要求;与 150 座级主力机种在人机界面、使用、操作、维护等方面有尽可能大的共通性,对改装、培训等可无缝隙对接的要求;基本型、加长型、货运型和公务型的系列化发展要求。

根据产品创意和市场定位定义 ARJ21 新支线飞机的总体方案,这是自主知识产权主张的实质界定。经过反复迭代,在项目预发展阶段共发布了 5 轮 ARJ21 新支线飞机总体方案,《预发展第三轮(总第五轮)总体布局定义》作为预发展阶段结束的飞机构型定义,同时又被用作向启动用户销售飞机的构型定义文件。随着设计优化的深入,截至 2005 年 1 月 18 日,新支线飞机总体方案又发布了两轮,最终确定 ARJ21-700 飞机的基本型定义。

确定 ARJ21 新支线飞机设计和研产应满足的适航标准。ARJ21-700 飞机型号设计按照中国民用航空适航条例 CCAR-25、33、34、36、37 部实施,同时满足 CCAR-91、121、125 部有关营运的要求,并参照相应的美国联邦航空条例 FAR 条款;按照中国民用航空适航条例 CCAR-21 部的要求,向中国适航当局申请型号合格证(TC)、生产许可证(PC)、单机适航证(AC),先取得中国适航当局的适航证,再申请 FAA 和 JAA(现为 EASA)适航证;按照 CCAR-25 部附录 H、CCAR-33 部附录 A、CCAR-43 部及其他相关要求管控持续适航,规划管理飞机维护和产品支援。

紧紧抓住产品的综合和集成。ARJ21 新支线飞机的发动机和机载系统都由供应商设计和研制,因此,在 ARJ21 新支线飞机研制中,紧紧抓住同供应商的协调,解决系统本身的集成、系统间的综合和集成及全机各系统的飞机级综合和集成,ARJ21 新支线飞机取得了较好的综合性能。

建立 ARJ21 新支线飞机设计、制造、服务、管理的规范和标准,这是作为领导企业的主制造商的职责。在我国航空工业自行研制和国际合作的行业级系统工程中形成或引进的先进设计规范、标准和数据库基础上,完善、验证、集成 ARJ21 新支线飞机型号的设计、制造、服务、管理的规范和标准,统一图文管理,建立通用技术规范体系,形成自主研发项目的技术和管理体系,统一和规范所有参与项目研制的部门和人员(包括供应商)的工作和行为,是 ARJ21 新支线飞机研制成功的必要条件。

抓住总装集成,组织好飞机生产,实现交付;打造供应商管控能力,承担起主制造商的职责,管好供应商;争取各方支持建设客户服务能力、帮助客户用好飞机,让乘客满意、客户赚钱,兑现对客户的承诺。

积极开发和开拓产品市场,努力推销 ARJ21 新支线飞机,实现自主经营,取得商业成功是创建和开发自主知识产权的目的,也是所有风险伙伴的期望。在 ARJ21 新支线飞机项目启动阶段,就开始策划飞机的营销工作,并适时启动销售工作,向重点航空公司提交飞机技术说明书,提供航线分析和经济效益分析材料,同启动用户正式签署 ARJ21 - 700 飞机的购机协议。随着 ARJ21 新支线飞机研制的进展,不断开拓和扩大飞机销售市场,截至 ARJ21 - 700 飞机取得型号合格证,ARJ21 - 700 飞机已经获得正式订单 120 架,意向订单 138 架。在 ARJ21 - 700 飞机取得型号合格证后,逐步走向市场成功和商业成功。

2) 以我为主,开展多种形式的国际合作

在民机市场已经完全全球化,民机产业已经国际化和专业化的今天,要研制"具有世界水平的新型涡扇支线飞机",要生产具有竞争力的能够被市场接受的民机,必须采用一切可以利用的资源,关起门来是不行的,必须进行多种形式的国际合作。实现"以我为主,开展多种形式的国际合作"的基本形式是主制造商-供应商模式,我们当主制造商。

在经济全球化的大趋势中,主制造商-供应商模式已成为按市场机制整合资源,应对竞争的基本运作方式,供应商越来越多直接参与新飞机的开发研制,民机研制从自行研制的"整机制造商"转型为"系统整合商"已成为一种自然趋势,ARJ21 新支线飞机要具有世界水平,研制工作必须顺应主流,让系统供应商直接参与研制,否则,市场不会接受同世界主流民机缺乏共通性的飞机的,而当今世界的优质系统供应商集中在欧美,开展国际合作是势在必行的。再则,从 ARJ21 新支线飞机国际市场的开拓、国际适航证获取的考虑,同欧美供应商合作研制也是非常有利的。

主制造商要选好供应商,组织好项目团队并承担起产业链领导企业的责任,做好技术的集成和项目管理。

为了选好供应商。我们利用当时"9·11"事件后航空制造业市场的不景气的大环境,明确提出供应商必须接受的三项原则:①提供的技术必须是成熟的,供应商参与项目的研制经费 NRC 自付;②中方不要求技术转让,但必须要享受供应商提供产品的最优惠价格;③供应商应该有完整的服务体系,并且要从一开始就与我们讨论客户服务。根据 ARJ21 新支线飞机总体方案和通用规范标准要求,以及按上述三原则确定的设计、制造、质量、适航、产品支援、研制管理等要求和商务条件。通过信息征询,向潜在供应商发放信息征询书(request for information,RFI),在信息征询的基础上,向候选供应商发放招标书(request for proposal,RFP),通过澄清和答疑、听取客户意见、评审投标书、签署合作意向书(LOI),严格按照国际惯例招标选择供应商。在我们国家改革开放的大好形势下,依靠正确的市场定位和我国巨大的民机市场,最终选定发动机和机载系统的供应商,共 19 家国际一流的系统供应商成为我们的风险伙伴。

作为主制造商的责任,我们下大力气抓好同供应商的联合定义,落实总体技术方案,细化飞机产品定义,明确界定供应商工作内容。

由供应商研制发动机和机载系统,飞机制造商综合和集成,涉及通用技术规范、适航标准、新技术的应用、根据市场需求确定的系统需求基线、系统与其他系统的交联、系统与整机的集成等,面广、接口关系复杂。因此,必须充分论证、反复协调和迭代,才能从顶层开始完整地、系统地、规范地、准确地确定合作项目的需求和内容。这是合作研制的基础,这项工作做扎实了,合作才会顺利,少走弯路。

联合定义的工作包括规划联合定义和实施联合定义。规划联合定义就是明确各系统供应商 JDP 的主要工作要求,制订工作计划,确定供应商与飞机制造商、供应商与供应商之间的项目联络人和接口协调方法。实施联合定义就是按联合定义工作计划和要求,同供应商确定系统本身的要求,以及系统与飞机、系统与系统之间的接口及其要求,明确供应商合同工作包的工作说明(SOW),最终签订合作合同。

抓好商务文件的标准化建设,这是提高国际合作能力的基础。

在国际合作的沟通、交流和谈判中经常要使用规定的文件,签署意向书、备忘录、合同等文件。这一系列商务文件非常复杂,一是必须全面贯彻项目自主知识产权下国际合作研制飞机的原则,二是必须完整反映合作项目的各项要求,三是必须符合相应的法律(国内和国际法)和国际惯例。而实际工作人员的知识局限与商务文件的复杂性不相适应,还有商务活动的与时俱进,新的合作方式如产品支援中新的服务工作包的出现,相应新条款的要求等,因此,必须加强商务文件的标准化建设,形成企业自己的商务文件模板,并建立标准商务文件的管理办法,任何标准的商务文件模板都需要批准,任何偏离标准的条款都需要批准。ARJ21 新支线飞机项目在实践中已初步形成了 RFI、RFP、保密协议、合同文本等标准的商务文件模板。

建立供应商管理体系,对供应商实施有效的管控。

在我们的分工中,发动机和机载系统由专业化的供应商研制,并进行系统级的集成,这并不意味着可以减轻飞机主制造商的责任,也并不意味着由世界著名供应商参与飞机研制就一定会成功。相反,项目要成功,飞机主制造商就需要有极强的资源整合能力、高水平的顶层技术集成和有效的供应商管理能力。ARJ21新支线飞机项目风险合作的实践充分证实了加强顶层技术集成、周密组织联合定义工作、实行严格有效的供应商管理是项目合作成功的保证。供应商管控能力是企业的核心竞争力,供应商的技术、质量、进度、成本直接影响项目的成败。

积极广泛开展国际技术合作与技术交流,这是提高研制水平、加快研制进度的有效手段。

除了发动机和机载系统等飞机本体研制的国际合作,飞机研制过程中开展了多种形式的国际合作,以提高飞机的研制水平,加快研制进度。ARJ21新支线飞机项目在气动设计、风洞试验、驾驶舱共通性设计、关键技术攻关、试验试飞、适航验证技术、客户服务等方面开展多种形式的国际合作。如与乌克兰安东诺夫航空科技联合体合作设计ARJ21新支线飞机超临界机翼(含增升装置);与波音公司合作,为我们提供新支线飞机与干线飞机的机载系统和驾驶舱布局通用性设计的咨询服务等。申请国外适航证,FAA和EASA的介入不仅是为了走向国外市场,也是一种重要的国际技术交流渠道。

ARJ21新支线飞机的自然结冰试飞是利用国外资源进行飞机适航试飞验证的一次重要尝试。从2011年的3月27日ARJ21新支线飞机第一次转场乌鲁木齐做自然结冰试验开始,四次进疆试验试飞,历时三年多均未成功。中国商飞决定去国外做试验。经过对欧洲的荷兰,北美的加拿大等国考察、调研,决定在加拿大与美国接壤的"五大湖区"做ARJ21-700飞机的自然结冰试验,并选择曾经为巴航工业ERJ170/190、庞巴迪CRJ700/1000北美试飞提供气象支持的NTI公司作为此次试验的合作伙伴,由NTI公司提供自然结冰试飞的一站式服务,包括结冰气象保障、飞行保障以及与塔台的机上无线电通信联络和空域的机上申请等。2014年3月28日,ARJ21-700飞机104架机途经中国、俄罗斯、美国、加拿大抵达加拿大安大略省温莎机场,进行自然结冰试验试飞,至2014年4月8日,共执行9架次27小时14分钟的试验试飞,完成机翼防冰、风挡防冰、短舱防冰、应急供电等自然结冰的全部科目和试验点的试飞任务,经数据分析,结果有效。困扰项目长达三年之久的自然结冰试验圆满成功。

ARJ21新支线飞机项目的坚持拥有自主知识产权,以我为主,开展多种形式的国际合作研制飞机的实践,走出了在市场机制下自主研发具有国际竞争力现代民机的路子,同时,也彻底颠覆了一些人通常把国际合作等同于我们给外国人打工的思维定式。在ARJ21新支线飞机项目中,我们作为主制造商,是产业链中的领导企业,吸引国际上一流的系统供应商作为风险伙伴共同开发产品占领市场,这是一种更高形式的国际合作,但是探索刚刚开始,路途并不平坦,本章后续各节将有叙述。

2.3 整合资源,建立民机产业的核心能力

资源问题是困扰 ARJ21 新支线项目的一大困难,不仅资金不足,而且缺乏必要的技术人员和技术能力。按照以往的型号研制管理模式,型号研制是由一个主机研究所承担设计任务,一个主机工厂负责飞机试制和生产,在厂所之上设立项目指挥部,负责协调指挥。每一个型号在酝酿时期就要考虑谁来干。为了确定谁来干,曾经组织过业内竞标,民机也有过上海厂所和西安厂所争任务的"东西之争",但是由于民机发展长期受挫,屡战屡败,迷失方向,民机研制队伍始终没有得到有效的建设,没有型号任务也没有民机基础能力建设,人员严重流失,设备设施老化;MD90干线项目中止后,上海厂、所经济上处于困境之中,人才流失严重,其他各主机厂所都承担了繁重的军机高新工程任务,在航空工业系统之内没有一个厂所能单独承担ARJ21 新支线飞机项目。中航一集团总结以往的经验教训,决定按照市场机制的要求探索新的途径,明确经营主体,落实经营责任,整合全行业资源、实行军民分开、成立联合工作队开展项目可行性研究工作,建立民机产业的核心体系,参与世界竞争。

2.3.1 整合重组是世界航空工业的潮流

现代市场经济在全球化的背景下的一大特点是联合,结成战略联盟,形成利益共同体参与市场竞争。一方面,作为高技术、高投入、长周期、高风险的战略产业,民机产业是国家的核心能力,像飞机这样复杂的高科技产品,没有一个公司能够仅靠一己之力完成全部工作,发动机、燃油、航电、电源、飞控、液压、环控、内饰等机载系统早已形成专业化的跨国公司,他们在各自领域掌握了世界先进技术,是市场竞争的强者,在每个先进民用飞机上都在运行他们的产品,离开了他们就无法运用最新技术;另一方面按照市场经济的理念,制造商要采取一切可能的手段,动用一切可以动用的资源,以最快的速度、最低的成本,拿出市场需求的产品,满足市场的需求,为此目的,即使是竞争对手,当自己力所不能及的情况下,也可以依靠契约关系在一个具体项目上合作,这并不妨碍他们在另一个项目上竞争,因此,联合以应对新的竞争已成为当前企业生存的必然。到 20 世纪末,整合重组更成为世界航空工业的潮流,民机产业的竞争已不再是公司与公司的竞争,而是直接演化为国与国的竞争,1996年美国国防部直接促成波音公司兼并麦道公司成为美国唯一的大型民机制造商(突破了美国国内的反垄断法),为了应对美国和波音公司的挑战,欧洲各国抓紧了空客公司由集团走向实体化公司的进程,2001 年空客公司实现了一体化,俄罗斯航空工业也整合成俄罗斯联合航空制造集团公司(UAC),并认为航空工业一体化是防止

俄罗斯滑向不能生产国产民用飞机国家的最后希望。

2.3.2 中国民机发展的出路在整合

中国的民机市场早已对世界开放,新支线项目要取得成功就必须面对国际竞争,中航一集团只有尽最大努力把自己内部力量整合起来并进而整合全行业的资源,利用好国内外一切可以利用的资源才有可能参与国际竞争,完成新支线飞机项目的任务。各参研单位必须摒弃当"老大"的愿望,停止"东西之争",不要再争以谁为主,从国家的利益出发,为了项目的成功,形成共担风险、共担责任的机制,最大限度地发挥整体优势。但这不是一件容易的事,需要统一思想,找到一种合适的组织形式和运作方式,在实践中把资源有效地组织起来。

2000年4月29日,中航一集团党组书记、总经理刘高倬召开党组会讨论新支线飞机项目,要求解放思想,考虑用新体制和新机制组织项目的研制。

2000年5月19日,党组开会讨论新支线飞机的组织管理模式问题,提出成立由集团公司控股的项目公司来管理项目,并要求集团公司计划部听取基层单位的意见。

2000年5月26日按照党组会议精神,集团公司计划部组织有关厂所讨论新支线运作模式问题,会议一致认为应成立项目公司运作新支线项目,成立联合工作队进行可行性研究工作。

2000年5月30日,党组继续讨论新支线问题,听取了主要参研单位的意见,上下形成共识,决定按现代企业制度,由集团公司发起组建投资主体多元化的新支线项目公司,用市场机制运作新支线飞机的研制、生产和销售,具体运作新支线项目。

2000年7月10日中航一集团党组开会,决定尽快启动新支线飞机项目工作,把项目公司组建与产业结构调整有机地结合起来。积极推进西安和上海民用飞机力量的精化分立与战略重组工作。

2000年7月17日中航一集团上报的新支线项目建议书说:"为了充分发挥各参研单位的积极性,并结合集团公司的产业结构调整,拟成立一个按现代企业制度运作的投资主体多元化的项目公司经营新支线项目。为实现上述目标并尽快开展实质性工作,该公司将分步实现:第一步由集团公司和各参研单位为主,吸收国内感兴趣的投资方,包括中航技或二集团及地方政府,出资注册一个项目有限责任公司,由项目公司具体经营该项目。将设计工作和生产分成若干工作包,由既是股东又是承包商的各参研单位完成。建立董事会,聘请总经理,重大问题由董事会决策,公司的注册资金及项目运作费用都由各股东按比例投入。国家的科研费用由中航一集团代表国家出资人负责管理和监控。由于有各单位参与决策,有利于调动各方面的积极性。

在项目顺利运作的同时,在理顺产权关系的基础上,第二步将项目公司改造为投资主体多元化的股份有限公司(可以上市),使它成为经营民用飞机的实体公司,并不断发展壮大,形成民用飞机的产业化。"

2.3.2.1 成立中航商飞

2000年8月中航一集团明确：组织一个投资主体多元化的项目实体公司，项目公司为实体，按照哑铃型模式，主要负责飞机总体方案的确定、工作包的分解及任务分包，经费、进度、质量控制、飞机总装、销售与售后服务；公司申请并持有适航当局颁发的TC（型号合格证）、PC（生产许可证）、AC（单机适航证）；具体研制工作分包给有关单位，公司注册在西安，总装线在上海。项目公司董事会全权负责项目运作。

在国务院领导关心下，经过与上海、陕西地方政府的沟通协调，国防科工委、中航一集团从确保项目商业成功出发，调整结构，转换机制，形成整体，决定西安/上海要合并，成立项目公司注册在西安，顶层设计集中利用上海条件，然后具体设计工作分包给有关单位，国内生产布局要充分发挥MD90干线项目形成的生产能力，总装线发挥上海优势放在上海。将来西安搞军机，上海搞民机，军、民分开，物理隔断，解决军、民机混线问题，有利于国际合作。

中航一集团在2001年8月上报的新支线项目立项请示中关于项目研制途径做了如下描述："坚持自力更生、以我为主的方针，牢牢掌握我国自主的型号知识产权；充分利用行业长期积累形成的技术、人才、设施、经验等方面的综合基础，充分发挥行业各参研单位在设计、制造、试验、试飞等方面的独特优势；充分利用对外开放有利条件，积极开展少量关键技术的国际合作，提高研制水平，加快研制进度；面向全球，择优采购符合设计和适航要求的动力装置、航电设备和必要的原材料；充分利用已有的成果（科研、预研和国际合作的成果），结合产业结构调整，发挥集团整体优势形成集团军开展新支线飞机的研制，按照专业化组织生产；……"

成立项目公司全权负责项目运作，充分发挥行业各参研单位在设计、制造、试验、试飞等方面的独特优势的认识统一了，2000年11月17日新支线项目公司筹备组正式成立并开始运作，2001年2月27—28日中航一集团在上海召开新支线飞机项目工作会议，统一思想、动员力量，筹建公司，抓好新支线飞机的研制，14个单位负责人签署了新支线飞机项目合作意向书，中航二集团的572厂（起落架专业厂）有意要求参加项目，股东们也都表示同意。在国家计委正式批复可研报告后，2002年10月中航商用飞机有限公司在西安正式注册成立，并承担起项目的具体运作责任。

2.3.2.2 实现"东西整合"

按照"从确保项目商业成功出发，调整结构，转换机制，形成整体，决定西安/上海要合并，成立项目公司注册在西安，顶层设计集中利用上海条件，然后具体设计工作分包给有关单位，国内生产布局要充分发挥MD90干线项目形成的生产能力，总装线发挥上海优势放在上海。将来西安就搞军，上海搞民，军、民分开，物理隔断，解决军民混线问题，有利于国际合作。"的思路，中航一集团着手进行东西整合。

首当其冲的是603所和640所的整合，党组认为两所都是研究所，都是搞运输机和民用飞机设计的，整合力量既对当前的新支线项目有利，也对长远的民用飞机发展有利,彻底改变过去东西之争搞内耗的局面。2001 年 2 月份,集团公司两所整合工作组经讨论,拿出了两所整合的框架意见,经党组讨论通过。

整合的具体思路是:先进行 603 所和 640 所的整合,集中两所的优秀科技力量,统一进行新支线飞机的总体设计。并利用现代信息技术等手段形成集成设计、集成制造、集中管理的一体化,使两所力量真正形成拳头,并为两地民机力量的全面整合奠定基础。第二步是对上航和西飞进行精化分立、重整组合,形成专业分工明确的民机生产基地。三是研究所与生产基地的再整合形成异地联合的跨地区的集团公司大中型飞机的研发中心。

整合工作得到国防科工委的大力支持,2001 年 4 月 8 日,国防科工委刘积斌主任等领导在中航一集团刘高倬总经理、杨育中副总经理的陪同下到上海新支线飞机项目公司(筹)指导工作。在听取了新支线飞机项目公司(筹)的工作汇报后,召开了有项目公司(筹)全体人员和 640 所中层以上干部的大会,刘积斌主任说,民用飞机发展历来有三大争论:①干支之争,国防科工委与航空工业部门一起总结了过去的经验教训,提出了民用飞机产业的发展思路,想通过打好技术基础、扩大转包生产、从支线飞机起步,最后具备研制大飞机的能力,并在适当时机搞干线飞机,但最后国务院否定了搞大飞机,要求我们集中力量搞支线飞机。定了就不再争论。②研制途径之争,历史告诉我们,以我方为主,开展多种形式的国际合作是正确的,我们不能将立足国内与国际合作对立起来,走极端。③东西之争,我非常理解,但现在我们需要集中力量,发挥各自的优势,把民用飞机产业搞上去,当前就是搞好新支线,东西整合就是要使资源合理配置,形成国家队,同时也解决上海航空工业的困境,现在是难得的机遇,我完全支持。

但是整合并非易事,统一思想,协调各方用了两年多的时间,经过反复和曲折,终于达成了一致认识,2003 年 4 月 4 日,中航一集团召开党组会,讨论、通过了《新支线飞机项目相关资源整合工作方案》。同日,发文至新支线有关参研单位《关于开展新支线飞机项目发展相关资源整合工作的通知》,明确提出"新支线飞机项目的发展已经到了关键阶段,为此,中航第一集团公司党组已做出决策,对新支线飞机项目发展所需的相关资源进行整合。通过整合资源,凝聚起全行业的力量,全力以赴推进新支线飞机型号发展,培育民机产业核心能力。"要求"各单位领导要从民机产业发展的大局和大集团发展战略的需要出发,积极、正面宣传整合工作的目标和意义,作好员工的思想工作。"

2003 年 4 月 6 日,中航一集团召开新支线飞机项目相关资源整合工作会,发出了党组副书记、常务副总经理杨育中主持编制的宣传提纲《蓄八方之势 聚行业之力 搏关键一役》——整合资源加快新支线飞机项目发展。提纲的核心是提出了要整合资源建立民机产业核心体系的任务:

"产业发展与产品的发展是相辅相成的,产品是产业发展的龙头和载体,而产品的长足发展和项目的商业成功,植根于企业的产业能力,尤其是产业的核心能力。形成合力发展民机产业,关键是构筑起体现民机产业特点的核心能力体系。当前最为急迫的任务就是整合民机产业发展资源,推进民机产业核心能力体系的建立,促进新支线飞机项目的发展。"

1) 建立两个重要机构,加强核心能力建设

民机产业的核心能力可以概括地归结为市场开发、科研生产和客户服务等三大方面。民机产业核心能力体系应当是从市场开始又回到市场,以客户为中心的商业运营和产品研发一体化的市场运作体系。从长远发展看,我国民机产业核心能力应该统一在一个市场主体之下。但是,由于我国民机产业的弱小,为了充分利用现有的军机研发所配置的各种资源,以及考虑到目前的体制、机制和政策等外部环境条件的制约,新支线飞机发展所需的核心能力只能暂时分布在两个不同的机构之中。因此,结合当前和长远发展的需要,新支线飞机项目的研发急迫需要建立起两个重要机构:一是负责商业运营和制造的运营生产机构,二是负责工程设计的设计研究机构。

运营生产机构主要承担市场开发、销售、产品概念设计/顶层设计、构型控制、飞机总装、交付、项目投资与融资、售后服务和客户支援等。从项目的角度对新支线的发展负总责任。设计研究机构承担工程发展责任,是新支线飞机总体设计单位。

运营生产机构负责取得并持有飞机生产许可证(PC),并与设计研究机构共同负责取得飞机型号合格证(TC)。运营生产机构主要通过市场手段(适航要求、质量规范、科研计划、经费等)对设计研究机构的技术、质量、进度和成本进行控制和监督。

2) 进行资源整合,共创民机产业

运营生产机构的组建,主要是通过把中航商用飞机公司、上航公司和上飞厂整合成为一个公司来实现。新支线飞机总装在上海,机体的主要零部件生产分布在西安、成都和沈阳。

设计研究机构在603所和640所的基础上,通过资源整合和管理流程建设组建一个集民机、运输机和轰炸机为一体有效运行的大中型飞机设计研究院。该机构总部设在西安,在西安与上海两地运行。

为了打造民机产业发展的这两个重要机构,必须整合资源,凝聚力量。国务院在中航一集团组建的批复中明确,中航一集团作为国家授权的投资机构,对有关国有资产行使出资人的权利。集团公司的资产经营权为民机发展资源的整合提供了机会和条件。

整合、凝聚工作是一个复杂的系统工程,必须做好顶层规划,严密组织实施,还必须要得到中央和地方政府的大力支持和帮助。

新支线飞机项目的发展和民机产业核心体系的建设要坚持解放思想,大胆创新,充分调动各方面积极因素,实行中央、地方政府和企事业单位共同投资,多方共建,共担风险的市场运作机制。

整合的思路明晰了。

在国务院领导和国防科工委的支持下,中航一集团完成了对 603 所和 640 所的整合,于 2003 年 6 月 28 日成立了中航第一飞机设计研究院,同时统一了对项目公司功能和职责定位的认识,明确了中航商飞与一飞院的工作界面,加强了项目公司的领导,落实了经营责任,在 640 所的支持下充实了工程技术队伍,以联合工作队和项目公司工程部的形式完成了可研报告和预发展工作,新成立的第一飞机设计研究院作为新支线项目工程发展部承担起项目的工程发展任务。

这样,整合资源建立民机产业核心体系的任务中组建一个有效运行的大中型飞机设计研究院的任务基本完成,而整合中航商飞、上航公司和上飞厂成为一个公司,组建民机运营生产机构的目标尚未实现。

为了增强中航商飞的执行力,便于主制造商运作,中航一集团先后任命总经理助理兼中航商飞总经理郑强、罗荣怀为上海航空工业集团公司董事长,并于 2007 年 9 月发出《关于上海飞机制造厂整体划归中航商用飞机有限公司的通知》,将上飞厂整建制整体划归中航商飞,作为中航商飞全资子公司。由于国家决定组建中国商飞,中航商飞和上飞厂都整建制划归中国商飞,于是这项工作中止。

2.3.3　建设我国民用飞机产业化的责任主体

2007 年 2 月国务院召开常务会议,听取大型飞机重大专项领导小组关于大型飞机方案论证工作汇报,原则批准大型飞机研制重大科技专项正式立项,同意组建大型客机股份公司。

2008 年 2 月,国务院审议并原则通过了《中国商用飞机有限责任公司组建方案》。明确"中国航空工业第一集团所属的中国航空工业第一飞机设计研究院上海分院(640 所)、上海飞机制造厂、中航商用飞机有限公司以及上海航空工业(集团)有限公司本部等整建制进入中国商飞公司"。

公司的定位是"实施国家大型飞机重大专项中大型客机项目的主体,也是统筹干线飞机和支线飞机发展、实现我国民用飞机产业化的主要载体"。

批复要求中国商飞"按照主制造商-供应商模式,重点加强飞机研发、总装、市场营销、客户服务、适航取证等能力建设,部件研制、系统采购主要运用市场化机制,采用招投标方式择优选择。要充分利用国内现有的航空工业资源,不搞重复建设"。

可以说,国务院直接发文,进行了中国民机资源的整合。特点是国家实施大型飞机重大专项,以上海航空工业基地为基础投资组建中国商飞公司,作为实施大型客机项目的主体,统筹干线飞机和支线飞机发展。根据航空工业发展的新进展,不再进行东西整合,按照主制造商-供应商模式,充分利用国内现有的航空工业资源,不搞重复建设。

中国商飞成立之后,认真学习总结航空工业 50 多年的发展经验,借鉴国际上先进的航空工业公司的发展模式,探索建立我国民机产业体系。以中国商飞为核心,打造我国民用飞机主制造商核心能力。公司作为主制造商,充分发挥国内现有航空工业优势,有所为,有所不为,重点打造研发设计、总装制造、市场营销、客户服务、适航取证和供应商管理六大能力,先后成立了设计研发中心、总装制造中心、客户服务中心、民机试飞中心、基础能力中心,联合中航工业,建设我国民用飞机产业配套能力。在C919项目中通过市场机制选择中航工业所属企业作为机体结构供应商。中航工业所属重要系统设备研制单位与国外供应商联合开展了机载系统研制,中航工业强度所、试飞院等参与研制。辐射全国,不断提升我国民用飞机产业配套能级。按照"项目引领、带动产业、整体提升、实现跨越"的发展思路,不断完善我国民用飞机产业布局,推动产业转型升级。举全国之力、聚全球之智,基本建成了"以中国商飞为核心,联合中航工业,辐射全国,面向全球"的我国民机产业体系,完成了民机产业资源的整合,努力创建国际一流航空企业。

未来民机和军机技术是相通的,军、民机资源应该能够共享。由于产品市场目标、体系监管原则和产品发展技术追求的不同带来"企业文化"差异,军、民机研制生产体系合理"分线"是必然的要求,否则民机体系没有足够的发展余地,然而,基础技术的通用性又需要军、民机产业发展资源实行最大限度的共有和共享原则,不然民机体系的发展成本太高,为此军、民机体系又不宜过度的"分家",只有兼顾军、民机"共性"和"特性"的航空产业构架,才能很好地促进军、民机的良好互动、共同发展。

军、民结合也是世界航空工业的惯例。美国国防部促进波音公司兼并麦道公司,其意义不仅在于把两个公司的民机资源整合起来应对空客公司的竞争,同时也把强势的波音民机和强势的麦道军机整合起来促进其整体发展;空客公司的母公司是欧洲宇航防务集团EADS,并已正式更名为"空中客车集团",早已是军、民一体;整合后的俄罗斯航空工业的军、民机设计局、制造厂都属于联合飞机制造集团UAC。这样做可以促进军、民机技术的交流,也可以绕开WTO的制约通过军事订货支持航空技术的发展,也支持民机技术的发展。因此,从有利于整个航空工业的发展的角度出发,中国的航空工业还应该进一步整合,在中航工业和中国商飞之间建立更加紧密的关系,但民机发展的责任主体必须落实且保证具有自我发展的行为能力,不能再回到军机发展迫使民机边缘化的状态。

2.4　做国际民机市场的竞争主体

按市场机制办事发展民机,观念要转变,角色也要变。为了项目的成功,飞机厂(所)不再是仅仅按照军方定制完成飞机研制生产,而是要成为民机的经营主体,成为国际民机市场的竞争主体,承担起民机产业链领导企业的责任。

生产力的发展改变着生产关系。技术进步推动着专业分工,推动着生产经营模式的进步。在世界民机制造业历经数十年的发展中，随着技术复杂性的增加，研制费用快速上升，财务风险扩大，民机制造商在将一些重要的零部件和分系统的研制工作转包给外部企业时，与外部企业结成合作伙伴关系，共同出资、共同研制、共同承担风险，同供应商建立战略联盟，这不仅符合民机制造企业自身利益，也是世界技术进步的必然结果，是经济全球化的必然结果，是民机制造业发展的自然趋势。波音和空客公司莫不如此。

像飞机这样复杂的高科技产品，没有一个公司能够仅靠一己之力完成全部工作，按照市场经济的理念，采取一切可能的手段，动用一切可以动用的资源，以最快的速度、最低的成本拿出市场需求的产品，满足市场的需求，才能赢得竞争。

波音、空客公司都把市场和客户服务抓在自己手里，依靠自己掌握的核心技术抓住飞机的集成，通过大量的供应商和对供应商实施的有效管理，拿出产品抢占市场。主制造商-供应商模式已成为按市场机制整合资源，应对竞争的的基本运作方式。

国务院关于组建中国商用飞机有限责任公司的批复明确要求：中国商飞应按照"主制造商-供应商"模式，重点加强飞机研发、总装、市场营销、客户服务、适航取证等能力建设，部件研制、系统采购主要运用市场机制，采用招投标方式择优选择。

作为产业链的领导企业和项目的发起者，主制造商要找准飞机市场定位，明确市场切入点，正确地决策造一架什么飞机，并且有可行的技术方案和经营规划，这就等于竖起了一面旗帜，提出了一个纲领，为动员供应商来参加风险投入提供了前提条件。新成立的中航商飞提出的 ARJ21 新支线飞机的市场定位和技术方案得到客户和国际供应商的认可，在国家宏观经济高速发展的背景下，凭借着中国航空工业的声誉和国家项目的优势，项目的启动又正值"9·11事件"之后，整个国际民机制造业处于萧条时期，各大系统供应商纷纷派出代表与项目公司筹备组接触，表达了参与项目的意向，签署合作备忘录，并最终成为我们的风险伙伴，我们的系统供应商，结成战略联盟，加入 ARJ21 新支线飞机的项目团队。

2.4.1 探索主制造商-供应商模式

2.4.1.1 ARJ21 新支线飞机项目的实践

2000 年 11 月 7 日，时任中航一集团总经理刘高倬在第三届珠海航展新闻发布会上宣布中航一集团将按国际惯例，组建一个责权利统一的新支线飞机项目公司，筹备发展一种新型支线飞机。新支线飞机实行项目法人责任制，按照"哑铃型"模式，面向市场，承担从研制到取证、销售的全部责任。实际上就已经明确了 ARJ21 项目将采用"主制造商-供应商"的管理模式。2001 年中航商飞（筹）作为项目的责任法人单位，按集团公司领导要求，为了有效地整合集团的资源，利用好国际资源，按市场机制经营运作好新型涡扇支线飞机项目，在中航一集团的领导支持下，项目的运作采用国际上通行的组建"战略同盟"的经营模式：中航商飞负责整个项目的市场开发与销售、客户服务和产品实现过程的运行管理,协同一飞院、上飞厂联合成为项目的核心层,与六家主要参研单位结成紧密层,GE 等十九家国际企业作为 ARJ21 飞机系统和成品供应商,组成国际供应链。

主制造商:中航商飞与上飞厂、一飞院构成项目核心层,以一飞院为项目工程发展部、委托上飞厂为主制造商对飞机部件和分系统的承制单位实施供应商管理,承担起主制造商的责任。

国内机体供应商:中航商飞与各参研单位构成项目的紧密层,在中航一集团的领导下,通过项目研制总协议/工作包合同来协调和控制成飞、西飞、沈飞、特种所(637 所)等机体供应商。

国外系统供应商:中航商飞与国外系统供应商以风险共担的风险伙伴关系共同开发 ARJ21 新支线飞机项目,系统供应商分担各自所负责的系统的开发费用,承担系统集成工作,提供研制批的装机产品,通过签订采购合同从发动机、机载设备供应商处获得交付飞机所需的机载系统成品设备,以及稳定的成品备件供货和维护维修支援服务。

中国商飞成立后,根据国务院批复的组建方案,上海飞机设计研究所、上海飞机制造厂、中航商用飞机有限公司以及上海航空工业(集团)有限公司本部整体划入中国商飞公司。根据批复要求,"按照主制造商-供应商模式,重点加强飞机研发、总装、市场营销、客户服务、适航取证等能力建设,部件研制、系统采购主要运用市场化机制,采用招投标方式择优选择。要充分利用国内现有的航空工业资源,不搞重复建设",中国商飞学习总结航空工业 50 多年的发展经验,借鉴国际上先进的航空工业公司的发展模式,打造我国民用飞机主制造商核心能力。公司作为主制造商,重点打造研发设计、总装制造、市场营销、客户服务、适航取证和供应商管理六大能力,先后成立了设计研发中心、总装制造中心、客户服务中心、民机试飞中心、基础能力中心;充分发挥国内现有航空工业优势,有所为,有所不为,联合中航工业,建设我国民用飞机产业配套能力。按照"主制造商-供应商"模式,坚持体制机制创新,举全国之力、聚全球之智,推进 ARJ21 的发展工作。这样,中国商飞作为一个经营实体,逐步理顺关系,对 ARJ21-700 飞机项目的组织构架进行了调整,承担起 ARJ21 新支线飞机项目主制造商的责任。

实践证明,ARJ21 项目采用的"主制造商-供应商"模式有力地推动了项目的研发工作,是当前国际民机制造的主流合作模式,也是落实"坚持以我为主,开展多种形式的国际合作"方针的有效模式。

2.4.1.2　几点体会

1) 正确理解主制造商与供应商的关系

ARJ21 新支线飞机项目是我国第一次采用与全球供应商组建"风险与利益共担的战略同盟"模式运作的民机项目。主制造商与供应商是战略同盟的关系,是共担风险、共享利益的伙伴关系,这种风险合作伙伴模式的合作级别比转包生产更高,转包主要是由飞机制造商将部分部件以一定价格外包给具体的生产商,而风险合作伙伴则不仅负责生产部件,而是从一开始就参与项目的投资,承担一定份额的风险,并按照一定比例获得利润;项目的发起者则抛弃了传统的飞机制造商的角色,变成"大规模供应链集成商",将一个全球分散的设计和制造商团队整合成一个高度复杂和组织严密的系统。这种模式能够更好地适应民机制造业高技术、长周期、大投入、资金密集等高风险的特征,降低资金风险、技术风险;适应现代制造业全球化、专业化的现状。

专业化的飞机核心部件/系统供应商掌握着相关专业成熟的先进技术,将这些技术力量联合起来,有利于更好、更快、更省地研制一种满足客户需求的飞机,避免从零开始的高昂原创研发成本。ARJ21 - 700 飞机 24 个机载系统/成品的 19 个供应商都是国际一流的供应商,同时也是波音、空客公司飞机的供应商,他们作为风险伙伴参加项目,负责系统的定义与制造,不仅分担了研制费用,而且由于产品实现的技术手段和人机界面都与世界民机主流机型一致,自然解决了飞机具有共通性的许多问题,他们的商业信誉也有助于 ARJ21 - 700 飞机开拓市场。在国内,ARJ21 新支线飞机的机体制造沿用了原 MD90 干线飞机的生产布局,利用已有制造技术基础,减少重复建设,提高了制造水平,加快了研制进度。

2) 主制造商是项目的发起者、组织者、经营责任主体和产业链的领导企业

作为项目的发起者,主制造商首先要把飞机市场定位找准,明确市场切入点,即弄清楚什么时候造一架什么飞机才能够占领市场,让乘客满意,让客户(航空公司)赚钱,让所有风险伙伴和自己也赚钱,就要有对市场的特殊理解,还要有对客户的特别关注——飞机的整个设计制造和售后服务都要尽最大努力满足客户的需求。当然,知己知彼才能胜利,在明确市场情势的前提下,还要正确估量自己的能力,选择正确可行的技术途径,决定造一架什么样的飞机,做好经营规划,把总体设计和总装生产搞好。

主制造商是项目的经营责任主体,是型号合格证、生产许可证的申请人和持有者,要正确地进行工作分解、发包,选取合适的供应商,从技术、质量、成本、进度各方面对供应商实施有效的组织、管理、控制,达到适航标准,满足客户需求,按时交付飞机,并组织供应商共同做好客户服务,持续改进飞机,进一步开拓市场,降低成本,让乘客满意,客户赚钱,自己(包括供应商)也赚钱。实现商业成功。

3) 主制造商要自强

主制造商要有成功的品牌和良好的市场信誉才能吸引供应商参与项目,共担风险,还必须有能力带领整个战略同盟取得成功。现代民机研发和经营运作是一个复杂的系统工程,它的参与者是一个全球化的团队,要能够有效地控制项目进程,主制造商自身必须具备强大的核心竞争力,才能够组织并主导研发和经营运作过程。

比起单项技术水平,技术集成与综合能力更为重要,难度也更大。作为一个经营项目、一个复杂的系统工程,民机研制不是简单地把所有的技术堆上去,也不是技

术越先进越好，需要在综合运用先进技术的基础上，考虑到如何降低经济成本，减少研制和生产周期，提高质量和安全性等增加产品的竞争力的各种因素。

波音公司高层人士公开声称，波音公司只打算保留飞机研发的三项基本技能，即"详细的客户知识"，用于定义一架用户需要的飞机；"飞机总体设计"，即大规模的集成，包括飞机外形，整个系统的确定以及整个系统的试验和合格审定；"飞机的总装"。当然波音公司实际掌握的民机核心技术远比这多得多。

工程综合和总装集成是组织并主导供应商进行研发和整个经营运作的基本能力，主制造商必须掌握关键技术、必须有自己的工程研发中心和总装厂。主制造商不一定是一架飞机什么都干，但必须是什么都懂，能够发现供应商的失误，具备组织和管理供应商的能力。要能够根据市场需求和适航标准制定总体技术方案和研制规划，进行工作分解和需求分配，对供应商明确地提出什么时候、按照什么标准、花费多少成本、完成什么工作，要能够对供应商的工作进行有效监控和验收评估，承担起全机综合的责任；要合理地划分研制阶段，有效地进行风险控制，确保项目的商业成功。这其中包括技术集成、生产管理、标准体系、信息系统、进度控制、成本控制、质量管理、适航验证、产品支援、备件保障等。任何一个严重失误都可能对项目的成功产生巨大影响。供应商控制和管理能力是企业的核心竞争力。

主制造商必须是一个经营实体，贯穿中航商飞时期自始至终的资源整合目标正在于此，这个问题直到国务院发文成立中国商飞才算解决，而中国商飞成立之后，重点打造研发设计、总装制造、市场营销、客户服务、适航取证和供应商管理六大能力，先后成立了设计研发中心、总装制造中心、客户服务中心、民机试飞中心、基础能力中心也正是为了全力建设主制造商的核心能力。

4）要有明确的采购政策与界面清晰的工作包

系统研发能力和部件制造能力究竟需要自己直接掌握多少，是一个在制造全球化的过程中大家都在探讨的问题。开发、经营一个型号，哪些工作自己完成，哪些工作交给供应商去做，主制造商必须非常明确，不仅经营模式要明确，具体工作分工也要明确，不仅包括零部件、成品的采购，也包括系统级的开发和综合。

大公司都有 MAKE/BUY（造/买）规划部门，而中航商飞没有，缺少总体策划和管理，曾经造成生产组织的困难，这是缺乏经验所致。

放出去的工作要管得住，这取决于自身能力。波音和空客公司传统上，只是把生产和制造以及一小部分的设计环节交给供应商，自己抓住关键的、核心的研发和设计环节，并通过抓住这些关键环节，抓住整个供应链。这样就在减少项目周期、压缩项目的成本和风险的同时还可以把对项目的控制权牢牢地握在手里。波音公司在 B787 项目上开始将部分飞机的设计、系统的定义以及部件的制造统统交给国外供应商，并且使国外供应商承担一部分风险，以求减轻自身的负担，提高效率。但是，实践证明波音公司的外包政策已经走得太远，负责组装 B787 中机身的环宇航空公司交付的部件中曾发生过胡乱塞满电缆、液压设备、客舱地板和系统设备的问题，这也成为 B787 首飞推迟 27 个月的原因之一，而波音公司官员承认，"当得知许多一级供应商把波音公司以为他们会在内部完成的设计工作转包出去时，波音公司很吃惊"，这迫使波音公司更加谨慎地授权供应商进行设计及制造，尤其是主要机体结构的设计制造，但是分担投入、降低风险的方向不变。

在 ARJ21 新支线飞机项目中，中航商飞依靠一飞院和上飞厂承担起主制造商的责任，充分考虑自己的管控能力，谢绝了国外机体供应商承担复材方向舵设计与制造的建议，在中航一集团的支持下，以成飞、西飞、沈飞为供应商，完成了 ARJ21 - 700 飞机机体制造；而发动机和机载系统的设计与制造，由于国内没有成熟的供应商可选，只好全部依靠国外供应商，是不得已而为之，对系统供应商的管控也就成为项目管理的弱项，所幸同志们刻苦努力，边干边学，从国外供应商那里学习和积累技术知识与管理能力，担负起主制造商全机集成的任务，实现了项目技术的成功，取得了型号合格证，拿出了客户需要的飞机。经过项目的实践，队伍得到了极大的提高。

在合同签订之前，必须形成界面清晰的工作包，不仅要有清晰的系统功能界面控制文件（FICD）和机械界面控制文件（MICD），而且要有清楚完整的交付状态和交付文件，以保证所有装机件的完好质量和过程的有记录、可追溯，保证飞机的安全性、可靠性、维修性、保障性、测试性，要有明确的客户服务和产品支援、备件支持的条款，以便飞机交付后支持客户运行好飞机。这就要求完成深入的工作分解结构（WBS）和详细的工作说明（SOW）。ARJ21 新支线飞机项目通过与各供应商共同进行的联合定义阶段（JDP）完成了这项工作。但是由于缺乏研制经验，也留下了一些遗憾。

5）自主选取和管理供应商

主制造商不但要形成自己的总装集成能力，而且要有正确选择和管理供应商的权力和能力才能形成有效的供应链。

国外供应商的选取要重视技术水准和以往业绩，要重视客户意见，当然也要考虑商务因素，还要考虑有利于团队工作，有些供应商相互之间是竞争对手，在一起工作特别难以协调，而这协调工作是主制造商的任务。

新支线项目贯彻以我为主广泛开展国际合作的原则，以市场成功和商业成功为目的来选择供应商，中航商飞提出"供应商必须满足我方的技术、经济等要求；必须建立客户服务体系与我方共同为客户提供优良的服务；为保证项目的成功，我们不以是否与我方进行工业合作为前提条件，但需要双方共担风险提供优惠的商务条件"的原则，得到供应商的欢迎和用户的支持，被外商称为"汤式三原则"，同时也排除了一些不必要的行政干预，以良好的性价比选定了供应商。

所有参与此项工作的同志付出了极大的努力，他们从头学起，从招投标的程序、文件格式学起，边学边做，逐步建立起商务、技术、进度、质量、适航等各方面的供应商管理体系，保证了 ARJ21 - 700 飞机各机载系统的研制配套，是非常不容易的。

同时政府各部门的支持也非常重要,在招投标阶段,政府不干预我们的经营决策(有的国家政府力图为其企业中标施加影响),使我们能够完全按照经营需要(客户意见、供应商技术水准、商务条件等)自主选取供应商,在项目运行过程中,发改委、科工委、外交、商务、税务、海关等部门都大力支持。当然因为是第一次,对国外系统供应商管理从内部机构的设置、职能分工,到技术管理、生产管理、质量适航管理乃至商务谈判技巧各方面需要总结提高的事情还很多,但是开了一个好头。

按照 ATA 章节对机上配套系统进行了权衡研究,确定了动力装置、航电系统等系统作为整套系统对外寻找风险合作伙伴,其余系统采购成品件,同时确定了系统采购需求。中航商飞抽调了商务、工程、制造、质量、适航、计划、产品支援等方面的精干人员逐步建立了 14 了个选型工作组。完成了各系统的供应商选择,签署了意向协议,在完成 JDP 后签订了合同。同时形成了规范的公司商务管理和工作程序文件架构。

国内供应商的选取也应主要靠市场机制运作,引进竞争机制,确保主制造商的控制力。ARJ21 新支线飞机项目的生产布局和供应商选取主要是考虑当时资源紧缺,为减少研制阶段的投入以及充分利用 MD90 干线飞机研制经验;考虑到隶属于中航一集团旗下的中航商飞股东同时作为部件供应商的特点,由中航一集团决定,都是唯一供应商。中国商飞成立之后,行政隶属关系发生了变化,各供应商的任务状况也不同于以往,项目也进入批产阶段,唯一供应商的状况不利于项目运作,应视情做出必要的调整。不要过分强调避免重复建设,一定程度的重复建设是竞争的基础,而且在原有任务饱满的情况下,要形成新的批产能力,谁都要有新的投入,无所谓重复建设;同时民营企业进入航空领域,在严把质量关的前提下也应进行鼓励。

地理布局、配套半径也是选择批产供应商必须考虑的因素。经过 B787 项目的教训,"波音公司倾向对未来飞机采用集中化的体制,避免广泛分布的供应基地,避免分散化体制。即负责制造的承包商之间应避免全球分散而应集中到离波音总装厂不远的地方,步行就可到达的地区,而这些承包商应不限于美国的,而应是全球性的,但应集中到一起。"波音公司的教训值得我们借鉴,随着后续型号尺寸加大,合适的配套半径值得重视。大的系统供应商由于是共担风险的伙伴关系,在选定之后难以变更,必须在项目之初慎重选择。而系统的元器件,如电缆、导管、接插件、管接头等标准件供应商必须有两个以上,否则无法保障可靠的供应。

对于选定的供应商必须从技术、进度、质量、适航、成本、客户服务等诸方面实施有效的管理,需要强调的是要关注供应商的经济状况和第一级供应商管理好下一级供应商的能力,这对他们能否按时交付合格产品影响很大;在 JDP 联合设计阶段要特别注意技术标准、零件标准、管理标准等标准化工作。

在项目的全过程都要十分重视与供应商的沟通和协调,包括技术的沟通、生产的沟通、市场前景的沟通、经营规划的沟通和通报项目进展等,要尊重他们作为风险伙伴的权利,建立起充分信任,才能巩固战略联盟,保证项目的成功。

2.4.2　在项目推进中建设主制造商的核心能力

主制造商自身必须具备强大的核心竞争力，有强大的资源，掌握核心技术、有丰富的经营运作经验，能够有效地控制项目进程，才能够组织并主导研发和经营运作过程。

为了承担起自己的责任，把自己打造成为民机市场的竞争主体，主制造商不仅要掌握飞机设计制造的关键技术和核心部件与总装集成的研制生产能力，而且要有完整的经营运作体系，中航商飞在成立之初就突破以往只注重研制能力的思维定式，为自己提出建设市场销售、研制生产和客户服务为三大支柱的核心能力的任务。中国商飞成立后，在已有的基础上，对标国际一流航空企业，全面规划核心能力建设，以六大能力（飞机设计集成能力、总装制造能力、市场营销能力、客户服务能力、适航取证能力和供应商管理能力）建设为主线，进一步提升民机主制造商的核心能力。

2.4.2.1　ARJ21 新支线飞机项目以市场销售、研制生产、客户服务为三大支柱的核心能力建设的起步

在 ARJ21 新支线飞机项目初创时就开始筹划建立企业的核心能力。2000 年 10 月中航一集团召开新支线飞机项目启动动员会。明确项目公司面向市场承担项目经营责任，负责总体方案制订、工作包发放、飞机总装和试飞、飞机型号合格证（TC）和生产许可证（PC）取证、飞机售后服务以及经费筹措等职责。这就基本确定了打造我国民机产业精益化市场主体的思路和项目公司的核心能力定位。项目公司明确提出按照"市场销售、研制生产、客户服务"三大支柱来建设公司的核心能力。

1）建立新支线飞机市场和销售体系

2000 年 12 月，项目公司筹备组召开新支线飞机市场研讨会，会议研究新支线飞机的市场预测、市场需求调研和市场策略，讨论借助外力建立新支线飞机市场销售能力。

项目公司筹备组和后来成立的项目公司——中航商飞始终把市场销售作为引领项目全盘工作的核心工作，建立市场销售体系，以市场部作为市场销售体系的核心，努力做好三项工作：一是产品销售，开展飞机销售活动和合同洽谈，在各类、各大市场区域设专人联络客户；二是销售支援，开展市场分析、产品的市场符合性评估和产品推介，支援飞机的销售工作；三是飞机及其品牌的展览和宣传，组织和参加各类航空展和航空论坛，制作飞机产品的宣传品和广告，建立和扩大新支线飞机的影响和认知度。飞机市场销售体系的建立，使得新支线飞机项目成为我国完全按照市场运作模式销售正在研制中的民用飞机的第一例。

（1）开展市场调研，确定飞机的市场定位，建立市场调研能力。为了确定 ARJ21 新支线飞机的市场定位，项目公司筹备组开展了全面、深入的市场和客户调查研究，了解市场对支线飞机的需求。针对国内市场，先后走访民航总局及上海航空公司、四川航空公司、东方航空公司等国内十余家航空公司，以及从事飞机租赁业务的深圳金融租赁公司，了解我国航空运输发展现况、规划和前景，我国航空旅客总

周转量和运输总周转量增长趋势,国内航线航段分布情况,各航空公司对发展我国支线飞机的想法和意见。同时,在航空公司协助下进行旅客调研,采用发放调查问卷方式,了解各类旅客的需求,对旅客年龄、旅行目的、机票费用来源、所属行业、来源地区、一年乘机次数、选择航班和机种等内容进行调查。通过市场调研与分析,确定 ARJ21 新支线飞机的市场定位,即"四性一化"(即舒适性、适应性、经济性、共通性和系列化),并开始建立和维护相关航空公司的档案数据库、航线数据库,学习和研究市场调研的方法和工具,逐步建立市场调研能力。

在 ARJ21 新支线飞机项目初创时期,为了尽快开展飞机的市场销售工作,形成相应的能力,中航商飞(项目公司筹备组)借助外力培训人员,培养新支线飞机市场销售能力。在项目立项和可行性研究阶段,项目公司筹备组同 620 所合作进行新支线飞机项目市场调研和市场可行性分析。中航商飞成立后,同 620 所先后签订"ARJ21 飞机市场研究和使用经济性分析""ARJ21 飞机市场开发支持系统""支线机场和支线运营研究""大型喷气支线飞机市场分析""航空市场结构变化对未来支线航空发展的影响分析"等合作合同,国内市场预测主要使用 620 所的年报数据;同南京航空航天大学签订"新支线飞机直接运营成本分析系统"合作合同;同中国民航管理干部学院先后签订合作合同,分别于 2004 年、2006 年、2008 年对国内旅客市场特征进行研究,同时,为支援 ARJ21 飞机的销售,分别对深航、新疆航的机队规划等进行研究。借助外力,逐步建立起自己的市场预测、飞机航线分析和经济性分析的能力。

(2)寻找客户,销售 ARJ21 新支线飞机,建立飞机营销能力。在坚持市场和客户导向的市场销售原则下,对重点航空公司(山东航空、海南航空、四川航空、上海航空)以及深圳金融租赁公司进行多次访问,按照国际通行的做法,适时地向他们提交飞机技术说明书,并为他们提供航线分析和经济效益分析材料。2001 年 4 月 27 日与山东航空股份有限公司签订了新支线飞机项目首家启动用户意向协议书,2001年 5 月 16 日上海航空股份有限公司表示了有成为新支线飞机启动用户的意向。2003 年 6 月确定了三个启动用户——山东航空公司、上海航空公司和深圳金融租赁公司,9 月 6 日中航商飞董事会批准了与启动用户签约的计划,9 月 17 日在北京航展期间,中航商飞与这三家启动用户正式签署总数为 35 架飞机的购机协议。

在飞机推介和销售工作中提升飞机销售和合同洽谈的能力。在借鉴原上航集团公司 MD82、MD90 销售合同框架的基础上,通过请教航空公司关于飞机销售合同的结构和条款、网络搜索学习波音、空客公司的公开文本,并依据《合同法》的相关规定,结合 ARJ21-700 飞机实际情况,编制自己的飞机销售合同文本初稿,从无到有,逐步完善,并形成了飞机购机建议书、购机意向协议、飞机销售合同等整套飞机销售文件体系。同时建立了一支飞机销售团队,在飞机销售过程中,锻炼了队伍,支援飞机销售的飞机航线分析和经济性分析能力也从无到有,并不断发展和提高。

2) 建立新支线飞机研制生产体系

中航商飞依靠核心层的上海飞机设计研究所和上飞厂,用"市场观""客户观""生命观"统领新支线飞机的设计、研制、试验、试飞及生产的核心能力建设,建立和健全符合适航要求的新支线飞机研制生产体系。

(1) 建设 ARJ21 - 700 飞机设计和生产体系。在筹集资金进行设计制造能力建设的同时,紧紧抓住产品的创意、集成、工程研发、构型控制、供应商选择和管理等环节,整合资源,建设 ARJ21 - 700 飞机设计和生产体系。

在项目初期,项目公司筹备组在中航一集团的支持下,组织了联合工作队进行概念设计,配合立项论证工作;在项目立项、中航商飞成立之后,原联合工作队成为中航商飞工程部,进行项目预发展工作,配合进行可行性研究工作,2003 年完成了预发展工作,同时中航一集团完成了东西整合的第一飞机设计研究院(一飞院)的组建,一飞院作为中航商飞工程发展部担负起项目的工程发展工作,中航商飞工程部负责工程综合并委托上飞厂组织各机体供应商共同负责工艺工程工作(受总设计师领导),工程综合、工程发展和工艺工程共同构成中航商飞工程部(负责属于适航条例 25 部审定内容部件如起落架、发动机短舱的供应商相关设计活动也在设计体系之内)。

为保证严格按适航规范开展飞机设计工作,按 CCAR - 21 部的要求,编发设计保证手册,明确所需的组织机构、职责、程序和资源,实现设计职能、适航职能和内部监控职能,建立设计保证组织体系,并随着 ARJ21 飞机项目设计保证组织体系的不断调整和逐步完善,不断对项目管理、适航管理、供应商管理和飞行试验管理等方面进行修订和完善,以确保 ARJ21 - 700 飞机的设计保证组织符合适航监管的要求。

根据 ARJ21 - 700 飞机项目工作分解结构(WBS)组织设计和制造团队,团队按综合产品团队(integrated product teams,IPT)和设计制造团队(design build teams,DBT)的形式建设,IPT 是一个由多专业人员组成的团队,共同负责飞机功能(如液压、电源、气动性能、整体结构、动力、测试等)的综合,对整个产品的全生命周期负责,规划和实施所有相关功能综合的活动,它包括我们的人员以及来自供应商和客户的授权人员,根据不同专业要求,团队的组成可以改变。DBT 是一个由多专业人员组成的团队,共同负责飞机各模块(如机翼,中机身等)设计、制造和装配集成的实际规划和实施,它包括我们的人员以及来自供应商和客户的授权人员,模块不同,团队的组成也随之改变。ARJ21 - 700 飞机项目的设计和制造体系经过不断调整和逐步完善,形成了较为完整有效的设计和生产体系。

ARJ21 - 700 飞机项目制造生产体系以合作生产 MD90(干线飞机)的生产布局为基础,上飞厂作为飞机总装厂,受中航商飞的授权,行使部分主制造商的职责和相应的权力,对国内机体制造商生产活动的质量、工艺技术等方面进行管理。为使 ARJ21 - 700 飞机项目制造生产体系符合适航要求,制造生产体系明确了中航商飞、委托主制造商(上飞厂)、机体制造商和各系统供应商的角色、职权范围、工作任务界面及管理原则。在这个体系中,中航商飞负责制造活动的策划、组织、协调和监控,编制并维护管理程序,发布制造计划、生产订单、更改实施计划等指令;上飞厂协助中航商飞完成制造及质量的组织管理工作,编制部件交付状态表、全机互换协调图表等,保证制造的完整性;各机体制造商执行项目的指令和程序,完成部件生产交付;各系统供应商按合同进行系统和成品的研制、生产。

在制造生产体系中,上飞厂编写 ARJ21 - 700 飞机工艺总方案,经过专家评审后组织各参研单位执行。工艺总方案是根据项目研制方案、设计要求、质量要求、参研单位的能力等编制的,是各厂分工、工艺性审查、互换协调要求、工装选用和编制其他指令性工艺文件的依据。

中航商飞组织建立 ARJ21 - 700 飞机的工艺规范体系——ZPS,在对干线飞机及转包生产中采用的或者引进的工艺规范(标准)进行消化、吸收、总结、整理的基础上,结合新支线飞机的特点和需求编制,建立起一套覆盖全部专业的、完整的、规范的具有自主知识产权并具有国际水平的民机制造工艺规范,为 ARJ21 新支线飞机项目顺利进入试制生产提供保证,也为我国民机制造工艺规范体系的发展建立了基础。

(2) 建立 ARJ21 新支线飞机项目管理体系。中航商用飞机有限公司成立后,即建立了总设计师、总工程师为首的技术责任体系,同时建立 ARJ21 新支线飞机项目管理组织体系,严格按技术、质量、进度、成本四坐标进行管理。2004 年 11 月,中航商飞成立 ARJ21 新支线飞机项目运行中心,作为项目的指挥调度中心,负责项目管理的具体工作。

按照 CCAR - 21 部《民用航空产品和零部件合格审定规定》和 SAE AS9100《航空航天质量管理体系要求》的要求,任命总质量师,建立 ARJ21 新支线飞机项目的质量管理体系和适航管理组织机构及相应的管理程序。

建立总会计师系统进行项目财务管理和成本控制。

(3) 积极应用先进信息技术。ARJ21 新支线飞机项目用三维实体造型 3D - CAD 技术的 CATIA 软件取代了习惯了的二维绘图工具 AUTO - CAD,创造出三维数模,派生出数字格式的二维图样,用 VPM 软件进行产品数据管理 PDM,用 CPC 软件建立了数据交换,实施了并行工程。为加快各参研单位计算机体系异地异构情况下协同工作,在中航商飞同各参研单位之间建立统一的协同商务平台 CPC,项目的初期,把设计、管理文档纳入 CPC 体系,通过 CPC 平台,进行工程图纸的发放接收和生产制造信息的转换与二次发放等工作,与各参研单位初步实现信息传递、资源共享。为支持项目的设计、研制、客户服务,随后 CPC 平台延伸,实现主制造商、供应商、客户和适航主管当局的并行协同的产品设计、研制、生产、服务和适航监管,实现数据共享和分布式数据管理,满足研制和生产管理要求,满足客户查询所关心的产品配置等信息,满足适航管理对信息系统的现行有效和流程受控的要求。

(4) 奋力技术攻关、确保项目成功、提高队伍技术水准。为了研制生产具有竞争力的现代民机,各飞机制造厂商无不大力发展和采用先进技术,我们的飞机和各个系统也必须达到国际市场普遍要求的技术水平,这是巨大的挑战。为此,研发队伍在设计上和工艺上进行了大量的、艰苦的技术攻关工作,创造了许多国内第一,确保飞机竞争力,也在实践中提高了自己的技术水准。例如:

严格按照 CCAR-25 部/FAR25 部进行设计研制和型号合格审定,并将可靠性、维修性设计、验证和增长贯穿研制、生产、服务全过程;采用超临界机翼设计技术,具有高气动效率;采用支线机中 5 排座宽体机身,提供与干线机同等的舒适性;大推力动力装置和高效增升装置,特别满足高原高温机场要求;满足先进的环保要求(噪声和排污);采用多余度、高安全性、高可靠性、简单结构的电飞行控制系统;采用新一代综合化航电系统,综合处理机柜(IPC),模块化组合,易于功能扩展;采用先进的低耗环保发动机,全权数字发动机控制系统,使发动机的运行更可靠、更经济;全面按损伤容限要求进行机体结构设计、评定和验证;建立了全新的与国际接轨的标准、材料、工艺、质量标准和设计规范体系;采用数字化设计技术,建立了异地协同设计平台(CPC)及构型管理系统(ECMS),实现了异地协同设计、制造;进行全机闪电间接效应试验和全机 HIRF 防护试验;在型号设计中全面进行系统安全性设计和评估,以此确定系统构架和软件级别。

在 ARJ21 项目研制的过程中,进行了大量的基础工艺技术研究,如 7150 新型铝合金材料的加工工艺、大规格变截面铝合金机加壁板消除应力成形工艺;金属胶接工艺;复合材料成型、检测工艺;钛合金超声速火焰喷涂碳化钨、超塑成型工艺;无扩口管接头装配、柔性管接头装配工艺;电缆压接技术。试制中进行了大量的零件制造技术攻关,取得了丰硕的成果,如机翼整体壁板数控喷丸成形技术研究,机头座舱天窗骨架零件制造技术研究,通风窗复合整体结构零件的加工技术研究,客舱玻璃制造的工艺研制,钛合金滑轨研制,吊挂钛合金前、后梁的技术攻关,复合材料方向舵壁板的制造等。在国内首次实现了机翼壁板上无头铆钉的数控铆接加工,掌握了机翼数字化制造与协调技术、高温影响区和集中受力区工作的钛合金零件为主的发动机吊挂数字化装配、电缆组件的柔性自动测试技术等。并进行了大量的基础工艺技术研究,填补了国内民机制造技术的空白,保证了研制生产的顺利进行。

建立了适用于国内外异地协调设计制造的构型管理体系和系统管理控制平台(ECMS),保证了产品数据的唯一性、一致性、完整性、有效性和可追溯性。

3) 建立新支线飞机客户服务体系

ARJ21 新支线飞机项目启动时,我国飞机制造企业没有一个完善的客户服务体系,要建立同国际接轨的民机客户服务体系,严重缺乏必要的技术和经验积累,特别是理念上,以往全部注意力都在产品上,没有"产品+服务"的理念,对民机客户服务的认识基本缺位。为了按国家要求,既研制出具有自主知识产权的世界水平的新型涡扇支线飞机,又使项目取得商业成功,新支线飞机项目从公司筹备组到中航商飞,在认真听取航空公司意见的基础上,建立新支线飞机的客户服务体系。

(1)制订客户服务工作规划,形成客户服务体系的基本组织架构。在新支线飞机项目筹备期间,筹备组就开始策划新支线飞机项目的客户服务工作,在工程组中设立产品支援专业,提出客户服务体系建设的方案,形成项目可行性研究报告的相应组成部分。

依据项目可行性研究报告,制订ARJ21新支线飞机客户服务的工作目标、工作方案和工作大纲,明确服务工作范围和内容:制订新支线飞机的安全性、可靠性和维修性、经济性和维修成本等目标大纲,设计、制造等部门按目标大纲开展研制工作;开展维修工程;制订技术出版物规范,组织编写飞行/运行、维护、工程、支援等各类技术出版物;开展备件计划研究并建立备件服务系统;建设客户培训基地,配备设施,组织编写培训教材;建立工程服务和产品支援队伍。

飞机服役阶段客户服务的基本工作内容:向客户提供产品支援和服务,主要是工程技术支援和服务、备件支援和服务、培训支援和服务、现场支援和服务、飞机运营和维修的支援和服务,并进一步完善产品支援和服务体系。

根据上述工作方案和工作内容,按新支线飞机项目研制总计划的要求,规划建设工程技术服务、培训、技术出版物、航材支援、飞行运行支援、市场与客户支援等各客户服务专业的核心业务。

主制造商不仅必须提供航空公司运行飞机所需要的全部技术依据、技术服务和能够满足适航要求的备件服务,而且要教会航空公司如何运行自己的飞机,必要时要能够派出飞行员和机务人员帮助他们完成航班任务。为了民航运输业的发展,也为了飞机制造商开拓市场、培育市场,主制造商要能够为航空公司运营提供飞机运行的全面支持,这就给自身客户服务能力建设提出了艰巨的任务。

(2)启动客户服务的条件保障建设。由于中航商飞没有任何可用的客户服务软硬件基础,因此在建立新支线飞机客户服务的各专业核心业务的同时,启动了客户服务条件保障建设。开展各专业核心业务所需的软件系统建设,如航材管理信息系统(SPMS)的研制、航材管理的无线射频识别技术(RFID)的应用;ARJ21飞机技术出版物信息管理系统(TIMS)和交互式电子出版物的开发等。开展ARJ21新支线飞机客户服务办公设施、培训设施、航材保税仓库的建设,以及通过与第三方物流公司合作,构建全方位的航材物流网络的建设等。

经过构建客户服务基本组织,规划客户服务工作,建设客户服务各专业核心业务,以及开展条件保障建设,初步建立了ARJ21－700新支线飞机的客户服务体系。

新支线飞机项目的以市场销售、研制生产、客户服务为三大支柱的格局雏形已经展现。

2.4.2.2 对标国际一流，全面规划和提升民机产业的核心能力

2008 年 5 月 11 日，中国商飞在上海正式挂牌成立。根据国家"统筹干线飞机和支线飞机发展"的要求和 ARJ21 新支线飞机项目研制进展情况，中国商飞借鉴国际先进航空工业企业的发展模式，全面规划和提升以中国商飞为核心的民机产业的核心能力。

新成立的中国商飞抓紧编制《公司发展战略纲要》，按照国务院"重点加强飞机研发、总装、市场营销、客户服务、适航取证等能力建设"的要求，提出打造三大中心（飞机设计研发中心、总装制造中心和客户服务中心）和形成五种能力（飞机设计集成能力、总装制造能力、市场营销能力、客户服务能力和适航取证能力）的战略纲要。以后随着民机研制实践的深入发展，逐步形成六大中心（三大中心再加北京研发中心、试飞中心以及基础能力中心），初步建成六种能力（在五种能力的基础上增加供应商管理能力）。中国商飞坚持体制机制创新，举全国之力、聚全国之智，全力推进 ARJ21 新支线飞机项目。

1）建设实体化的民机竞争主体，夯实六大核心能力建设的基础，提升 ARJ21 新支线飞机项目研制管理能力

根据国务院的中国商飞组建方案，中航一集团所属的一飞院上海分院（640所）、上飞厂、中航商飞、上航集团本部等整建制进入中国商飞后，中国商飞全面规划建设实体化的民机竞争主体，夯实六大核心能力建设的基础，提升 ARJ21 新支线飞机项目研制管理能力。

调整中航商飞的职能，加强各大中心建设。把原中航商飞的产品支援部整建制划入新成立的客服公司，建设中国商飞的客户服务中心，承担起中国商飞的飞机客户服务能力建设的责任；把上飞厂改制为上飞公司，上飞公司作为中国商飞的总装制造中心，承担起中国商飞的飞机总装制造能力建设的责任；把 640 所建设成上海飞机设计研究院，在 ARJ21 - 700 飞机设计工作技术责任全部转移至上飞院后，作为中国商飞的设计研发中心，承担起中国商飞的飞机设计集成能力建设的责任。随着公司承担的民机项目研制的深入开展，中国商飞又先后成立北京研发中心、民机试飞中心和基础能力中心，加强民用飞机的预研能力、试飞能力，以及信息化、标准化和档案等民机研制的基础能力建设，为民机主制造商核心能力的建设打下坚实的基础。

以主制造商-供应商管理模式，理顺 ARJ21 新支线飞机项目管理。中国商飞成立后，中航工业的 ARJ21 新支线飞机参研单位不再是中航商飞的股东单位，同时，中航商飞与西飞、沈飞、成飞、特种所（637）、强度所、试飞院不再属于共同的行政系统。为此，中国商飞按照主制造商-供应商的管理模式，同西飞、沈飞、成飞、特种所（637）、强度所、试飞院建立完全基于合同约束的契约关系，在中国航空工业集团的支持下，加强对 ARJ21 新支线飞机项目各机体供应商的管理。

规范 ARJ21 新支线飞机项目行政指挥系统和设计师系统,提升项目研制管理能力。中国商飞发布《ARJ21-700 新支线飞机项目管理规定(试行)》,系统地规范 ARJ21 新支线飞机项目管理工作。

2) 以试验试飞为主线,狠抓技术攻关,扫清型号合格审定障碍,提升设计集成能力和适航取证能力

中国商飞成立时,ARJ21 新支线飞机项目研制已经走过了预发展、详细设计、样机试制阶段,正在进入试验验证阶段。按照适航规章 25 部,系统地进行全面设计验证和适航认证,取得型号合格证在我国民机研制中还是首次,飞机研制工作进入深水区。中国商飞以试验试飞为主线,狠抓技术攻关,不断扩展和提升设计集成能力和试飞验证能力,艰苦地完成了这一阶段的任务。

中国飞机试飞的核心能力在中国飞行试验研究院即中航工业试飞中心,它是组织 ARJ21-700 飞机试飞唯一可用的资源,负责试飞的实施。中国商飞作为项目责任法人,统管试飞取证阶段的工作,组织技术攻关和构型完善,组织开展试验、试飞验证,协调局方安排适航审定,关闭适航条款,获取型号合格证。经过一个型号试飞的全过程,我们不仅建立了项目试飞的组织体系和一套满足适航要求的试飞工作程序,而且对科学地进行试飞规划和计划有了初步的认识和体会,了解了民机试飞的重点和难点,掌握了相关的技术要点。通过 ARJ21-700 飞机曲折艰难的取证试飞历程,使得中国民机的两支试飞队伍(申请人试飞队伍、局方审定试飞队伍)得到了锻炼和成长。中国商飞也建立了民机试飞中心,培养了试飞员和试飞工程师队伍,承担了 105 架机起的生产试飞和 RVSM 试飞任务。

试飞机的构型到位是开展验证试飞的前提,而飞机设计成熟是构型到位的必要条件。在试验试飞验证中,设计不完善的问题随着试验试飞的深入而逐渐显现。中国商飞高度重视解决这些问题,以技术攻关为抓手,扫清试飞验证的拦路虎。根据出现的问题,陆续成立攻关组,全力以赴开展设计技术和试验技术攻关。

在试飞取证阶段,先后攻克稳定俯仰 2.5g 极限载荷全机静力试验(中止)、鸟撞试验、全机高能电磁场辐射和闪电防护间接效应试验、发动机短舱地面结冰试验、轮胎爆破试验等重大试验课题,空速校准试飞、失速试飞、侧风试飞、最小离地速度试飞、颤振试飞、高速特性试飞、动力装置试飞、前起落架应急放、高原特性试飞、高温高湿试飞、自然结冰试飞、溅水试验、排液试验、载荷试飞、起落架摆振试飞、最大刹车能量试飞、功能可靠性试飞等一批关键试飞科目的技术难关。攻关活动极大地提高了设计队伍的技术水平。

3) 加强民机市场预测,不断开拓市场,积极开展首家用户工作,进一步提高飞机营销能力建设

ARJ21 新支线飞机项目启动时,民机宏观市场的研究主要依赖中航工业发展研究中心(620 所),市场销售支持课题主要依靠民航管理干部学院。由于中航商飞没

有专门的市场研究团队,在 ARJ21 新支线飞机国内市场研究和飞机销售工作中,主要使用 620 所国内市场预测年报数据。中国商飞成立后,开始提升公司市场研究工作的能力,在上飞院成立市场研究中心,专门负责民机的市场、经济性、销售支援、客户选型等专业研究,并与航升咨询公司合作,建立预测基础数据库,掌握预测模型和编写方法。从 2014 年开始,独立预测市场,发布预测年报。民机市场营销能力进一步扩展。

根据同航空公司、航空租赁公司签署 ARJ21 - 700 飞机销售合同和机位安排的情况,以及 ARJ21 - 700 飞机延迟交付可能造成的影响分析,全面部署 ARJ21 - 700 飞机市场营销。飞机订单总数达到 322 架,其中确定订货 120 架、意向订货 202 架。

积极做好首家用户工作。中国商飞成立后,根据原首家用户山东航空的意见,决定调整 ARJ21 - 700 飞机的首家用户。在同成都航空有限公司(原鹰联航空有限公司)协调后,中国商飞将成都航空确定为 ARJ21 - 700 飞机的首家用户。中国商飞积极听取成都航空对 ARJ21 - 700 飞机设计的意见,共同研究飞机技术出版物的修改,开展飞机监造,同时,双方就缩短从飞机型号取证到交付的时间、持续优化飞机及相关产品、示范运营、分阶段实现客户相关需求进行协调,努力建立 ARJ21 - 700 飞机良好的产品声誉,共同打造中国民机的精品工程。随着首架飞机交付前工作展开,与成都航空的紧密合作,提高了研制队伍的市场意识,进一步把对客户的特别关注落到实处。

4) 提升总装制造能力,建立预投产体系,打通飞机由研制转入批生产的流程

总装制造中心根据中国商飞的发展战略,先后成立民用飞机先进制造、先进装配、复合材料制造、集成测试等技术中心,围绕数字化制造能力、制造和生产管理能力,以强化集中管控、规范管理流程为抓手,全面提升公司的民机总装制造能力。为建立快速敏捷的现场反应机制,启动移动生产线技术,细化生产现场管理,提高生产效率;整合新支线飞机 CPC2.0 平台,实现设计、制造和客服三大中心新支线飞机 CPC 平台系统的融合,原有 PDM 平台的功能全面移植到 CPC2.0 平台上,取代以往设计与制造间的数据传递,实现三大中心数据平台的共享,保证数据源的唯一性,大大降低数据冗余度和复杂度;自主研发生产现场管理系统(M 立方系统),并与 CPC 平台集成,在 ARJ21 新支线飞机零件生产和装配现场,实现制造/装配文件的编制、批准、发放、现场记录到生产过程的质量记录,直至最后归档,实现全过程无纸化管理。

建立预投产体系,打通飞机由研制转入批生产的流程。中国商飞严格执行《ARJ21 - 700 飞机预投产适航管理框架协议》和预投产管理程序,不断纠正预投产工作中的问题,保证了 ARJ21 - 700 飞机预投产批的零部件制造和飞机总装符合适航要求。同时认真开展客户监造工作,听取客户意见,不断改进工作质量。ARJ21 新支线飞机项目在冻结设计、稳定制造工艺流程、贯通生产线、理顺客户监造关系等

方面取得实质性突破。

5）推进 ARJ21－700 飞机型号合格审定、生产许可证申请及 FAA 影子审查等各项工作，不断提升适航取证能力

中国商飞坚持三遵（尊）原则，构建了自己的适航体系框架，建立了适航组织机构，配备了基本的适航职能人员，还在研发中心和制造中心培养了委任代表和适航工程师共约 120 人，全力推进 ARJ21－700 飞机适航验证工作。2014 年 12 月完成了申请人表明符合性试飞 283 个科目，局方试飞 240 个科目，完成适航验证试验 300 项。完成了 ARJ21－700 飞机型号取证前全部验证试验/试飞工作，关闭审定基础规定的 398 个条款、完成 AEG 航空器评审、完成 CCAR－21 部要求的全部审查工作，并接受了 FAA 的影子审查。中国民用航空局 2014 年 12 月召开最终 TCB 会议，向中国商飞颁发 ARJ21－700 飞机型号合格证（TC）。

6）健全供应商管理体系，提升供应商管控能力

中国商飞成立后，根据 ARJ21 新支线飞机项目已有的采购和供应商管理实践，健全供应商管理体系，梳理和健全供应商管理文件，固化成熟的做法，从招投标、合同签署、合同更改、合同执行、质量控制等方面建立工作规定和流程，全面规范供应商选择、合同谈判、采购实施等采购与供应商管理相关工作，形成一套完整的供应商管理文件体系，并随着项目的深入和国际采购的发展，在不断解决新问题的同时，不断修订和完善供应商管理文件体系。

7）狠抓客户服务能力建设的实效，规划和启动客户服务网络建设

中国商飞在初步建立的 ARJ21 新支线飞机客户服务体系的基础上，狠抓客户服务规划的落实，注重客户服务能力建设的实效，建设运行支持和持续适航体系，以 ARJ21－700 飞机投入营运（EIS）的各项工作为抓手，协调市场销售战略，规划和启动客户服务网络建设，建设保证民机成功商业营运的能力。

（1）培训设备到位，培训中心合格取证，开展 ARJ21－700 飞机首家用户培训。2010 年 3 月，ARJ21－700 飞机首台飞行训练模拟机安装到位，达到投入使用状态的现场验收条件，2013 年 2 月完成飞行训练模拟机过渡 C 级试飞数据提取工作，2013 年 12 月 27 日获得由中国民用航空局颁发的 CCAR－60 部过渡 C 级合格证。与此同时，客户服务中心落实其他各类培训设备并通过鉴定，并及时启动 ARJ21－700 飞机培训机构的 CCAR－142 部、CCAR－147 部合格审定的工作。在培训大纲、培训教材获得批准，教员队伍获得资格证的基础上，为 ARJ21－700 飞机首家用户——成都航空相继开展包括飞行、机务、乘务、签派/性能培训服务。

（2）全面建设 ARJ21－700 飞机航材库，严守航材适航规章，通过试飞的备件保障，实战演练航材支援保障能力。全面建设 ARJ21－700 飞机航材库的能力，建成保税航材库；启动航材管理信息系统开发建设工作，建成 ARJ21－700 飞机航材质量管理体系，取得 AS9100C 和 AS9120A 证书。

向局方提交航材备件适航检查计划，启动 ARJ21－700 新支线飞机航材备件质量和适航检查；协调国外供应商航材适航挂签商务模式，推荐驻美国、欧洲现场的预备生产检验委任代表；ARJ21－700 新支线飞机航材备件适航挂签工作走上正轨。

通过试飞备件保障，实战演练航材支援保障能力。走访 ARJ21 首家客户成都航空，听取意见，召开 ARJ21－700 交/接机计划工作协调会，研究航材支援模式，共同筛选首批航材备件项目，明确航材支援时限。

（3）完成技术出版物编制，保障飞机试飞和交付。根据 ARJ21－700 飞机首飞的需要，完成 21 本试飞所需的技术出版物的编写和评审；请成都航空评估技术出版物，并按成都航空意见完成技术出版物的修订和完善工作。总结前期出版物工作的经验教训，建设维修工程专业，请试飞员参与飞行类手册编制。在飞机交付前，共交付 ARJ21－700 飞机技术出版物 41 册。

（4）规划和建设客户服务网络。2012 年 10 月 18 日，客服公司与加拿大 CAE公司签署全球飞行训练网络规划研究合作意向书，启动国内外民机主制造商客户培训服务网络的调研工作，筹划 ARJ21－700 飞机和 C919 大型客机培训服务网络建设方案。

2013 年 6 月 6 日，中国商飞与四川双流县政府签署民用航空客服与运营产业园项目投资框架协议，建设 ARJ21－700 国产民机示范运营基地，服务四川地区民用航空业的发展，逐步构建覆盖中国西南、西北地区，辐射东南亚地区的民机客户服务体系，推动国产民机走向市场。

（5）建设民机客户服务的基础平台。由于我国民机研制的频度非常低，民机客服实践少，因此对客服的认识浅，能力不健全、不配套、不成体系，因此，客户服务能力建设是保障 ARJ21 新支线飞机项目商业成功的关键之一，通过 ARJ21 新支线飞机项目，中国商飞民机客户服务基础平台从无到有，基本建成。

（6）加强客户服务体系技术能力建设。由于历史的原因，很长时间里，我们对客户服务工作的特点不了解，许多客服工作都是由设计和制造队伍完成的，忽略了客服队伍自身的技术能力建设。在飞机交付前后，客服工作接受了实践的检验，暴露出大量的问题，使我们认识到客户服务工作不仅是服务和组织管理，而且具有很强的技术性，需要有自己的核心技术来支持客户服务和运行支持工作。客服工作有自己的学问，是一个独立的专业，需要有专门的技术队伍，不是其他专业可以兼顾的。客服作为一个大专业，像设计、制造、飞行一样是主制造商技术体系的一部分。需要建设专门的技术队伍支持维修、飞行和运行等工作，如同需要对设计进行工艺审查一样，需要对设计进行维修性审查、可用性审查，显然这项任务不应该由设计员自己承担。

客服专业主要包括下列内容：

　　维修工程:确定飞机使用环境下的维修任务、维修程序和维修工具,编制维修类技术出版物和维修工作工艺文件。

　　飞行工程:确定飞机使用环境下的飞行操作方法和程序,编制飞行类手册。

　　运行工程:确定飞机使用环境下的运行方法和程序。

　　技术出版物:将飞机设计结果和使用环境下的维修、飞行操作、运行任务、程序等工程内容(在上述各专业工作的基础上)以用户理解和便于使用的方式提供给用户。

　　培训工程:教会用户掌握机型飞行、维修、运行程序。

　　为此,要建立与客服技术相适应的技术体系,建立维修工程师、飞行工程师、运行工程师的队伍,建立教员、手册主编队伍。为了使客服的工作早日得到实践的检验,客服工作要前移至试飞过程中,要深入到维修基地(主制造商的维修中心由客服来管理可有利于维修工程人员的成长和工作)。

　　8) 建设主制造商的飞行专业队伍

　　由于历史的原因,ARJ21－700飞机的试飞工作主要是由中航工业试飞院实施的。项目的实践告诉我们,尽管部分试飞任务可以委托供应商完成,主制造商必须有自己的试飞能力,建设自己的飞行专业队伍。

　　我们研制生产的飞机最终是要交给客户飞行的,因此"飞行"是贯穿于科研、生产、经营活动的全过程的课题,主制造商要对"飞行"有自己的见解和体会作为飞机设计的出发点,自然是离不开自己本公司的飞行员。懂得飞行、直接操纵飞机的飞行员(包括试飞员)的工作也贯穿于市场需求的确定、设计、研制、验证、生产、交付、客户服务的全过程,飞行员(试飞员)的缺位是ARJ21－700飞机研制过程的弱点,也是后来发现飞机不能完全满足客户需求的重要原因。飞机公司的试飞不仅仅限于型号验证试飞,还需要进行大量的科研试飞,进行必要的技术探索和储备。主制造商必须有自己的、足够的、高水平的飞行员队伍和强有力的试飞基地。

　　2012年4月中国商飞成立试飞中心"作为公司专业的民用飞机试飞验证实施机构,承担公司研制飞机的生产交付试飞、科研试飞、取证试飞及客户支援飞行的实施工作,负责执行公司安排的展示飞行、广告宣传、空中摄影等飞行任务;负责飞机总装后的检查、调试与停机坪工位工作。"

　　已经形成了《中国商用飞机有限责任公司飞行专业队伍设置和管理架构方案》,明确公司飞行员队伍包括试飞员、技术飞行员和飞行教员,与飞行工程师共同组成公司飞行专业队伍。

　　试飞员主要承担各类科研试飞、设计验证试飞和生产交付试飞任务,充分参与飞机系统(特别是驾驶舱)设计活动和飞行手册、操作程序及审定计划评审。技术飞行员和飞行教员主要面向内、外部客户从事飞行课程开发、飞行训练,支持开展飞行操作程序开发,推动用户飞行操作程序安全和效率优化相关工作,从航线飞行、共通性等角度参与驾驶舱等设计支持工作,参与客户销售相关飞行技术推介和支持。飞行教员侧重实操训练教学,技术飞行员侧重飞行技术研究和内、外部客户支持。公司设总飞行师统领飞行员队伍。

要求公司试飞工程师与试飞员紧密结合;设计师队伍,特别是驾驶舱、飞行控制、飞行操纵等专业领域的技术人员与飞行员紧密配合,掌握必要的飞行操作基本知识,充分实现人、机整体闭环设计,保障飞行员全面参与飞机及系统开发。

与此同时中国商飞抓紧了试飞基地的建设,除试飞员、试飞工程师和测试改装队伍,机务、场务的人员设施设备建设外,为了解决大场、浦东基地的空域限制问题,还在东营、南通等机场建设试飞基地。

2.4.2.3 建立开放的民机标准与规范体系

民机标准体系是企业积累的知识财富,是自主知识产权的体现。规范地按照标准体系要求工作,才能不断地研发、生产、交付用户满意的民用飞机,为企业、社会不断地创造价值。

标准化是现代飞机制造业以高质量、低成本、高速度开发新产品,占领市场,在市场竞争中求生存、求发展的基础保障。而构建标准、规范体系表是开展标准化活动的基础工作。

航空行业普遍运用标准化手段,在其发展中已经显现了重要作用,标准化托举着航空产业发展的技术平台,并使其不断提升。

民用飞机标准化是民用飞机产业化的基础。其工作的任务是建立并完善民用飞机标准体系,为民用飞机产业化发展创建管理和技术平台。

民用飞机面临着市场和技术的全球化趋势已是一个不争的事实。一方面,航空企业经营发展的需要,根据追求低成本高效益的经济原则,必然会致力于对全球范围内资源(市场、货源和技术)的开发和利用;另一方面,国际经济贸易体制的日趋完善,全球航空企业互惠合作、协调发展的意识不断增强,以及以信息技术的发展和应用为代表的协同平台的产生,为民用飞机市场和技术的全球化开创了良好环境。

ARJ21 新支线项目是面对民用航空业市场、技术的全球化,采用商业化的经营模式运作的民用飞机研制项目,与国内外研制单位、供应商形成了合作伙伴,风险共担、利益共享的运作模式。ARJ21 项目的标准化工作更赋予了全球化、商业化的特点。

新型涡扇支线飞机研制项目技术经济可行性研究报告提出了标准与规范体系总体发展战略的建议:在立足自己科研、生产经验的基础上,积极引进适合我国需要的国外标准,发展自己的新支线飞机设计标准和规范体系。

依据竞争、适航、经营的项目运作环境,ARJ21 项目标准体系尽量直接采用技术先进和成熟的国际标准、国外先进标准,以满足 ARJ21 项目市场和技术目标要求。

1) 建立 ARJ21 项目标准与规范体系的要求

在全球大舞台竞争，符合反映全球公众可接受的安全标准、适航规章以及在全球范围经营的现代民用飞机研产项目运作环境，对民用飞机标准体系提出了严格的要求。

（1）符合适航要求。研制、生产、销售现代民用飞机并提供优良服务，是面向市场和法规的大规模系统集成。具体明确制造商、营运商和适航当局各自的适航责任，符合先进、有法律效应的适航标准、有效配合法制化的适航管理，是落实民机标准体系符合适航要求的体现。

（2）满足市场竞争需要。民用飞机制造企业在激烈竞争中要获得足够的市场分享量，其产品必须要在一定时空范围内具有不可替代性，企业具有持续扩大满足市场要求，降低综合成本的能力，并建立使潜在用户认识其客观要求和本制造企业能够满足其要求必不可少的信誉。这就要求其技术、管理、服务的相关标准必须与国际标准或国外先进标准同步并在此基础上超越。

（3）公制为主、英制为辅。这是尊重民用飞机发展的历史，有利于充分利用全球资源，有利于市场分享和降低成本的有效策略，分别采用公制和英制分系统的接口部位应确保兼容和互换，充分考虑飞机使用、维护、修理时的公英制防错措施。

（4）管理标准与技术标准并重。民用飞机研制和生产是一个复杂的系统工程。在研制和经营管理活动中，采用先进的管理理念和运营模式，制定先进的管理标准，并加以实施，对夺取商业成功，实现产业化发展具有与技术标准的制定和贯彻同等甚至更为重要的作用。

（5）要涵盖产品支援和客户服务标准。制定和贯彻具备国际先进水平的产品支援和客户服务标准，使之在国际化竞争环境下，实现在用户最需要的时候，以合理的商务条件向用户提供与优质产品同等需要的优质服务，寓民机制造企业自身增值于用户增值之中，是求生存谋发展的重要基础，也是中国民机工业为实现产业化发展克服薄弱环节，突破"瓶颈"，时不我待的重大举措。

（6）建立先进信息技术应用标准。超前制定基于产品数字化定义、仿真、产品数据管理、协同商务平台等信息化技术应用技术标准。在制定管理标准时要充分考虑采用信息技术应用的适应性。以便及时进入信息技术应用重大技术进步起跑线，实现全寿命周期数字化管理，弥补型号经验不足，取得后来居上的成功。

2) 建立 ARJ21 项目标准与规范体系的核心

民用飞机产品标准化和管理标准化是创建和完善民机标准体系的核心。

民机产品标准化是指在民用飞机产品全寿命周期内对产品和技术活动实施标准化管理，例如实现产品装配件的模块化管理和原材料、零部件、标准件、成品的标准化管理，使民用飞机产品达到预期的安全性、经济性、舒适性和环保性指标，使企业研发和生产的成本降低，周期缩短。

　　民机飞机（企业）管理标准化是指按民机工业的产业化发展方向，超越项目（或型号）的范围，在企业或企业集团层次实现对各管理过程标准化，以低成本、高质量来满足质量、适航管理等各类体系的要求，确保在市场竞争中胜出，夺取商业成功为目的的现代化企业管理，强化企业或企业集团的核心管理能力，积聚和发挥产业化发展的潜能。

　　3）建立 ARJ21 项目标准与规范体系的原则

　　建立民机标准体系的核心和要求决定了建立民用飞机标准体系的原则。

　　（1）技术先进、体系开放。直接采用先进、成熟的国际标准、规范，"站在巨人的肩膀上前进"，弥补我国现代先进民机研产销售服务经验的不足，面对民用飞机激烈的市场竞争，实实在在满足市场的需求。

　　（2）适度超前、持续渐进。坚持及时甚至超前进入重大技术进步起跑线，这一实践证明对后来者居上是十分有效的原则。在探索建立民用飞机市场、技术、管理和客户服务标准体系框架时充分考虑全球和我国的民用飞机产品及其技术能力在互动中持续发展的需要，提前对可预见的业务框架进行分类，通过不断探索将最佳实践提炼为标准，同时做好各项基础工作，为标准化工作的开展完成技术准备。

　　（3）全面成套、恰当分类。通过民用飞机标准体系表反映民用飞机寿命周期全过程所用标准的全貌，即民用飞机制造业的五大业务体系：管理、市场、工程技术、制造和客户服务。

　　（4）以企业标准化涵盖型号标准化。以企业标准化工作为主体建立民机标准体系，更有利于以企业为主体实现产品和产品开发平台的升级换代与技术进步的互动，保证持续以先进的系列化民用飞机标准参与国内外市场竞争，形成产业链，加快产业化发展的速度。

　　4）ARJ21 项目标准规范体系的构成

　　顶层标准体系构架（见图 2-3）由 ARJ21 项目管理、市场销售、工程技术、制造、

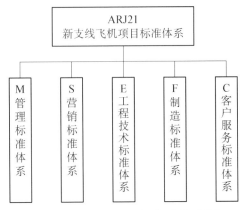

图 2-3　ARJ21 项目顶层标准体系构架

客户服务等各项活动的共同准则的标准或规范性文件的综合体,是项目标准/规范的有机结合。

(1)项目管理标准体系。以ARJ21项目为中心进行的全面管理,即为满足对项目要求,运用知识、技巧、工具和技术手段所进行的规划、组织、人员配备、指挥和控制活动。

项目管理标准体系的结构(见图2-4)由管理基础、适航管理、系统工程管理、信息管理、采购/合同管理(含供应商)、生产管理、质量、组织与人力资源管理、计划/工程分包管理、成本控制与管理、风险管理、客户服务管理等12大类构成。

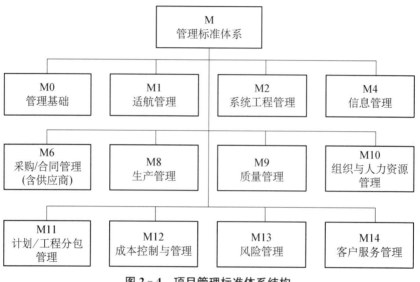

图2-4 项目管理标准体系结构

(2)营销标准体系。选择ARJ21发展的市场机会、明确服务对象,确定ARJ21在市场中的定位,并在此基础上对产品开发目标、定价、销售渠道和促销方法做出决策活动的标准和规范性文件。

营销标准标准体系的结构(见图2-5)由市场、销售、销售合同管理、飞机交付管理等4大类构成。

(3)工程技术标准体系。工程设计活动中有技术标准和规范性技术文件。工程技术标准体系的结构(见图2-6)由基础标准、通用标准、通用零部件标准、材料标准、设计和产品标准、产品支援标准、信息技术应用标准、客货运标准、工艺规范和试验与试飞等10大类构成。

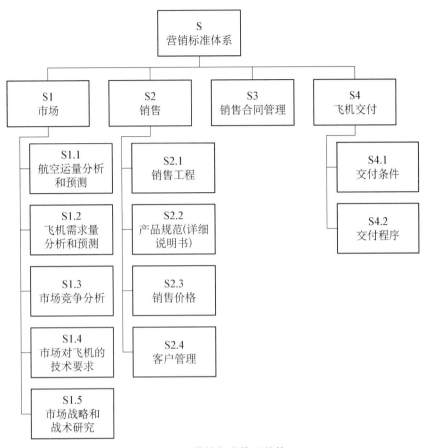

图 2 - 5　营销标准体系结构

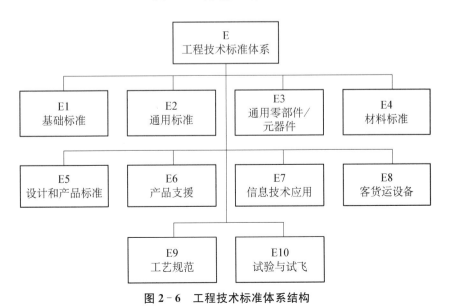

图 2 - 6　工程技术标准体系结构

（4）制造标准体系。从采购、加工、装配、检验、包装到产品交付前的全过程中，对产品制造过程中的材料、加工工艺和工艺装备，制造检验和贮运包装等环节贯彻实施的标准和规范性文件。

制造标准体系的结构（见图2－7）由工艺装备、制造计划与控制、制造分工与工艺路线、制造数据、贯彻设计更改、部件交付、运输包装等7大类构成。

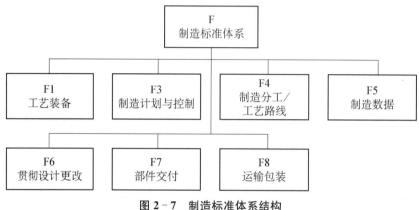

图2－7　制造标准体系结构

（5）客户服务标准体系。在项目研制、售前和售后活动中对飞机运营人的工程与技术服务、备件、现场服务、技术出版物、培训及各种活动所需的标准和规范性文件，用以保持产品的持续适航，它贯穿于整个飞机研制、销售和使用全寿命过程中。

客户服务标准体系的结构（见图2－8）由客户服务规划、维修工程、备件、技术出版物、培训、现场服务等6大类构成。

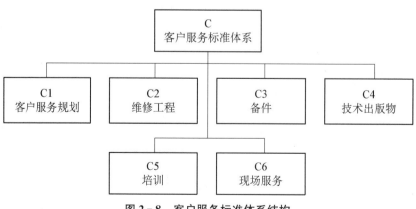

图2－8　客户服务标准体系结构

5）标准与规范项目统计表

标准与规范项目统计如表2－1所示。

表 2 - 1 标准与规范项目统计表

		项目管理	市场与销售	工程设计	制造	客户服务	合计
国家、行业政策法规		10		1			11
适航技术标准		16		147			163
中国标准	国家	3		153	202	3	361
	国军标	4		82	3		89
	行业标准	3		229	1 376	8	1 616
国际	ISO	1		62			63
标准	国外先进标准	10		1 146		23	1 179
项目、企	Q/C	15		25		22	62
业标准	Q/ARJ(ACAC)	29		27			56
	Q/FAI(FAI)	15		2			17
	西飞				28		28
	成飞				323		323
	沈飞				10		10
	试飞院			17			17
	强度所			14			14
	特种所	24					24
项目规范	商飞规范	16		3		5	24
性文件	项目管理(ACAC)	10				45	55
	工程设计	154	9	998		66	1 227
	制造管理	2					2
参研企	研究院	20					20
业规范	上飞	88		680			768
性文件	沈飞			5			5
	合计	420	9	3 591	1 942	172	6 134

6）结论

建立标准、规范体系是型号研制标准化工作重要组成部分。ARJ21 标准体系表是将 ARJ21 项目范围内使用的标准按分类进行有机的整合。

通过建立 ARJ21 项目标准体系，指导各项业务活动按标准的要求有序开展，为 ARJ21 标准化工作的发展提供依据，据此可制定标准、修订工作计划。通过标准、规范飞机设计行为保证飞机的性能和安全。

ARJ21 项目领导层从商业成功和产业发展角度高度重视标准化工作，明确了"建立 ARJ21 项目标准体系，为民用飞机产业化发展创建管理和技术平台"的目标。

在新型涡扇支线飞机项目标准与规范体系建设中，从整体上了解和把握国内外支线民用飞机技术发展的现状和发展方向，建立适用于 ARJ21 项目研制的标准体系，确定 ARJ21 飞机研制所需标准的范围和内容，从而为 ARJ21 飞机的研制提供强有力的技术基础支持。

ARJ21项目标准规范体系的建立有利于项目研制各方战略同盟的形成,固化整个项目的创新成果,为发展我国具有自主知识产权的先进支线民用飞机奠定坚实的基础。

2009年,作为研究项目的《新型涡扇支线飞机项目标准与规范体系及项目表》,荣获上海市标准化优秀学术成果二等奖。

ARJ21项目标准规范体系的建立在我国民用飞机制造业中起到了引领示范作用,为构建民机行业标准体系起到了促进作用,在民用飞机产业链中体现出牵引作用。

2.4.2.4　民机产业核心能力建设的思考

从ARJ21新支线飞机项目以市场销售、研制生产、客户服务三大支柱的能力建设起步,中国商飞以建设国际一流航空企业为目标,重点加强飞机设计研发、总装制造、市场营销、客户服务、适航取证和供应商管理等核心能力建设,初步形成我国民机产业的核心能力,但是同国际先进水平相比,还存在较大的差距。

1)对民机产业核心能力内涵的认识

市场销售、研制生产、客户服务能力是民用飞机产业核心能力的最基本方面,缺一不可。研制生产和客户服务的能力是快速提供市场需要的"产品+服务"的保证,而市场销售能力是发掘民机市场机会、准确提出市场需要的"产品+服务"要求的保证。

市场销售能力包含市场调研、确定产品的市场定位、提出研制飞机的市场需求,开拓市场、寻找客户、销售飞机等能力。研制生产能力包含飞机设计研发、总装制造、适航取证和供应商管理等能力。客户服务能力包含工程技术服务、培训、技术出版物、航材支援、飞行运行支援、市场与客户支援等能力。

ARJ21新支线飞机项目经过上述各方面的实践和锻炼,初步形成民机企业的基本核心能力,与此同时,对各项能力的内涵有了初步的认识,使今后进一步提升公司的民机研制核心能力有了良好的开端。但是,我们还没有走完一个型号从开发到交付客户运营的经营运作全过程,这些基本核心能力的有效性还没有经受飞机交付、客户运营的实践检验,只有在客户运营的实践中不断修正理念、完善飞机和客户服务,并对自己的市场、研制生产和客户服务能力进行不断的改进和调整,才能建立起真正的核心竞争力。

2)冷静地估计竞争态势

波音和空客公司都是几十年的飞机制造企业,我们还在发展民机的"初级阶段",消除我们与他们的差距绝非易事,要循序渐进。他们具有飞机制造的全套技术,随着经济全球化的发展和专业化分工的深化,为了减少风险、降低成本、换取市场和借用别人的先进技术,波音和空客公司都把一部分熟悉的工作分离出去给供应商做,由风险伙伴承担,自己从"整机制造商"转型为"系统整合商",他们牢牢地掌握着核心技术,对供应商有绝对的控制力。而我们虽然也当了一把主制造商,实则相差甚远,我们对核心技术的掌握和对供应商的管控能力都还不足,我们的基础还不够扎实,我们的经验还很初步。

ARJ21－700飞机刚刚取证进入市场,即使取得市场成功,也仅仅是在支线飞机市场占有了一席之地,对标国际一流,进入强者之林,路还很长,但坚定信念、加大投入、认真实践、扎扎实实走下去,必定会成功。

3）关注软实力的建设

在企业核心能力的建设中,除了硬实力的建设外,必须特别关注软实力的建设,切实加强项目实践中的经验积累和知识管理。一个项目从启动到完成,需要很多人的共同努力,以前往往是人退休了、离开了,积累的知识只在其脑子里,随人而走了。要注重员工积累的过程知识,形成自己的软实力。ARJ21新支线飞机项目在我国民机开发实践中,无论是深度还是广度,都是空前的,其形成的知识资产也是空前的,因此必须在此基础上总结提高,加强软实力的建设,通过一个个型号的积累,不断更新、不断完善,增强企业的软实力。

2.4.3 国外系统供应商选取与管理

中航商飞 ARJ21 飞机国外系统供应商的选择和供应商管理方针是:积极开展国际合作,提高研制水平,加快研制进度,面向全球,择优采购符合设计和适航要求的动力装置、航电设备等系统,与系统供应商共担风险、谋取项目的成功。

2.4.3.1 国外系统供应商选择

ARJ21新支线飞机项目系统供应商选择的工作思路是:选用的系统应满足并有助于提高飞机性能;选用经过验证的先进、成熟技术且具有发展潜力的产品;有利于降低飞机成本、降低项目风险;尽可能地压缩供应商数量,减少协调层次,简化接口关系;系统供应商应分担飞机制造商的部分工作、费用和风险,通过供应商获得更多的市场机会。

1）主制造商和供应商责任界面

主制造商负责飞机级系统综合,协调各系统之间的接口关系和各个供应商的工作,负责定义飞机级需求,并与供应商共同完成系统设计和系统技术规范;自行采购货架产品进行系统配套;控制研制周期。

供应商负责系统综合并保证满足飞机设计要求;在预发展阶段参与联合工作,共同进行方案设计、制定技术规范;子系统的选型由飞机制造商和供应商共同商定;按成本设计,系统优化,有利于项目成本和进度控制;负责系统内各子系统之间的接口关系;子系统分包。

系统供应商必须接受以下原则:

（1）系统供应商必须自行承担系统研制和综合的研发费用（NRC）,同时向中航商飞免费提供试飞和取证飞机上所需装机的完整系统。

（2）系统供应商向中航商飞提供的成套系统必须是低成本的产品。

（3）系统供应商必须在中国和全球范围拥有良好的产品支援和客户服务体系，并愿意跟我们一起建立起一整套完整的产品支援和客户服务体系。

2）供应商应具备的基本条件

为了使研制出的 ARJ21 新支线飞机具有专业化程度更高、与世界主流民机共通性更好、客户喜欢的机载系统，ARJ21 新支线飞机项目确定了发动机和机载系统供应商自身必须具备的条件，即技术领先，经验丰富，对我友好并愿意分享其经验或转让技术；合作伙伴所在国政府对我所需产品的出口和技术转让没有限制；具备充分的适航取证能力，以使新支线飞机能较顺利地获取国际认证，进入世界民机市场；在客户中有相当好的信誉，被客户广泛接受，以利于新支线飞机的销售。

在选择供应商时，注重其能力和信誉：技术水准与全球竞争力，成本信息和生产过程透明，良好的经营业绩和商业信誉，有经济实力能够并愿意承担风险，享有广泛的客户基础并有良好的产品支援体系，被中国客户认可并被广泛接受。

技术方面：满足技术规范（功能要求、重量目标、可靠性、可维护性等要求），具有发展潜力，有成熟技术和产品，在一个或多个技术领域（或系统）拥有先进技术并处于领先地位。

商务条款方面：满足目标成本（按成本设计）、价格与价格条款，优惠的产品担保、付款条件，良好的资金风险的承担能力和意愿。

项目管理方面：项目管理透明反应快速，有合作精神，对项目的长期承诺与支持，灵活应变的产品交付能力。

产品支援方面：具有市场竞争力的备件价格，全球维修点的快速反应能力，中国、东南亚地区网点覆盖率，良好的培训手段/设施/条件，资料健全、更新及时。

质量管理方面：完善的质量管理体系，并获得第三方认证，先进的质量标准。

市场方面：在中国享有一定的市场份额，被中国客户广泛接受，带来更多的市场机会。

工业合作：鼓励外国供应商与国内供应商进行工业合作，工业合作不应以项目成本、产品价格的提高、交付进度的拖延、技术要求的降低为代价。

3）操作要点

按系统选择供应商：尽可能采用系统总承包的方式，压缩供应商数量，减少接口与协调关系，以便节约费用、节省时间，减少层次和失误，简化协调关系，提高效率，降低风险。

系统高度集成化：尽可能合理地按照功能将相关各子系统、组部件打包成一个系统，使一个系统包含尽可能多的子系统，减少直接采购项目，按打包后的系统进行招标和采购。

转移部分责任与风险：要求供应商承担该系统的研制费用，分担项目的风险；有目的地选择部分供应商在项目早期参与研制工作，共同进行方案设计、技术规范的编制等工作,系统本身的研制责任由供应商承担。

产品选择优先次序:首先选择满足技术和性能等要求,具有一定的先进性和发展潜力,技术成熟、可靠性高、成本低的货架产品;其次选择技术成熟、可靠性较高、成本较低的改进型、衍生型产品,用最少的费用获得最适合的产品;最后才是新研制的产品,这样的产品成本高、风险高、周期长。

ARJ21新支线飞机项目的发动机和机载系统风险合作伙伴的选择,经过了信息征询和招投标两个阶段。通过信息征询书(request for information,RFI)告诉供应商合作项目的基本需求,寻找可与项目匹配的供应商;通过招标书(request for proposal,RFP)告诉基本与项目匹配的供应商,项目的详细需求以及合作的要求和条件等,请合适的供应商来投标。发放招标书后,供应商依据对招标书的理解,会对合作项目的详细需求以及合作的要求和条件等提出问题,我们做进一步澄清,以便供应商拿出其最佳的投标方案。经过对供应商投标书的评审,最终选择ARJ21项目最合适的合作伙伴。

4)做好联合定义,完成合同签署

顶层的技术集成是关键,它涉及通用技术规范、适航标准、新技术的应用、根据市场需求确定的系统需求基线、系统与其他系统的交联、系统与整机的集成等。经过充分论证、反复协调,才能从顶层开始完整地、系统地、规范地、准确地提出合作项目的需求,这是合作的技术基础,这项工作做扎实了,合作才会顺利,少走弯路。注重顶层技术集成,准确和完整地提出合作项目的需求,重要的一步是做好设计联合定义阶段(JDP)的工作。

联合定义是要规定供应商合同的工作内容,也就是确定工作包的工作说明(SOW),以及系统与系统、系统与飞机之间的接口及其要求,据此签订合同。

联合定义阶段工作的关键是协同和综合集成,这是一项十分复杂的工作。由于飞机机载系统多,联合定义的规模大、参与人数多,ARJ21飞机项目光是参与联合定义的外方技术和管理人员就有一百多,涉及面广,接口关系复杂,管理协调繁杂,要做好此项工作,必须要有好的规划,预先把可能涉及的因素、相互间的关系梳理清楚,确定协调的先后逻辑关系,确保在联合定义中各系统有序地开展协调。根据联合定义阶段的规划,在实施联合定义时反复进行技术、经济、质量、进度之间的权衡和迭代,形成工作说明、系统设计要求、功能界面文件(FICD)、机械界面文件(MICD)等文件,通过评审,进入最终合同谈判,完成合同签署。

2.4.3.2 国外系统供应商管理

在主制造商-供应商模式中面对客户、面对适航当局的是主制造商。发动机和机载系统由专业化的供应商研制,并进行系统级的集成,这并不意味着可以减轻飞机主制造商的责任,也并不意味着由世界著名供应商参与飞机研制就一定会成功。相反,风险合作要成功,项目要成功,飞机主制造商就需要有极强的资源整合能力、高水平的顶层技术集成和有效的供应商管理能力。ARJ21新支线飞机项目风险合作的实践充分证实了加强顶层技术集成,周密组织联合定义工作,严格供应商管理是风险合作成功的保证。

1) 供应商管理指导原则

中国商飞(中航商飞)作为项目的责任主体、经营者和 ARJ21 - 700 飞机的 TC 和 PC 证持有者,拥有对供应商管理的主导权和控制权,是供应商管理工作的方针、政策、计划和规则的制定者和具体的组织实施者。供应商管理要促成中航商用飞机有限公司与供应商、供应商与供应商之间良好的互动关系,形成团队工作精神,建立起有效的工作队伍,确保项目的成功。

2) 供应商管理的工作思路

充分利用国内航空工业已有的实践经验,汲取国际上项目管理的理论和实践经验,建立管理和控制的体系框架;以原 MD90 干线项目生产制造中已经形成的供应商管理体系为基础,国内机体制造单位采用波音公司对转包生产的管理方式,同时组建对国外系统供应商的管理体系;供应商管理和控制必须满足适航的要求;管理和控制既要完整和严密,又要使工作运转简洁和高效;供应商管理和控制体系在工作实践中建立,在实践中完善,分阶段逐步建立,但在每一阶段工作开展前必须建立相应的程序,规范各项工作。

3) 供应商管理团队

ARJ21项目机载系统供应商项目管理团队是在公司的管理框架内,按系统建立的,以组织供应商按计划完成研制任务并及时提交项目交付物为目的,开展日常工作协调和监督而成立的跨职能项目管理团队。团队在行政指挥系统和总设计师系统的指挥和领导下工作,接收质量、适航、客服、制造、采购等专业部门对供应商的要求,作为供应商管理工作的输入,并向各专业、部门汇报供应商管理工作进展及存在的问题,请求各专业、部门解决有关问题。

4) 沟通和交流是合作的基础

建立良好的沟通机制能够有效地执行合同,快速地解决问题。进行有效的交流,能够使主制造商和供应商之间的关系更加密切。虽然双方在语言、文化和经验上的差异导致与国外供应商的沟通和交流存在一些阻碍和困难,但是供应商管理团队还是在实践中积极探索,建立了有效的沟通渠道:通过项目协调备忘录(PCM)、工程协调备忘录(ECM)、月报、季报、合同执行情况通报、系统供应商计划控制报、高层信函等形式进行书面沟通,建立会议制度,通过工作会议、电话会议、项目回顾、项目经理会、年会等,通报项目进展(这很重要),检查项目进展,布置行动项目,推进型号研发工作。

5) 实时供应商管理平台(SMART)

SMART 系统的核心功能是管理供应商工作包。涉及项目的所有供应商统一在平台上进行计划编辑,在计划之间建立起逻辑关系,找出决定项目工期的关键路径,解决供应商计划之间的冲突,然后重点关注关键路径任务的进展情况,处理好这些任务以确保项目按期完成。通过 SMART 平台,在计划执行过程中可加强对供应商工作包完成情况的定期评估,通过绩效跟踪和平衡积分卡(C-scorecard)的综合分析,及时发现每个供应商在当前阶段出现的问题,评估风险,并辅助项目管理者尽早沟通和采取有效措施,使产品研制计划沿着预期的正常轨道继续行进。

6) 供应商计划与成本管理

通过订单和产品交付管理加强对国外供应商系统研制的进度控制,确保 ARJ21 飞机按网络图计划节点研制,供应商管理团队成员对各系统的研发计划采取实时监控,发现进度落后及时发出警告,促使国外供应商赶工,力争按时交付。成本是供应商管理的重要因素,在项目研制过程中,对各系统研发工作中出现的新增研制费更改进行统计管理,定期了解分析项目研制费变化趋势及主要原因。

7) 加强对供应商合同执行中的技术管理

联合定义阶段结束后,供应商根据签订的合同各自开展设计和研制。在这阶段,加强对供应商的技术管理是关键,必须明确工作程序,认真抓好供应商的初步设计评审(PDR)和关键设计评审(CDR),以确保供应商设计的产品符合合同规定的设计要求;建立构型管理程序;认真抓好供应商制造符合性,以确保供应商制造的产品符合设计;认真抓好供应商产品的交付,以确保交付产品的完整性和准时性;认真抓好飞机试验试飞中涉及供应商产品问题的技术协调,及时解决问题,以确保飞机的试验试飞和适航取证。

8) 供应商质量管理

供应商质量管理包括质量管理体系评审、技术评审、过程控制、派驻质量代表与不合格品进行控制等工作。在供应商投产之前必须完成体系评审,而其交付的产品必须接受严格的质量控制:供应商交付不满足合同、订单和相关技术要求的产品时,需要向中航商飞提交让步申请。在得到中航商飞批准后,方可交付。产品交付后,在现场发现不合格的,要按照程序要求处理,对影响性能、装配和安全的重大不符合项需要得到中航商飞工程的批准后方能接受并装机,它们也是作为以后对供应商交付产品索赔、现场审核等的重要依据。

这里有两点教训可以吸取:一是检验环节薄弱,这是造成成品质量故障频繁的一个原因。上飞目前对成品没有建立除外观检验外的接收检验的能力,另外也没有驻供应商的货源检验环节。造成供应商发运的产品只有在铁鸟/航电试验台、飞机地面测试、试飞后才能发现问题,这可能已经是发运后的三个月或者半年甚至数年,造成问题暴露慢于供应商研发生产的节奏,这也是问题处置缓慢导致研制进度拖后的原因之一。二是如果当初 ARJ21 项目主合同内增加对供应商产品质量缺陷的惩罚约束,比如规定供应商原因的 FRR、让步接收、质量逃逸等各种质量不合格情况应如何罚款,有可能使成品质量会进一步提高。现在,随着退返责任确认流程的建立、退返费用的谈判、质量纠正措施等的实施,成品质量逐渐得到改善。

9) 供应商适航管理

中航商飞成立了专门的供应商适航管理机构,包括负责制定供应商适航管理政策、程序和规定的 ARJ21 适航办公室、负责日常国外供应商适航管理协调工作的各单位适航处(室)、负责日常适航问题协调的供应商适航联络人。为更好地将适航要求及时地贯彻到国外供应商系统或设备的设计、生产、试验全过程,ARJ21-700 飞机项目建立了包括工程资料适航审批、成品件或试验件制造符合性检查、符合性验证试验适航管理、适航委任代表管理四个模块的供应商适航管理体系,并制订了相应适航管理程序。

中航商飞编制了工程资料审批适航管理文件《ARJ21-700 飞机供应商设计资料批准要求》,所有供应商所承担的 ARJ21-700 飞机项目型号设计均受到申请人的过程控制,并满足经适航部门批准/认可审定基础的适用要求;同时文件要求工程部门必须对供应商的有关型号设计资料完成最低限度的工程审批。

对国外供应商机载设备/成品件进行制造符合性检查的主要目的是保证其生产、制造出来的产品符合经适航当局批准的设计资料(包括设计图纸、工艺规范等),并处于安全可用状态。根据适航规章和程序的要求,航空器进口设备、成品件均应100%进行制造符合性检查。然而 ARJ21-700 飞机项目进口设备、成品件数量多,所有国外制造符合性检查均由中国民航局直接实施将受到人力资源、周期、费用等多方面因素的制约和限制。为此,审查方明确了需进行制造符合性检查的 ARJ21-700 飞机国外设备/成品件项目,包括审查方与申请方通过供应商关键设计评审(CDR)、现场办公等审查活动共同确定的 100 项需 CAAC 进行制造符合性检查的国外设备/成品件项目、所有技术标准规范项目(TSO)设备/成品件、所有局方目击或监控的国外符合性验证试验用试验件。

10) 供应商试验管理

为确保国外供应商负责和承担的 ARJ21-700 飞机验证试验能够按照中国民用航空局颁发的适航规章和适航管理程序完成验证试验工作,中航商飞编制了《ARJ21-700 飞机供应商验证试验管理规定》。文件对 ARJ21-700 飞机国外供应商符合性验证试验的各阶段工作进行了明确的规定和要求。审查方经与申请人讨论后确定了 54 项国外供应商试验作为适航符合性验证试验,25 项为审查方确定现场目击的试验项目,29 项为审查方进行监控的试验项目。现场目击的试验项目,审查方安排相关工程审查代表或制造检查代表赴供应商试验实施现场对试验前各项准备工作(包括试验件适航标签、试验件安装、试验设施制造符合性检查、参试设备计量和校准、人员资质等)进行适航检查和目击试验。

对于审查方进行监控的试验项目,审查方不安排工程审查代表或制造检查代表赴供应商试验实施现场进行相关适航检查和试验目击,中航商飞派工程技术人员或委托供应商适航联络员(SAL)赴供应商试验实施现场对试验前各项准备工作(包括试验件适航标签、试验件安装、试验设施制造符合性检查、参试设备计量和校准、人员资质等)进行适航检查和目击试验。

11) 研制过程中的供应商技术支持

根据 ARJ21 飞机项目成品系统主合同,供应商在研制阶段应向中国商飞免费提供现场技术/工程支持和服务,在研制阶段免费派遣常驻技术代表到中国商飞与中国商飞的技术队伍一起工作。供应商在跟飞现场参与的主要工作是成品件的保障支持和技术支持,包括排故、软件加载、发动机工作、测试改装、试验试飞支持、技术协调会议等,供应商在研制阶段免费向中国商飞提供技术、工程支持和服务,包括现场和从其本国提供的支持和服务。由于 ARJ21 飞机 FADEC、BCU、APU 等十余个成品均是外场加载软件/数据,且在研制阶段软件不断进行更改、升级,新的软件版本发布后也需要加载进行试验,主要供应商都在现场派驻了支持人员,如 GE 公司在试飞现场主要有 FSE 和 ESDI 两个支持小组,其中 ESDI 支持中国商飞研发阶段的发动机试验,包括集成、试飞、排故、数据采集等,其中传感器的安装、调试、数据下载等由传感器人员完成;FSE 是对发动机状态实时监控的部门,包括构型控制、定检控制、质量检验等,其中发动机部件更换及定检这类操作工作由 OWS(on-wing support)人员来完成。

12) 试飞支持

根据主合同,供应商应免费提供并交付给中国商飞三套研发工具和测试设备,两套地面支持设备用于软件上载、下载和成品系统的排故、安装和校准。有很多试飞试验科目的执行需要供应商人员参与,包括试飞监控、数据传送甚至登机支持。ARJ21 试飞阶段有两个试飞科目有供应商试飞工程师参加,一个是航电系统自动飞行调参,一个是防火试飞。

ARJ21 飞机试飞阶段,供应商需要支持的地点包括工程中心、模拟机、铁鸟/航电试验台、总装、阎良试飞现场、外场试飞等,因此在供应商既定的支持资源下如何调度分配支持人员最优化支持成了对供应商现场管理的一个课题。

试验现场将供应商代表视同中国商飞外场试验队的成员,对于供应商支持中涌现的优秀事迹通过外场试验报等进行宣传报道,评选先进的供应商现场支持人员为外场"每周一星",并通过向供应商高层写表扬信的形式予以肯定,以此进行精神激励。

13) 供应商客户服务管理

供应商客户服务意识、能力和要求一直是中国商飞供应商管理工作所高度关注的重点之一。中国商飞客户服务部门在前期主要是参与供应商选择以及负责完成合同客服附件谈判工作,合同签署后,根据合同组织供应商完成有关执行工作。中国商飞进行了相关程序、体系及团队建设,按照 EIS 计划,在航材、出版物、培训、工程技术等方面与供应商完成正式运营前的最后对接。

14）次级供应商管理

ARJ21飞机项目次级供应商共有34家,其中机体结构次级供应商共5家,系统次级供应商共29家,主要来自美国、德国、日本、英国、法国和中国。次级供应商的管理对供应商管理体系至关重要,ARJ21飞机供应商管理对次级供应商也加强了相应的管理。中国商飞对供应商的要求,通过供应商传递到次级供应商,由供应商保证次级供应商遵照执行。通过合同和现场检查的方式,对次级供应商进行定期检查。根据合同的要求以及与一级供应商协调情况,对存在重大问题和重大风险的次级供应商项目相关现场实施审查、审核或检查。例如,我方到ARJ21飞机航电SPC次级供应商Safe Flight公司进行现场检查,包括软件工程审核和相关技术问题的讨论。通过会议、邮件和信函等形式,督促一级供应商加强对其次级供应商的控制,并将采取措施、情况告知我方。在需要的时候,通过合同谈判和相关协调,与一级供应商协调且次级供应商同意的情况下,将次级供应商升级为一级供应商,方便我方进行直接管理和沟通协调。例如,在ARJ21项目上,将轮胎供应商米其林升级为一级供应商。

2.4.3.3 几点思考

ARJ21新支线飞机项目从发动机和机载系统入手,与国际知名机载系统供应商开展合作,共同研制ARJ21新支线飞机,这是顺应世界民机制造业的发展趋势切入世界民机制造业的有效策略。通过ARJ21新支线飞机项目的锻炼,中国的民机制造业具备了与供应商建立战略联盟和供应链管理的基本理念,初步建立了供应链管理的核心体系,形成了可以进一步提高和发展的空间。但是,对照国际一流民机制造企业,ARJ21新支线飞机项目的风险合作模式还处于初始阶段,只是迈向全球供应链管理模式的第一步,能与供应商真正建立战略联盟关系,还需要深入地探讨,准备付出艰苦的努力。

1）能力问题

作为民机产业的后来者,我国民机的经营和研发能力薄弱,飞机主制造商不但缺乏全机综合的经验和能力,而且对发包出去的部件和系统也不熟悉,因而对项目进程的掌控能力不足。主制造商不完全具备核心部件的制造能力,发动机和机载系统完全依赖国外。要从根本上改变这种状况,只有靠投入、靠实践、靠积累,提高我们的飞机制造、发动机和系统成品研发及市场经营能力,创造自己的品牌。这是一个长期的过程。

2）唯一供应商问题

由于种种原因,目前ARJ21新支线飞机项目的国内外供应商都是唯一供应商,这给项目的经营管理带来极大困难,并将给客户航空公司的备件采购带来困难。这种状况应设法改变,这其中不仅有合同问题,而且需要在管理理念上有所突破,不能用不准重复建设否定开辟国内第二供应商,事实上没有重复就没有竞争,要鼓励民营企业参与竞争。当然,前提是我们的飞机取得市场成功。

3)要考虑政治外交因素

发动机和全部机载系统完全依赖国外是有风险的。当然,在经济全球化的今天,相互制约也是一种保护,对方的"制裁"不敢轻易出手,例如,这次美、欧就乌克兰问题对俄罗斯的制裁就基本没有影响 SSJ100 的经营,只是对融资产生影响。但是第一,这些设备不许用于军用;第二,在价格上没有回旋的余地;第三,任何一个供应商自身经营状况都可能影响我们的项目。关键在自强,寄希望于我国发动机、机载系统的发展。

4)走出合资开发的一步

目前,我们和风险伙伴还是合作关系,虽然供应商自身承担系统开发费用,并提供研制样机,甚至提供部分流动资金,但在整个项目经营遇到挫折时供应商还是要追究主制造商的责任。我们要靠已有项目的成功,依靠我国民机市场优势,吸引合作伙伴,合资经营,共担风险,开发新的型号。这样做,不仅能够筹措资金,分担风险,而且有可能使我们的开发、经营水平提高一步,并且获得更大的市场。

2.5 确立适航理念、贯彻三尊(遵)原则

民用航空器的适航管理,是根据国家的有关规定,对民用航空器的设计、生产、使用和维修,实施以确保飞行安全为目的的技术鉴定和监督。

——《中华人民共和国民用航空器适航管理条例》第三条

与军机是保卫国家的利器,追求卓越性能以消灭敌人保存自己不同,民机是我们的父老乡亲、兄弟姐妹每日乘坐的交通工具,必须确保安全。对此不仅制造商飞机公司和承运人航空公司要负责,而且政府必须监管。适航审查就是政府对航空产品进入市场的市场监管职责的体现。适航条例是政府法规,适航条款是航空产品进入市场的门槛,是对产品安全性保障的最低要求,是产品研制、生产和交付不能回避的强制性规定。民机只有取得适航证才能进入市场。中国商飞提出的"遵循适航规律、遵守适航标准、尊重局方意见"的三遵(尊)原则是对生命的尊崇、是法制意识的体现。

我国对民机适航标准的探索、研究和应用,始于 20 世纪 70 年代运-10 飞机研制时期,是从采用先进的技术标准开始的。没有先进的设计规范就不可能研制出先进的飞机。在运-10 飞机之前,我国没有自己的民机设计规范,强度设计依据的是苏联"47 年规范"或"53 年指南",据此设计飞机无法满足性能要求,后决定摒弃苏联规范,改用英美适航标准作为运-10 飞机的设计规范。1972 年 8 月,运-10 飞机总体方案评审会明确以 FAR-Part25 作为运-10 飞机适航标准,但是限于当时的历史

环境,没有法制建设,不是市场经济,尚未对外开放,没有适航当局,这种研究和应用还只能局限于技术规范的领域。

1979—1980 年间,在总结运-10 飞机设计中应用 FAR-Part25 经验的基础上,上飞所完成了《中国民航适航性要求》的编写工作。

在 20 个世纪 80—90 年代 MD82/MD90 合作生产中,上飞厂作为麦道(波音)公司生产许可证(PC)的延伸,FAA 通过对工厂的十多次 QASAR(质量保证系统分析评审)和 ACSEP(航空器审定系统评审大纲)检查,对上飞厂的生产线进行严格监控,上飞人了解到 FAA 是法定的政府部门,实行 TC、PC、AC 三证管理,既不依附于航空制造业,也不依附于航空营运业,它的规章、条例、标准、程序具有法律效力,违反这些规定,便成为违法事件,建立了适航的法制观念,对生产过程的适航管理有了亲身体验,但是没有经历过研发过程的适航验证。

1985 年,受中国民航总局委托,上飞所完成了我国第一部适航规章——《中国民用航空规章第 25 部:运输类飞机适航标准》(CCAR-25 部)编制工作,10 月 10—15 日中国民航总局召开"民航适航规章审议会"审查通过。同年 12 月 31 日,中国民航总局正式将其颁布实施,中国第一部适航规章 CCAR-25 部诞生。

1989 年 11 月 30 日,中国民航总局适航司(CAAC-AAD)正式成立,加强航空立法和适航审查工作,中国民机适航工作从此进入一个新的发展阶段,经过多年努力,适航管理法规和文件体系已基本建立,适航管理工作已有法可依。ARJ21-700飞机的研制与生产交付是在中国适航当局的全过程严格监管之下。

2.5.1　ARJ21-700 飞机的适航申请与审定

这是一个学习、实践、探索的过程,一个局方和申请人共同成长的过程,我们按时间顺序做一个简单的回顾,只描述以下标志性关键节点:

2001 年 8 月 20 日中航一集团上报的"关于新型涡扇支线飞机项目立项的请示"提出新支线飞机适航审定标准按照 CAAC/FAA/JAA 适航标准,首先取得 CAAC适航证,争取同时取得国际适航证。

2002 年 6 月国家计委关于新支线飞机项目立项的批复中明确,新型涡扇支线飞机要按照中国民用航空总局(CAAC)、美国联邦航空局(FAA)和欧洲联合航空局(JAA)的适航条例研制。

据此,ARJ21 新支线飞机项目之初就启动适航工作了,2001 年 2 月 14 日中国航空工业第一集团公司和新支线飞机项目公司筹备组同中国民航空总局适航司就新支线飞机适航问题进行了首次会晤,讨论了项目公司的适航申请资格、适航审查经费、适航审查工作方法和要求、联络协调的组织形式,以及 FAA 适航证的申请等。

2.5.1.1　申请与受理

2001 年 4 月 26 日新支线飞机项目公司筹备组召开适航专题会议,向中国民用

航空总局适航司,民航适航审定中心、华东、华北、西北、西南管理局的代表汇报新支
线飞机方案及适航设想,听取适航部门的意见。

2001年11月27日,中航一集团与中国民航适航部门召开新支线飞机适航工作
会议,对新支线飞机项目组织管理方案、双方工作联系渠道及新支线飞机型号合格
证申请前的工作进行了讨论。

根据国家工商行政管理总局关于民用航空制造单位设立注册登记的规定和《关
于印发〈设立民用航空器设计、生产企业的评审程序〉的通知》(民航适发[1996]49
号),2002年5月29日新支线飞机项目公司筹备组向中国民用航空总局发文《关于
设立中航商用飞机有限公司的请示》。8月20日,中国民用航空总局发函《关于设立
中航商用飞机有限公司的意见》告知:经审查,中航商用飞机有限公司的设立符合成
立民用航空器设计、生产企业的条件,同意设立中航商用飞机有限公司。

2002年12月2日新支线飞机适航申请前工作汇报会议在北京举行。会议对新
支线飞机研制的设计和生产组织、适航申请和管理以及质量保证等事宜进行了交流
和磋商。

2003年1月3日中航一集团总经理刘高倬向中国民用航空总局领导汇报新支
线飞机项目进展情况和有关适航取证问题,中国民用航空总局杨元元局长、适航司
王中司长等民航总局领导听取了汇报,表示全力支持新支线飞机项目适航取证工
作,杨元元局长对民航部门提出了与航空工业部门搞好合作的要求。

2003年1月20日中航商飞向中国民用航空总局适航司递交了申请书《ARJ21
飞机型号合格审定申请》。随申请书提交的除中航商飞营业执照等证件外,还提交
了《飞机设计说明》《合格审定基础(建议稿)》《研制和验证计划(草案)》《设计组织手
册(草案)》等文件。

2003年3月27日,中国民用航空总局向中航商飞发出《受理申请通知书》
(NATC00017A),同意受理ARJ21新支线飞机的适航审查申请。

2.5.1.2　召开TCB会议　建立审查队伍　决策重大事项

2003年9月25—26日,中国民用航空总局适航审定司副司长、ARJ21飞机适
航审定委员会(TCB)主任周凯旋在上海主持召开ARJ-700型飞机首次TCB会议,
宣布了ARJ21飞机适航审定委员会成员,确定了吴坚担任组长的ARJ21-700型飞
机型号合格审定审查组专业小组设置和名单,确定了适航审定基础,同意申请人提
出的审定计划。会议期间双方签署了安全保障合作计划(PSP)。应中国民用航空
总局的邀请,美国FAA的代表作为观察员参加了会议,为今后ARJ飞机申请FAA
适航证的工作做了铺垫。

2003年10月6日,中国民用航空总局适航司发出总局适发[2003]03号文
《ARJ21新型涡扇支线飞机研制适航审定管理工作的框架》,规定了ARJ21项目型
号合格审查的组织形式和工作流程。文件指出:ARJ新型涡扇支线飞机研制的型号

合格审定工作,对中国民用航空总局适航审定部门来说是一次难得的机遇,也是一次严峻的挑战,ARJ21 新型涡扇支线飞机的研制不仅是我国民用航空工业战线的历史责任,也是我们中国民用航空总局适航审定部门义不容辞的重要任务,面对这一光荣而艰巨的任务,我们将按照中国民用航空规章(CCAR)的要求,以科学的态度和严谨的工作作风,一丝不苟,严格把关,团结协作,扎扎实实地做好 ARJ21 新型涡扇支线飞机的型号合格审定过程中的每一项工作,为高质量地研制出我国具有自主知识产权的支线飞机而共同努力。

2004 年 2 月 24—25 日新支线飞机适航委任代表使用和管理协调工作会议在上海召开,审查方与申请方就 ARJ21-700 飞机委任代表(预备委任工程代表和预备制造检验委任代表)使用的原则和授权等问题进行了沟通,初步确认了委任代表的使用原则、管理方式和培训计划等。

2004 年 8 月 23—27 日新支线飞机预备委任代表培训在上海举行。根据中国民用航空总局适航审定司的授权,中国民航管理干部学院负责组织对于来自新支线飞机项目参研单位的 113 名预备委任代表和质量代表进行适航专业知识培训和考核。随后明确了大专业联络员。

2005 年 12 月 28 日中国民用航空总局航空器适航审定司司长张红鹰主持召开新支线飞机型号合格审定委员会(TCB)中间会议(第一次)。

中国民用航空总局宣布,为了进一步加强对 ARJ21-700 型飞机型号合格审定工作的领导,更好地管理和协调中国民用航空总局有关部门、地区管理局和安技中心的审定力量,中国民用航空总局决定成立 ARJ21-700 飞机型号合格审定领导小组,局长杨元元担任领导小组组长,副局长王昌顺任副组长,全权负责 ARJ21 飞机的适航审查工作。会议期间,中国民用航空总局召集各地区管理局主管局长落实责任,充实和加强 ARJ21-700 飞机型号合格审定审查组力量。适航审定司副司长赵越让担任 TCB 主任,并成立审定技术协调小组。

在会上,中国民用航空总局适航审定司与中航商飞签署了修改后的航空安全保障合作计划(PSP)。

王昌顺副局长强调,ARJ21 飞机是全社会关注的项目,是历史赋予我们的光荣使命,大家都有义不容辞的责任。中国民用航空总局将整合和加强适航审定力量,通过 ARJ21 飞机的研制,提高我们的设计标准和适航管理水平,带动中国民用飞机产业的发展和创新,形成具有自主知识产权的民机产业。同时,中国民用航空总局加强与美国联邦航空局等适航当局的国际合作,促进我国民用航空产品走向国际市场,实现从民航大国到民航强国的目标。

2006 年 7 月 25 日中国民用航空总局宣布新支线飞机型号合格审定审查组现场办公室正式成立。审查组上海现场办公室,承担新支线飞机型号合格审定审查的具体工作。办公室由来自中国民航华东、华北、东北、西北、中南和西南 6 个管理局的适航审定专家组成,专家们根据项目进展的情况,每月在上海集中工作1～2周时间,现场与申请人工程设计和制造专家配合,进行审查工作。

2007年4月29日中国民用航空总局适航司在上海主持召开新支线飞机型号合格审定委员会(TCB)第二次中间会议。会议由 TCB 主任赵越让主持,会议决定增补 TCB 委员;调整 ARJ21 - 700 飞机型号合格审定审查组,增补上海航空器适航审定中心人员进入审查组工作;阶段性冻结审定基础,要求申请人和审查组就符合性验证思路、过程和符合性报告编制进行充分的和及时的沟通和交流;统一合格审定计划的名称:飞机级合格审定计划称为 ARJ21 - 700 飞机专项合格审定计划 PSCP,系统级合格审定计划称为系统合格审定计划 CP,并在《ARJ21 - 700 飞机合格审定计划政策指南》AC - ARJ21 - 02 中明确;要求高度重视供应商管理和控制工作,特别是国外供应商的管理和控制工作,修订完善《ARJ21 飞机国外供应商管理政策指南》AC - ARJ21 - 01;要特别关注对国外工业界和国外供应商的材料标准、试验标准、工艺规范的审查、认可和接受的政策;高度重视构型管理和控制工作;高度重视系统安全分析工作,TCB 决定成立系统安全分析专题工作组;高度重视证后管理和持续适航工作;提请申请人关注预期的运行类型和相关的运行规章要求及其符合性考虑(如 RNP、RVSM 的要求)。

2008年1月21日中国民用航空总局发文《关于调整 ARJ21 - 700 型飞机型号合格审定领导小组成员的通知》,对 ARJ21 - 700 型飞机型号合格审定领导小组组成人员进行相应调整。调整后的领导小组成员为:组长李家祥(中国民用航空总局局长),副组长李健(中国民用航空总局副局长),成员蒋怀宇(飞行标准司司长)、张红鹰(适航审定司司长)、徐超群(飞行标准司副司长)、赵越让(适航审定司副司长)、夏兴华(华东管理局局长)、施鼎豪(中国民用航空总局安技中心主任)。

2008年5月6日 ARJ21 - 700 飞机型号合格审定委员会(TCB)第三次中间会议在成都召开,ARJ - 700 飞机 TCB 主任赵越让主持了会议。会议讨论了试飞工作的适航监管,明确了颁发 ARJ21 - 700 飞机型号核准书(TIA)前申请人和审查组应完成的工作和要求;讨论 FAA 可能开展对 ARJ21 - 700 飞机影子审查的准备方案和工作计划;讨论在型号合格审定阶段开展交付飞机的零部件生产活动的管理原则。

2009年4月15日中国民用航空局(中国民用航空总局于2008年3月改制为中国民用航空局)调整 ARJ21 - 700 飞机型号合格审定委员会(TCB)主任,中国民用航空局适航审定司副司长殷时军任 TCB 主任。4月27日在北京召开了 ARJ21 - 700 飞机型号合格审定委员会(TCB)第四次中间会议,对 ARJ21 - 700 飞机型号合格审定工作做了阶段性总结,对迎接 FAA 影子审查提出了要求,会议调整了 ARJ21 - 700 飞机型号合格审定委员会,讨论并确定了型号合格审定审查组人员调整方案。

2009年4月27日按照《ARJ21 飞机预投产管理程序》(AP - 21 - AA—2009 - 17)规定,中国民用航空局适航审定司与中航商飞在北京签署了《ARJ21 - 700 飞机预投产适航管理框架协议》，ARJ21－700 预投产批飞机适航审查可以正式启动。

2010 年 3 月 17 日下午中国民用航空局局长李家祥一行到中国商飞考察调研，中国商飞董事长张庆伟介绍了 C919 大型客机、ARJ21 新支线飞机项目以及公司建设方面的情况，对中国民用航空局的支持和帮助表示感谢，希望双方继续加强沟通，密切协作，共同促进适航审定工作，推动中国航空工业向前发展。李家祥局长充分肯定了公司在项目研制和发展建设方面取得的成绩；对飞机研发制造和适航取证工作提出了具有方向性、针对性的要求；并表示中国民用航空局将加快建设高水平的适航审定队伍，提升能力，促进发展，不拖后腿，全力以赴做好适航审定工作。

2010 年 8 月 19 日 ARJ21－700 飞机型号合格审定委员会（TCB）第五次中间会议召开。申请人汇报了项目审定基础、组织机构、大专业联络员调整情况，总结了 2010 年 2 月美国联邦航空局（FAA）开始影子审查以来的适航工作，讨论了影响 ARJ21－700 飞机项目进展和适航取证的问题，明确了解决措施。

2010 年 12 月 1—2 日 ARJ21－700 飞机型号合格审定审查组全体会议在西安阎良召开。会议对 ARJ21－700 飞机美国联邦航空局（FAA）影子审查工作进展进行了系统总结，并对各专业形成的问题纪要的关闭状态、行动项目的完成情况、FAA 影子审查组提出的不符合项目的答复以及影子审查后续工作安排等进行了详细梳理和讨论。殷时军副司长出席会议，要求全体审查代表将 ARJ21－700 飞机型号合格审定工作作为全民航系统审定工作的重中之重，同时要求申请人进一步加强计划管理和构型管理，加强沟通，共同推动型号合格审定工作。

2011 年 3 月 2 日中国民用航空局（CAAC）试飞员/试飞工程师 ARJ21－700 飞机机型培训班开班仪式在上海举行，参加本次培训班的 3 名试飞员和 7 名试飞工程师分别从美国、法国完成了完整的型号合格审定试飞理论及实践培训，是 CAAC 组建的首批专职的型号合格审定试飞团队。为了进一步加快 ARJ21－700 飞机型号合格审定试飞步伐，中国民用航空局适航审定司明确这 10 名专职的 CAAC 试飞员/试飞工程师将参加 ARJ21－700 飞机型号合格审定试飞阶段工作。为了使 CAAC 试飞员/试飞工程师能加快熟悉 ARJ21－700 飞机设计性能及特点，迅速融入 ARJ21－700 飞机型号合格审定试飞活动，中航商飞组织上飞院、客服公司与中航工业试飞院共同举办了 CAAC 试飞员/试飞工程师 ARJ21－700 飞机机型培训班。从 3 月 2 日开始，持续 20 余天，课程分成理论培训、模拟操作、座舱实习和试飞机飞行四个阶段。完成了在上海进行的 ARJ21－700 飞机理论及飞行模拟器培训后，ARJ21－700 飞机局方试飞员张放、陈志远、赵志强及张惠中，试飞工程师揭裕文等一行 10 人赴阎良试飞现场接受了飞机改装培训工作。3 月 24 日完成了 ARJ21－700 飞机的熟悉飞行，标志着局方试飞员和试飞工程师正式投入 ARJ21－700 飞机适航取证试飞团队，迈出了局方验证试飞工作的重要一步。

2011 年 7 月 15—19 日中国商飞邀请具有美国联邦航空局（FAA）多年工作经

验和丰富实践管理经验的外籍专家 Kim Wolfley 先生在上海开展了为期 5 天的 ARJ21-700 飞机项目管理现场咨询与交流活动。

FAA 专家 Kim Wolfley 先生对适航取证的标准、TC 与 PC 之间的关系、飞机取证、交付、运营之间的关系，研制/预投产/批生产阶段成品件接收检验标准和注意事项，如何对机体/成品供应商及其次级供应商进行管理，成品件偏离的审核和管控批准，TSO 件管理要求，FOD 检查等问题进行了讲解和介绍。

2012 年 2 月 13—14 日 ARJ21-700 飞机验证试飞前型号合格审定委员会（TCB）会议在上海召开，中国民用航空局 ARJ21-700 飞机型号合格审查组签发了型号检查核准书（TIA），标志着 ARJ21-700 飞机型号合格适航审定工作进入局方审定试飞阶段。

2013 年 8 月 30 日 ARJ21-700 飞机型号合格证申请人变更申请获中国民用航空局批复。批复同意 ARJ21-700 飞机型号合格证申请人由中航商用飞机有限公司变更为中国商用飞机有限责任公司。

2013 年 12 月 5 日 ARJ21-700 飞机型号合格审定委员会（TCB）第六次中间会议在西安召开，会议对审定工作中的重大事项进行讨论和决策，对 2014 年审定工作进行部署。会议决定沈小明担任审查组长，邱癹（常务副组长）、钱惠德、成伟担任副组长。

2013 年 12 月 28 日中国商飞向中国民航华东管理局发文《关于提交 ARJ21-700 飞机生产许可证申请书的函》（中飞适〔2013〕482 号），依据《民用航空产品和零部件合格审定规定》（CCAR-21 部）和《生产批准和监督程序》（AP-21-AA—2010-04R4）的要求，申请 ARJ21-700 飞机生产许可证。

2014 年 6 月 20 日中国商飞与中国民用航空局在上海召开专题会议，研讨推进 ARJ21-700 飞机手册改进、运行支持体系及验证计划、航空器评审等相关工作。中国民用航空局总工程师张红鹰、飞标司司长万向东、华东地区管理局局长蒋怀宇，中国商飞副总经理罗荣怀出席会议。

2014 年 9 月 4 日中国商飞副总经理罗荣怀带队赴中国民航上海审定中心协调工作并召开专题会议。中国民航华东管理局局长蒋怀宇、ARJ21-700 飞机型号合格审定审查组组长沈小明、审查组副组长钱惠德以及相关审查代表出席会议。蒋怀宇回顾 ARJ21 项目的审定历程，指出 ARJ21 新支线飞机要挤进世界民机平台，必须趟出一条路，飞机交付之日就是我们的转型之时，从飞机研制向客户服务转型，从技术向管理转型。中国民用航空局已明确要求 ARJ21 飞机审查组人员要以 ARJ21 项目取证为重，横下一条心，发扬钉钉子的精神，全力以赴支持 ARJ21 项目取证工作。

2014 年 11 月，ARJ21-700 飞机全部验证试飞科目完成。

2014 年 12 月按照 CCAR-21 部的要求完成全部适航验证工作，中国民用航空局（CAAC）召开型号合格审定委员会（TCB）最终委员会会议，做出型号合格审定结论,向适航司提出颁发型号合格证的建议。适航司审核批准委员会的建议报告,中国民用航空局批准向申请人颁发型号合格证及型号合格证数据单。

2014 年 12 月 30 日,中国民用航空局中国商飞公司颁发 ARJ21-700 飞机型号合格证。

2.5.1.3　型号合格审定的审查过程

在项目研制初期,由于新支线项目许多技术人员没有民机研制的经历,缺乏适航概念。对于设计需要满足哪些适航要求没有清晰的认识,对于如何将适航要求转化为设计要求没有明确的思路,对于设计是否满足适航要求缺乏经验。中航商飞在提出申请之前即开始组织对适航规章和适航管理程序的学习和培训,重点是让工程技术人员了解适航审查的程序,如何按照适航管理程序开展设计和验证工作。在此基础上组织各专业从 CCAR-25 部入手,逐条分析哪些条款需要作为本专业的适航审定基础及适航技术要求,并组织研究分析相关机种的审定基础和各条款的咨询通告(AC),初步确定了 ARJ21-700 飞机的各专业、各 ATA 章节的适用条款和适航技术要求。在型号合格证申请提出之后,邀请局方人员就 CCAR-21 部《民航航空产品和零部件型号合格审定规定》及 AP21-03《型号合格审定程序》举办讲座,普及适航管理的要求和程序。

2003 年 11 月 6 日,首次 ARJ21-700 型飞机型号合格审查组组长会议在上海召开,此次会议标志着适航审查进入了现场检查阶段。12 月 9—10 日首次新支线飞机型号合格审查组全体会议在沪召开,宣布各专业评审组的分工、工作手册和程序等,各专业评审组与申请方讨论了各专业的适用条款、符合性方法、随机审定项目和近期专题计划等,并建立了审查代表与申请方各专业人员对口协调机制。

ARJ21-700 飞机的研制和适航工作基本按照《航空器型号合格审定程序》中提到的 5 个审定阶段进行:概念设计阶段、要求确定阶段、符合性计划确定阶段、计划实施阶段、证后阶段。

在概念设计阶段,初步提出了 ARJ21-700 飞机型号取证的审定基础。

在要求确定阶段,申请人按照型号合格审定程序要求及局方要求,进行型号合格证申请的有关文件的准备,如飞机的总体布局定义、飞机的总体技术说明书、飞机三面图及飞机有关参数数据。

在符合性计划确定阶段,申请人按照型号合格审定程序的要求,进一步与局方协调确定所适用的适航规章条款,协调确定针对每一适用的适航规章条款所适合采用的符合性验证方法。选择符合性验证方法的原则是:采用成熟的验证技术和手段,保证安全、保证进度,控制成本。在此基础上,进一步明确具体验证工作的内容,及具体要编制什么样的符合性报告、完成哪种试验、完成哪种科目的试飞,同时明确完成每一项工作的责任单位、部门,完成试验及完成形式,形成各专业的型号合格审定大纲。经过对全机的适用条款、符合性方法、专业型号合格审定大纲进行汇总统计,形成全机的型号合格审定基础、全机的符合性方法、全机的型号合格审定大纲(PSCP)。2006 年,根据型号合格审定审查组的专项合格审定计划编制要求,各专业编制了专项合格审定计划(CP)。

在符合性计划实施阶段,严格按照与局方协调确定的符合性验证计划要求组织开展符合性验证工作。为保证各项符合性验证工作的实施,申请人编制了符合性验证试验管理程序、符合性报告编制管理规定、适航审查资料提交管理规定、设计更改的适航管理规定、FRR 处理的适航管理规定、代料处理的适航管理规定等。以及供应商的适航管理(供应商验证试验的管理)、制造符合性检查、符合性验证计划管理相关的管理规定。

2004 年 7 月新支线飞机项目型号合格审查组在上海召开 ARJ21 - 700 飞机风洞试验适航审查会议,开始了对试验工作的审查和监控。2004 年 8 月各系统专业审查组全面开展工作。从 2005 年起,审查组对全部工程图样和相关技术文件进行了适航审查和认可。

制造符合性检查时审查组在完成对申请人质量体系评审的基础上,对申请人的生产制造检查采取 10% 选项抽查的方式进行,对于关重件,审查组进行了 100% 检查,ARJ21 - 700 飞机在零部件生产阶段,审查组共选择了 639 项制造符合性检查项目。

试飞过程的适航监管主要集中于安全审查和验证试飞的有效性两个方面。安全审查工作集中于特许飞行管理,实行特许飞行证制度,局方颁发了咨询通报 AC - 21 - AA—2008 - 213《研发试飞和验证试飞特许飞行证颁发程序》和《飞机型号合格审定试飞安全计划》(AP - ARJ21 - 07),规定了对飞机型号合格审定验证试飞参与者的要求、责任、安全方面的要求和程序,以保证飞机型号合格审定试飞委任工程代表安全执行飞行试验,使局方人员保持较高的安全水平。

为了规范验证试飞,保证验证试飞的有效性,CCAR - 21.35 条"飞行试验",规定了型号合格审定阶段进行的验证试飞前申请人应向局方表明的相应工作。CCAR - 21.37 条"试飞驾驶员",对验证试飞的试飞驾驶员作了具体要求。CCAR - 21.39 条"试飞仪器校准和修正报告",规定了对试飞仪器校准和修正的要求。AP - 21 - 03R3 第 4.2.6 条规定了验证试飞前的审查工作。《中国民航试飞员和试飞工程师的职责、程序和培训要求》(AP - ARJ21 - 04),规定了验证试飞试验人员职责、程序和培训要求。中国商飞编发了《ARJ21 - 700 飞机适航验证试飞管理规定》规定了 ARJ21 - 700 飞机型号合格审定阶段验证试飞适航管理工作内容及程序。

申请人按照型号审定基础、符合性验证方法和型号合格审定大纲确定验证试飞任务、提交试飞大纲和试飞计划并经局方批准;申请人完成试飞测试改装,组织表明符合性试飞(公司试飞)和局方审定试飞,经申请人和审查代表共同评估表明符合性试飞结果,确认有效并满足要求后可组织局方审定试飞。

局方审定试飞由局方试飞员承担,申请人试飞员担任安全机长,在局方试飞员、试飞工程师和审查代表完成确认试飞任务单、风险评估单,完成制造符合性检查并会签相关表格后组织局方试验飞行,局方试飞员签署局方试飞报告。

首飞在适航程序中没有特别的要求,但是需要完成特许飞行证的申请,确认飞机达到了飞行的最低安全性,包括飞机构型控制、偏离的工程处理、工艺规范的审批、首飞前试验的完成,以及飞机喷涂方案、国籍登机证和无线电电台执照等报批工作,提交审查组对飞机进行特许飞行证检查和颁发。2008 年 11 月 28 日 ARJ21－700 飞机实现首飞。

在 ARJ21－700 飞机首飞后很长一段时间,中航商飞与审查组就 ARJ21－700 飞机型号检查核准书(TIA)取证相关的项目及技术管理问题进行了深入讨论,明确了 TIA 前需确认的项目(包括 TIA 前应完成的验证工作、试飞构型管理、研发试飞与验证试飞关系、试飞飞机重量和重心控制、验证试飞报告内容与形式、制造符合性检查等)。2012 年 2 月 13—14 日 ARJ21－700 飞机型号合格审定委员会(TCB)会议在上海召开,中国民用航空局 ARJ21－700 飞机型号合格审查组签发了型号检查核准书(TIA),标志着 ARJ21－700 飞机型号合格适航审定工作进入局方审定试飞阶段。

局方审定试飞的目的是审查组用于核查申请人所提交的飞行试验数据,而不是用于积累符合性数据,因此,局方审定试飞的科目和工作量就取决于申请人试飞的结果符合性,以及局方在审查过程中累积的对于申请人的信任程度。目前看来,在总共 287 个科目中,选择 245 个科目作为审定试飞,所占比例约为 85%,试飞状态点 1 611 个中选择了 1 272 个,所占比例为 79%。这个比例远远高于 FAA 对波音飞机进行局方试飞的比例(30%左右),对于我们这样新的申请人,新的飞机,同样没有经验的审查方,这样的安排是可以理解的。

ARJ21－700 飞机审定试飞的意义不仅是为了取得适航证,还肩负着培养中国民航适航审查队伍,特别是试飞员、试飞工程师的历史使命,同时还有提高申请人试飞员和试飞工程师的任务。通过 ARJ21－700 飞机曲折艰难的取证试飞历程,使得中国民机的两支试飞队伍(申请人试飞队伍、局方审定试飞队伍)得到了锻炼和成长。目前局方审定试飞已有 5 名试飞员和 11 名试飞工程师。并且编制了大量局方审定试飞相关适航管理程序及流程文件。

2014 年 12 月,ARJ21－700 飞机完成了最后一个验证试飞科目——功能与可靠性试飞。

2014 年 12 月,经审查组批准关闭了审定基础要求的 398 个条款,按 CCAR－21 部的要求完成了适航验证工作。局方召开最终 TCB 会议并颁发 ARJ21－700 飞机型号合格证。

2.5.1.4　航空器评审

与适航审定工作同时进行的还有中国民用航空局飞标司主持的 AEG 航空器评

审工作。航空器评审作为初始型号合格审定和运行合格审定的桥梁,它的意义在于推动和促进民机制造厂家将运行规章的要求贯彻到飞机型号设计中,管理当局结合型号合格审定过程对型号设计是否符合运行规章进行评审,确保飞机在取得型号合格证的同时满足预期运行条件对应的运行规章要求,保证飞机顺利交付客户和正式投入航线运行。AEG 评审由中国民用航空局飞标司航空器评审处负责审查,主要依据 CCAR-21 部《民用航空产品和零部件合格审定规定》以及 CCAR-91 部《一般运行和飞行规则》、CCAR-121 部《大型飞机公共航空运输承运人运行合格审定规则》等运行类规章,评审飞机对预期运行环境对应的运行规章的符合性。负责对应于运行规章要求的符合性,航空器驾驶员的型别等级和资格要求,在设备故障或者功能失效的情况下的放行要求(即主最低设备清单)、初始维修要求、持续适航文件等。

ARJ21-700 飞机 AEG 评审工作主要内容及要求包括以下内容:

确定型别等级,新型运输类民用飞机驾驶员的型别等级的确定及资格获取由 AEG 评审中飞行标准化委员会(FSB)进行评审和确定;确定主最低设备清单(MMEL),AEG 评审中飞行运行评审委员会(FOEB)将根据相应的程序和规定,结合型号设计,辅以必要的验证试验、试飞,最终确定飞机运行时允许失效仪表和设备的清单,即主最低设备清单(MMEL)。

确定初始维修要求,AEG 评审中的维修审查委员会(MRB)负责指导民机制造厂家,结合型号设计特点,开展全机 MSG-3 分析,确定维修任务和维修间隔,从而制定形成维修审查委员会报告(MRBR),为客户制定维修方案,申请运行合格审定等提供依据;运行和持续适航文件评审,其批准或认可结论将作为客户化手册制定、运行合格审定申请的必要依据。

运行符合性清单评审,为判断民用飞机型号设计对运行规章的符合性,AEG 评审将利用型号合格审定的结论,对运行规章中适用条款的符合性进行评审和确认。

除上述项目评审外,AEG 评审还包括驾驶舱观察员座椅、机组操作程序的评审,AEG 还将与型号合格审定方面协调进行最小飞行机组评估、参与飞机飞行手册(AFM)中正常、非正常及应急程序的评审。

从 2004 年中国民用航空总局成立 ARJ21 航空器评审组(AEG)的三个专业委员会(ARJ21 飞机飞行标准化委员会、飞行运行评审委员会、飞机维修审查委员会),AEG 进行了大量工作,2010 年 12 月 ARJ21-700 飞机运行和持续适航文件首次 AEG 评审会议召开。会议确定 ARJ21-700 飞机运行和持续适航文件的 AEG 评审要求、评审重点和评审流程,明确 CMM 手册的 AEG 评审范围。2013 年召开 ARJ21-700 飞机投入运行(EIS)前局方、制造商、运营商三方计划协调会议,全面梳理和安排运行支持有关工作,到 2014 年 12 月 AEG 评审工作完成,局方发布了飞行标准化委员会报告(FSBR)、主最低设备清单(MMEL)、维修审查委员会报告

(MRBR)、认可的运行支持和持续适航文件、运行符合性清单以及其他评审结论,表明 ARJ21-700 飞机型号设计对于运行规章的符合性。

我们的研制队伍缺乏运行知识,AEG 评审从飞机的机场适应性、通信导航要求、维修性设计、手册编制、飞行员培训、运行支持和持续适航体系的建立等各方面大大促进了 ARJ21-700 飞机设计和客户服务工作。

2.5.1.5　FAA 影子审查

如前所述,自 ARJ21 新支线飞机项目启动之初,FAA 就高度重视和关注项目的进展,并派代表参加了 2003 年 1 月在北京举行的 ARJ21 新支线型号合格证(TC)申请仪式。随后又派员参加了在同年 9 月在上海举行的首次型号合格审定委员会(TCB)会议。总体上 FAA 介入新支线飞机的适航审查可分为 4 个阶段:第一阶段(2003—2007 年)为评估观察阶段,第二阶段(2007—2009 年)为技术支持阶段,第三阶段(2009—2012 年)为影子审查阶段,第四阶段(2012—2014 年)为审定试飞阶段。2005 年 11 月 2 日,FAA 时任局长 Marion Blakey 访问中航商飞。2006 年 5 月,FAA 派出 10 多名审定专家在上海与 CAAC 共同讨论和确认 ARJ21-700 飞机的符合性方法(MOC);2006 年 10 月,FAA 与 CAAC 签署美国境内供应商制造符合性检查双边协议,同意代表 CAAC 进行研制批美国供应商产品的制造符合性检查工作。2007 年 10 月 23 日,FAA 派代表团到上海对 ARJ21-700 飞机项目及适航工作进展进行了评估,并评审了系统级合格审定计划(CP);2008 年 5 月 28 日 FAA 正式受理 ARJ21-700 飞机型号合格证(TC)申请;2010 年 2 月 1 日正式告知 CAAC 启动对 ARJ21-700 飞机的影子审查,并于 3 月 16—25 日在上海召开 ARJ21-700 飞机项目 FAA/CAAC/ACAC 三方 FAA 影子审查全面熟悉性会议,CAAC 与 FAA 签署了影子审查期间 CAAC 与 FAA 协调工作程序,影子审查正式全面启动。CAAC 审查组与 FAA 影子审查组共同讨论确定了 53 项影子审查技术评估项目(包括符合性文件评审、验证试验、验证试飞、机上检查、软件审核等)。2011 年 4 月 19—22 日,FAA 试飞专家团队在美国洛杉矶为中国民用航空局 ARJ21 审查组、中国商飞、中航工业试飞院等单位提供了大型运输类飞机型号检查核准书(TIA)及型号检查报告(TIR)专题培训。FAA 专家多次在阎良及外场目击 ARJ21-700 验证试飞,并于 2013 年 9 月 11 日上午赴蒲城机场现场目击了 ARJ21-700 飞机噪声试飞(FAR36 部《航空器型号适航合格审定噪声规定》为 FAA 直审项目)。

2014 年 12 月影子审查现场工作结束。

2.5.1.6　体系与队伍建设

依据适航规章程序建设适航体系是适航能力建设的必要和基础性的工作。在 ARJ21-700 飞机启动初期,就根据 CCAR-21 部及相关程序的要求,参考世界主要飞机制造商的经验开始了设计保证体系的建设工作,编制印发了《ARJ21 飞机设计保证手册(试行)》,向局方表明自己有设计保证能力,从组织机构、职责、程序和资源方面表明申请人已经落实了设计保证要求,能够按适用的适航要求设计产品;表明并证实对上述要求的符合性;向适航部门演示这种符合性,并建立了有效的质量体系。明确 ARJ21 飞机设计体系、项目适航管理体系,规定了体系内部工作界面、责任、权限和工作程序、流程,委任代表的管理。根据项目的组织模式特点,特别强调中航商飞具有最低限度的工程控制能力和资源,落实供应商的设计研制责任和控制,"所有供应商的关于 ARJ21 飞机项目的设计研制活动,将纳入 ARJ21 飞机项目的设计体系,接受 ARJ21 项目工程管理体系的、按统一的经批准/认可的适用标准要求、构型管理程序、质量控制程序和适航管理程序,对其相关的型号设计研制实施统一的全过程控制和管理。"所有供应商都被要求在其公司内部建立 ARJ21 飞机项目设计研制体系,指定其针对 ARJ21 - 700 飞机项目的有关管理机构和负责人,代表其公司作为项目工程管理体系的组成部分,参与相关的协调管理活动,接受中航商飞运行中心和采购与供应商管理部按经批准的公司适用程序所实施的协调监控。

中国商飞成立之后,高度重视适航工作,将适航取证能力建设作为公司六大能力建设之一,在公司发展战略里占有重要的地位。牢固树立适航意识,培育适航安全文化;构建了中国商飞的适航体系框架,建立了适航组织机构,配备了基本的适航职能人员,初步具备了符合性验证的能力,基本满足型号取证的实际工作需要。公司的适航组织机构转变为由总部适航管理部和二级单位的适航职能部门共计 94 人组成(见图 2 - 9)。同时,还在研发中心和制造中心培养了委任代表和适航工程师共约 120 人。

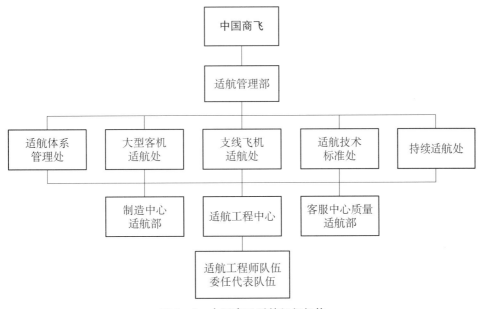

图 2 - 9　中国商飞适航组织机构

构建三种能力:按适航要求研制的能力,保证符合适航要求的能力,表明符合性的能力。建设七个体系:规章标准体系、设计保证体系、审核评审体系、验证试验资源管理体系、适航工程师体系、委任代表体系、持续适航体系。中国商飞为此进行了大量工作。

一是把适航要求纳入设计准则、设计手册和设计指南,保证按适航要求设计飞机,构建和完善适航技术标准体系;组织跟踪、收集、整理、研究国内外适航规章、程序、标准和技术,建立适航标准体系和适航技术研究机制;二是通过完善和持续改进设计保证体系,发挥设计保证体系的组织机构、职责、程序和资源的调配作用和不断地检查设计、适航和内部监控三大职能的运转情况,不断提高保证研制的飞机符合适航要求的能力;三是总结符合性验证活动过程的经验,边验证、边完善,达到持续改进符合性体系目的,确保其有效运转,不断提升向局方和公众表明研制的飞机的适航符合性的能力;四是通过持续适航体系的试运行,不断检查和完善持续适航体系运转,提升协助运营商持续保持运营中的飞机的适航性的能力。

存在问题是,适航技术人员和研制团队中理解适航要求的人员数量严重不足,适航技术专家型人才极其匮乏。与美国波音公司相比较,波音公司的 FAA 授权适航委任代表(具备代表 FAA 技术审查员行使权力的资格人员)约 1 000 名,还有近万名能够理解适航要求的工程设计和试验人员,而中国商飞的适航专业的人员包括适航工程师和委任代表在内也不到 200 名,具备局方授权的委任代表仅 40 名左右。除了适航管理和技术人员数量严重不足外,一个更为严重的制约因素是:现有适航管理和技术队伍中专业人才不齐备,缺乏有经验的适航工程技术人员,尤其缺少掌握现代民用航空设计理论与符合性验证技术,精通国际适航规章要求,熟悉国际适航领域发展动向,具有大中型项目管理能力和工程技术能力,掌握国内外民用航空新标准、新技术、新材料、新工艺及其对航空器安全影响的专家型适航管理和技术领军人才。

2.5.2 几点认识和体会

2.5.2.1 强化适航意识

适航或适航性是指民用航空器(包括其部件及子系统)整体性能和操纵特性在预期的运行环境和使用条件限制下的安全性和物理完整性的一种品质。这种品质要求航空器在全寿命阶段内应始终处于保持符合其型号设计和始终处于安全运行状态。民用航空器的适航管理,是根据国家的有关规定,对民用航空器的设计、生产、使用和维修,实施以确保飞行安全为目的的技术鉴定和监督。因此,我们所说的适航意识包括安全和法制两个方面,要满足最低安全标准,要遵守适航规章、积极配合和服从局方鉴定和监督。

适航标准是最低安全标准,是为了保证民用航空器适航性而制定的,是在适航审定中采用的一类特殊的技术标准,适航标准通过在民用航空器寿命周期中设计、制造、运营和维护等方面的经验和技术积累,吸取历次飞行事故的教训,经过必要的验证或论证,并在公开征求公众意见的基础上不断修订形成。最低安全标准的"最低"有两层含义:该标准是基本的、起码的;该标准是经济负担可接受的,体现经济与安全的平衡。制定标准的根本出发点是保证航行安全、维护公众利益、促进民用航空事业的发展。目前,适航标准安全水平是飞机严重事故概率不超过 10^{-7}/飞行小时(fh),假设 100 个系统,每个系统灾难性的失效状态概率目标为 10^{-9}/fh。

适航管理包括立法、制定安全标准,颁发适航证件,监督检查。民航局通过颁布适航标准和规定,代表国家行使政府职能,对民用航空器的设计、制造、使用和维修直至退役全过程进行鉴定、监督、检查和管理,确保飞行安全。适航管理可分为初始适航管理和持续适航管理:初始适航管理是指在飞机交付使用前,适航当局对飞机的设计和制造所进行的型号合格审定和生产许可审定,以确保飞机和零部件的设计制造符合适航规章的要求;持续适航管理的是在飞机获得单机适航证后,为保持它在设计制造时的基本安全水平,保证飞机能够始终处于安全运行状态而进行的监管。适航审定是初始适航管理的一部分,是指在飞机交付使用前,局方依据适航规章、程序和标准,对飞机及其部件、系统的设计和制造所进行的审查、鉴定、监督和管理。只有通过适航审定,飞机才能获得市场准入。

民机是老百姓的日常交通工具,父老乡亲、兄弟姐妹的安全重于泰山,法制是市场经济的基本要求。要想发展民机,投入市场,为老百姓提供交通工具,适航意识和理念要深深扎根于设计、生产、使用、维护的每一个民用航空事业从业者的心中,落实在全部所有经营运作的行动上,形成理念和文化,这是航空人生命观的体现。

2.5.2.2　遵守适航标准,深入理解条款,有效进行适航验证

对适航规章的理解和贯彻,以及与此相应的顺利通过适航审查的能力,是民机企业的基本能力,也是民机产业化发展的基础之一。深入理解条款是做好适航工作的基础,只有充分地把握条款的安全性意图和关键点,才能采用正确的方法满足适航要求。

适航条例是百年来人类航空安全知识的总结,多数是由事故的教训甚至是血的代价换来的,是必须遵循的强制性条款,又是现代民航科技成就的体现,具有极强的技术性,同时民航事业的发展也会暴露出原有标准的缺陷,新技术的采用也会给安全防范提出新的问题,因此,适航标准也是动态的、发展的,条款也在不断地修订和完善。从业者必须不断地学习。

适航法规、条款是人类航空安全活动的共同财富,是不受知识产权限制的宝贵知识,是我们发展民机产业的重要知识源泉之一,我们必须下大气力学习、理解、吸收、掌握。要培养一批掌握现代民用航空设计理论与符合性验证技术、精通国际适航规章要求、熟悉国际适航领域发展动向,具有大中型项目管理能力和工程技术能

力,掌握国内外民用航空新标准、新技术、新材料、新工艺及其对航空器安全影响的专家型适航管理和技术领军人才。

首先要懂专业。这项工作技术性极强、专业性极强,不仅涉及规章(CCAR)、程序(AP)、咨询通告(AC)、技术标准规定(TSO),还要延伸到近千份工业标准,ARJ21新支线项目请各专业总师担任委任代表和大专业联络员是正确的。但同时也就要求我们的专业总师懂得安全管理,懂得适航,带领自己的团队把符合条款的意识落到实处,贯彻到设计过程的始终,从根本上保证飞机的安全品质。

适航条款是以实际运营的案例作为其渊源的,以民航的实践,尤其是事故调查为背景的。要读懂每一个条款都应该追溯到源头的触发事件,才能真正地理解和认同。

对条款的理解要一直落实到正确有效地验证。没有正确的判据和有效的验证就无法做到“按适用的适航要求设计产品;表明并证实对上述要求的符合性;向适航部门演示这种符合性”的基本要求,也就无法通过适航审查。美国和欧洲民机产业界通过大量的工程实践和基础性研发试验,总结出用于指导规章使用的解释性、程序性、指导性的文件、手册和工作程序,FAA 发布有近 800 份咨询通报(AC),对 FAR 相应条款给出进行符合性验证的可接受验证方法。必须学习它、掌握它。

作为后来者,由于缺少条款修订的提出、讨论和接受的中间过程,缺少对相应辅助材料的了解,不可避免地造成使用法规的相关设计人员在深刻理解条款要求的本质上缺少足够的积累,可能造成验证与审定工作不到位,给准确、高效地完成条款的符合性验证与审定工作带来风险,并影响进度。

国际交流可以帮助我们缩小这个差距。聘请具有适航工作经历的外国专家是解决这个问题的一个有效措施,由于适航标准的公开性,虽然具有强烈的技术性,但不受知识产权限制,也不受国别限制,专家一般都能敞开地讨论相关问题,很有帮助。举一个静力试验的例子。

以往,我们在全机静力试验中,更看重极限载荷试验而不是很重视限制载荷试验,一般把限制载荷试验看作是保证首飞安全的一个阶段性试验;在试验过程中注重结构承载能力的考核,对应力分析方法的可靠性验证重视不够,造成限制载荷试验考核不足,极限载荷考核工况过多,试验机不得不反复接受高载,组织试验非常困难。经过咨询国外专家了解到,目前国外在研制新型号飞机时,更注重分析与试验的对比,特别是限制载荷状态下分析和试验的对比。限制载荷试验考核充分,在考核机体承载能力的同时验证分析方法,除复合材料等新型材料结构外,主要通过经限制载荷试验验证过的分析方法考核其极限载荷承载能力,全机极限载荷试验不是适航验证试验而是公司研发试验,一般是组织复合工况对主要承力构件进行考核。例如波音和空客公司,在新研制型号静力试验时,一般都会安排 10 个以上的限制载荷情况试验,而对于极限载荷试验,一般都只安排 1 个。这些做法是国外公司经过几十年飞机研制过程中总结出来，也是目前得到 FAA、EASA 认可的。这样做可以大大降低一架试验机反复高载对试验带来的风险。由于 ARJ21 - 700 飞机静力试验方案早已确定，并已进行大半，这一方面的改进只能等到下一个型号静力试验时组织了。

满足适航与市场要求贯彻于过程的始终。要设计符合市场要求、适航要求、运行要求的飞机，重视持续适航、重视运行规章的符合性设计。要重视维修性设计，在设计阶段就为飞机使用中检查工作提供必要的可达性，保证为实施维修工作而制订的工艺和措施可用。我们缺乏民机型号从研制到生产、使用、维修，直至报废的全寿命的经营运作实践，这是我们的弱项，既缺乏相应的技术基础能力也缺乏相应的管理实践，需要重视、需要加强。要学习规章，完善体系，提高能力。

2.5.2.3 遵循适航规律，提高适航取证能力

经过 12 年的艰苦努力，我们走完了从适航申请到取得型号合格证的全过程，值得认真地回顾和思考。正如一个初学的游泳者第一次到达彼岸，必然要回味一下游得对不对、游得好不好、目标是否准确、能否有所改进。要学习、遵循、探索适航规律，思考一些问题，把适航工作做得更好，努力从必然王国走向自由王国。

例如探讨构型到位与验证有效问题。原则上构型不到位就不能进行有效的适航验证，但是飞机是一个复杂的系统，由几十个子系统构成，各子系统的数据互为输入，有些必须采用试验试飞数据，如果在全部系统都冻结之后再开始验证工作，周期势必拖得很长，制造商将会失去市场，因此，通常的做法是边试飞验证边冻结构型，边适航验证。但是验证过的部分不能再改，其他部分的更改也要评估对已完成试验的有效性的影响，这就不但要求设计成熟，而且要求组织者对各子系统内在关系非常清楚，找出逻辑关系，科学合理地安排项目计划，其中学问很大，我们还没有完全掌握。

再如审定基础和适用条款问题。这是一个安全水平的目标问题。适航标准是动态的，而每型飞机取得型号合格证时都是以当时的标准版本为基础确定审定基础的（除非后来发布的修正案有追溯性要求），因此现存的在役飞机实际上是处于不同的安全水平。波音 737NG 飞机是 20 世纪 90 年代取证的，它的审定基础包括 FAR25 部的 77 号修正案（还有很多例外如 25.130 9 条款、鸟撞的 25.631 第 15 条），而 ARJ21 是 2003 年申请型号合格证的，审定基础要到 100 号修正案，对比之下就有讨论的余地；按照规定 19 座以下的飞机适用 21 部，20 座以上的适用 25 部，但是现在 20 座以上的飞机已经到了 A380 的 840 座，20 座和 840 座采用相同的标准合适吗？像 ARJ21 这样的支线飞机为解决油箱防爆问题已经从三油箱改为两油箱，是否一定要安装惰化装置？条款制定时是要听工业方意见的，可是美国 FAA 只会听波音公司的意见，而波音公司是不造支线飞机的。另外，各国的环境和气候条件有很大不同，适航标准也应该有所差别，例如尾翼防鸟撞的标准欧洲是 4 磅，美国

是 8 磅；自然结冰的条款是按照北美五大湖区域制定的，我们在中国飞了 4 年都不能找到合适的气象条件，不得不去北美五大湖区域试飞，如此等等。一流企业出标准，标准也可以成为技术壁垒。作为一个初学者，我们还只能从表面现象提些问题，需要下功夫做深入研究，在我们的局方征求工业方的意见时，拿出自己的看法。

又如在适航监管和更改控制程序上如何在确保有记录、可追溯的前提下快速处理研制中的问题，也有许多可探讨之处，而这一点对研制周期影响很大。

从总体上看，我国尚未形成独立制定、修订条款的能力，直接引用国际标准虽然在短期内实现了法规上与国际接轨的任务，但是，对于由使用经验形成的案例法规，由于缺少条款修订的提出、讨论和接受的中间过程，缺少对相应的指导辅助材料的了解，不可避免地造成使用法规的相关设计人员和审定人员在理解条款要求的本质含义上缺少足够的积累，可能造成验证与审定工作不到位，给准确、高效地完成条款符合性验证与审定工作带来风险，并影响型号合格审定过程。

作为一个初学者，在学写字之初只能学正楷，老老实实照本去做，但是要思考，要求得真谛，形成规律性的认识，指导我们的工作，达到遵循适航规律、提高适航取证能力的目标。

2.5.2.4　尊重局方意见，与适航审定队伍共同成长

中国民用航空局是代表法律、维护公众利益的政府部门，通过颁布适航标准和规定，代表国家行使政府职能，对民用航空器的设计、制造、使用和维修直至退役全过程进行鉴定、监督、检查和管理，确保飞行安全，在国际竞争中它维护本国的利益，包括本国乘客和本国营运商、制造商的利益。民用航空的从业者必须维护民航局的权威，服从适航当局的监管，无条件地执行适航当局的决定，尊重审查代表的执法权。

另一方面，申请方和审查方，制造商、运营商和民航局的共同目标是发展民航运输业，为老百姓提供安全、快捷、舒适、经济的交通工具和服务，各自担当不同的角色，承担不同的任务。申请方和审查方都缺乏经验，要通过 ARJ21 飞机的研制共同成长，提高我们的设计水准和适航管理水平，带动中国民用飞机产业的发展和创新，形成具有自主知识产权的民机产业。同时，通过型号研制与审查，中国民用航空局加强与美国联邦航空局等适航当局的国际合作，促进我国民用航空产品走向国际市场，实现从民航大国到民航强国的目标。

民机制造产业的发展为适航审查监管能力的建立和成长提供必不可少的实践平台，只有自主研发民机项目，才能为审查队伍提供更多的实践机会。没有强大的民用飞机制造业，也就不会有强大的适航审查能力，在国际航空制造和运输的标准、法规、条例等文件的起草、修订和研讨等工作中就谈不上话语权。只有通过本国民机制造业的发展，自主研发民机项目，才能形成自己的知识产权，产生自己的专利，才能对世界民航的标准和规范建设做出贡献，从而不断提高在国际民航界的话语

权。ARJ21 新支线飞机项目为中国适航当局提供了一个这样的实践平台。

2003 年 10 月 6 日,中国民用航空总局适航司发出总局《ARJ21 新型涡扇支线飞机研制适航审定管理工作的框架》,规定了 ARJ21 项目型号合格审查的组织形式和工作流程。文件指出:"ARJ 新型涡扇支线飞机研制的型号合格审定工作,对中国民用航空总局适航审定部门来说是一次难得的机遇,也是一次严峻的挑战,ARJ21 新型涡扇支线飞机的研制不仅是我国民用航空工业战线的历史责任,也是我们中国民用航空总局适航审定部门义不容辞的重要任务,面对这一光荣而艰巨的任务,我们将按照中国民用航空规章(CCAR)的要求,以科学的态度和严谨的工作作风,一丝不苟,严格把关,团结协作,扎扎实实地做好 ARJ21 新型涡扇支线飞机型号合格审定过程中的每一项工作,为高质量地研制出我国具有自主知识产权的支线飞机而共同努力。"

十多年来,局方和申请方均很好地执行了这一原则,为了发展中国的民机产业,忠于职守、相互支持、共同成长。在技术上充分沟通、交流、探讨,深刻理解条款的内容、背景、意图和判据,审查组严格掌握标准,设计师努力攻关达标,严肃而和谐。在局方的指导和监管下,申请方建立体系、建立程序、发出图纸、完成样机试制、完成试验试飞验证、关闭审定基础规定的 398 个条款、通过航空器评审,取得型号合格证、达到首架交付状态,适航审查队伍也得到极大的锻炼、取得长足的进步。申请方和局方共同打好了在市场经济机制下发展中国民机产业的第一仗。

2.6 探索民机试飞工作规律,加强试验试飞能力建设

一般所说的新机试验包括地面试验和飞行试验,地面试验分为试验室试验、机上地面试验和模拟器试验,这里所说的试验是指地面试验,飞行试验简称试飞。试验试飞是民机研制的重要环节,也是我们的一个薄弱环节。

ARJ21 新支线飞机项目自 2008 年 11 月 28 日首飞,12 月 18 日经工信部批准转入试飞取证阶段,要求 2010 年完成全部适航取证试飞工作,"完成飞机性能试飞、功能试飞和适航验证试飞,满足主要技术指标和适航要求,取得中国型号合格证"。实际情况是经过艰苦的努力,到 2014 年 11 月项目完成全部适航验证试飞,12 月取得型号合格证(TC),也就是说,从项目立项到首飞经过 6 年时间,首飞到飞机取证也是 6 年时间,这充分说明在飞机型号研制中试飞验证工作的重要与艰难,需要认真总结和分析。

2.6.1 新机试验试飞的任务和阶段划分

在经过预发展和详细设计,完成飞机定义,形成了一个纸面上的飞机(现在都是数字化定义的)之后,进入全面试制阶段。经过样机试制成为一个实体的飞机,检验

了飞机的可生产性。还要再经过试验试飞检验飞机的性能和功能,在达到适航要求后,通过适航认证,满足国家规定的最低安全标准,取得市场准入,才能交付客户投入航线。接受航线使用验证和持续改进,使之达到市场需要的经济、技术指标,能够达到乘客满意、客户赚钱、制造商自己也赚钱的目的,获得项目的成功。因此,试飞是产品研制工作的组成部分,试飞技术体系是产品技术体系的一部分。试验试飞工作的任务首先是验证设计和制造工艺,包括通过试飞取得数据,调整参数,升级软件,完善设计,改进工艺,使飞机达到设计要求的最终状态(构型),并且按照国家法律规定,完成适航验证,取得市场准入。为了使取得合格证的飞机能够尽快投入航线,现在各大飞机公司都把试飞当作自己的第一个客户,检验自己的客户服务体系的有效性。不能仅从字面上简单地理解试飞取证阶段的任务就是通过适航认证。

民机型号研制在首飞之后要进行研发试验试飞、验证试飞、功能和可靠性试飞,还要进行市场表演飞行、生产交付试飞和客户运营支持试飞。

研发试验试飞,要完成研制技术难点和飞机研制目标功能的验证,进行技术摸底、技术验证、参数选择与调整、完善构型等工作,目的是使飞机的设计达到成熟,逐步达到设计构型冻结,进入验证试飞。研发试验试飞的重点是飞行的安全性、系统性能和预期功能验证,机组界面、人为因素和操作评估,系统要求验证,以及系统限制的确定和验证。

验证试飞包括申请人表明符合性试飞(或称公司试飞)和局方审定试飞。表明符合性试飞就是申请人自己按照局方批准的试飞大纲全面地检查飞机,是否达到了市场需求、设计要求、适航要求,相当于工人按照图纸制造了一个零件,在送交检验之前自己要把所有的尺寸和技术要求都检查合格;而局方审定试飞是局方在对申请人的试飞(报告或结果)进行审查后进行复核性试飞,相当于检验员在收到工人提交的零件后进行抽检复验,是代表公众利益的局方检查代表、试飞员的检查验证。申请人表明符合性试飞(公司试飞)的重点集中在表明对法规的符合性,要使申请人自己和局方相信,飞机实质上已符合规定,并已准备好通过局方验证正式表明其符合性。

一个关键节点是获得由批准审查组长(TCB)签发的型号检查核准书(TIA)。作为民机研制过程中的一个重要节点,TIA的签发标志着飞机型号合格审定工作正式进入局方审定试飞阶段。至少要做到已经证明飞机是安全的(初步适航),设计是成熟的,能够保证所要开展的试飞科目构型到位,验证是有效的,为局方适航审定试飞的有效进行准备好必要条件。

功能与可靠性飞行试验是在飞机设计构型冻结之后,确认飞机及其零部件和设备是可靠的且功能是正常的,整个飞机运行是可靠的,飞机要在具有代表性的环境和状态下至少进行累计300小时的技术验证飞行。功能可靠性试飞也是验证试飞的一个科目,是依据CCAR-21部第21.35条(二)款(2)项和(六)款提出的,首先是

TC取证的要求,同时要满足航空器评审组AEG的要求。要在有代表性的环境和状态下进行飞机运营的适应性验证,检查飞机的硬件和操作运行的软件(保障文件、程序等)的运行可靠性,包括进行一系列客舱系统测试飞行以验证客舱的便捷性和舒适性。制造符合性检查代表要监控所有客舱安装的功能、维修性评估和每次过站时的加油。功能和可靠性试飞所需的累计小时数一般通过结合试飞和专项试飞两方面获得,结合试飞是指各系统的验证试飞阶段的小时数可以根据一定比例进行折算,专项试飞是指在完成所有其他科目的验证试飞后,组织专项的模拟航线飞行的功能和可靠性试飞(不能少于150小时)。专项功能和可靠性试飞的目的在于验证飞机在执飞不同航线商业航班时的成熟性,包括验证飞机在一些高海拔机场的性能,进行自动着落试验,以及检验飞机在各机场的过站与机场服务匹配能力等。

除了上述为获取型号合格证进行的试飞外,为了更好地将产品推向市场,还要组织市场表演飞行。市场表演飞行是民机经营的需要,作为一个推向市场的长研制周期的高科技产品,必须尽可能地让公众和航空公司了解项目的进展,宣传飞机的竞争优势,在潜在的客户和乘客中建立起信心和期望,表演飞行无疑是最好的形式。

通过AEG评审。试飞取证是一型民用飞机首架交付前的最后环节,首架交付的飞机不仅要通过适航审定,而且要通过AEG(航空器评审组)评审,内容包括以下各项。

FSB(飞行标准委员会):飞行训练。

FOEB(飞行运行评定委员会):MMEL(主最小设备清单)。

MRB(维修审查委员会):维修大纲。

运行符合性清单、驾驶舱观察员座椅、应急撤离演示、运行和持续适航文件等。通常国外飞机公司把试飞当作第一个客户,在试飞阶段按手册运行和维修飞机,考验GSE(地面支援设备),进行运行和持续适航文件验证。ARJ21-700飞机由于客服体系刚刚建立,手册编写没有经验,为保证试飞安全,在试飞现场执行了试飞院的机务保障程序和上飞公司制造程序,只是在功能和可靠性试飞阶段对运行支持体系进行了初步验证,在今后的试飞中应予以改进。

研制飞机的目的归根结底是为了投入航线之后能够有效地运行,因此在设计之初就要充分考虑运行条件和要求,在验证阶段也必须对此进行充分的验证,AEG评审和手册验证的工作绝不可以掉以轻心,否则会严重影响飞机交付之后的运营。

完成TC取证后,批产飞机完成总装交付客户前,需完成生产试飞,获取单机适航证(AC)。在飞机交付运营后还会不断有运行支持性试飞,包括应对复杂环境或设备升级带来的飞行操作程序的开发和验证等。

2.6.2　ARJ21-700飞机试飞组织与管理

中国飞机试飞的核心能力在中国飞行试验研究院即中航工业试飞中心,它是国家级的试飞鉴定中心,是当时组织 ARJ21－700 飞机试飞唯一可用的资源,但是试飞院此前没有严格按照适航要求组织过民机试飞,而且在民机试飞中担任的角色不同。

在 ARJ21－700 飞机试飞中试飞院以供应商的身份作为申请人的一部分执行试飞任务,接受审查组的适航检查,配合局方审定试飞,身份完全不同了,工作方式不同了,ARJ21－700 的试飞工作在摸索中前进。

1) 建立工作体系

中国商飞(原为中航商飞)作为项目责任法人,统管试飞取证阶段的工作,组织技术攻关和构型完善,组织开展试验、试飞验证,协调局方安排适航审定,关闭适航条款,获取型号合格证。ARJ21 飞机的试飞从实施的主体来说,分两个阶段:飞机在上海完成总装下线后,上飞公司组织完成 101～104 架机的首飞和第一阶段研发试飞,之后飞机转场阎良,由试飞院组织完成第二阶段研制试飞和验证试飞工作。转场阎良后,试飞院负责试飞实施、试飞技术和试飞安全,中国商飞组织跟飞队伍进行试飞现场支持保障。为了加强主制造商的试飞能力,2012 年 4 月,中国商飞整合内部试飞资源成立了民机试飞中心,承担了预投产的 105 架机的生产试飞和 RVSM 试飞。而后,105 架机转场阎良,由试飞院负责功能和可靠性试飞。

为了加强试飞现场的组织管理,中国商飞与中航工业成立了西安现场指挥部,统一组织管理试飞现场的试验试飞工作。中国商飞组建了西安外场试验队,作为中国商飞内部的试飞工作责任主体,成立试验队临时党委,任命了强有力的领导班子,下设项目管理中队、工程中队、保障中队、客服中队、试飞支持中队和综合办公室。努力建立一支稳定的核心队伍,关键岗位和关键工作由有能力的专人负责,制订工作流程,保证上飞院、上飞公司对试飞现场的有效支持,队伍自身也得到锻炼和提高。试飞院在 50 年试飞实践的基础上,组建专兼职结合的队伍,积极学习和探索民机试飞规律,保证了 ARJ21－700 飞机试飞任务的完成。

2) 分工原则

以验证试飞为例,上飞院负责提出试飞要求、提供相关的技术支持,试飞院编写试飞大纲经上飞院会签后提交适航批准,试飞院向审查组提交经上飞院会签的试飞任务单;上飞院负责试飞机的设计构型管理保证试飞科目的有效性,上飞公司负责飞机构型符合设计构型要求,如有偏离请求上飞院评估,经适航批准后提交符合性声明,请审查代表确认构型;试飞院根据试飞大纲提出测试改装方案和设计要求,上飞院负责架内改装设计、试飞院负责架外改装设计,试飞院在上飞公司的支持下完成测试改装并对国外系统供应商的测试改装进行技术归口管理,测试改装纳入飞机构型管理,试飞院负责提交测试改装部分的符合性声明给上飞公司报审查代表;试飞院组织飞行并保障试飞安全,负责飞行评估,试飞数据处理分析,编写申请人试飞报告,局方审定试飞报告由上飞院编制(起草);上飞院参与试飞数据处理分析,对试飞数据有效性进行确认,依据飞行试验报告编写飞行试验适航符合性验证报告。外场试验队工程中队、保障中队在技术责任和分工上是上飞院、上飞公司的延伸,项目管理中队主要由中国商飞总部支线项目部、适航管理部、科技质量部组成,负责试飞计划、适航联络和现场工作协调。

3) 组建试飞员队伍

2003 年 5 月中航商飞开始启动 ARJ21 - 700 飞机试飞员培训工作,试飞院的 10 名试飞员 2006 年 12 月完成了中型机资格及相关培训,并进行大型机的培训,2007 年 8 月中航商飞派出的试飞院 10 名试飞员和试飞工程师(另有 2 名局方试飞工程师)完成了国外试飞员学校的试飞理论和驾驶技术培训。至 2014 年底,试飞院已经有 26 名 ARJ21 - 700 试飞员,中国商飞民机试飞中心也有 4 名试飞员取得了 ARJ21 - 700 飞机正副驾驶的资格。经过 6 年来 2 800 多架次 5 000 多小时的试飞,初步掌握了民机试飞技术,完成了 ARJ21 - 700 飞机全部试飞任务,这支队伍已经成熟。

4) 试飞规划与计划

试飞规划要清晰明确,试飞计划要科学可行,是指导试飞组织工作的纲领。ARJ21 - 700 飞机试飞经过对试飞规划和试飞计划的多轮优化,才逐步达到提高试飞效率的目的。在项目之初,我们对民机试飞工作基本没有概念,初次规划总的试飞架次数为 1 232 架次 2 346 小时,后调整为 1 613 架次 3 108 小时,完全没有安排局方试飞,实际试飞 2 942 架次 5 257 小时 38 分钟,其中局方试飞(含并行)761 架次 1 141 小时。现在,经过一个型号试飞的全过程,我们不仅建立了项目试飞的组织体系和一套满足适航要求的试飞工作程序,而且对科学地进行试飞规划和计划有了初步的认识和体会:要明确构型冻结对于研发试飞科目的需求,了解试飞任务范围和工作量,理清试飞科目之间的逻辑关系和制约因素,合理进行试飞阶段划分和路线规划;要在吃透科目试飞目的、条款要求和试验判据的基础上,提出测试改装要求,在综合试飞科目间内在逻辑关系的基础上合理规划改装方案;包线的扩展、试飞科目的安排要充分考虑试飞安全的因素;要协调试验和试飞的进度,及时合理放开试飞限制,为试飞进展创造条件。要根据飞机的技术特点和各系统的技术成熟程度,精心安排研发试飞,及早暴露设计问题,尽快使飞机设计成熟、稳定,以便尽早进入TIA,与审查组共同确定 TIA 前需要完成的试验、试飞科目,共同安排局方审定试飞计划;要掌握科目构型要求和限制、特殊气象试飞窗口时间,同时针对不同的试飞阶段,合理预测能达到的飞行强度,制订合理可行的试飞计划;要"刚性"计划和"柔性"计划相结合,使得计划执行具有一定的弹性。

5) 试飞过程的适航监管

试飞过程的适航监管主要集中于安全审查和验证试飞的有效性两个方面。

安全审查工作集中于特许飞行管理,实行特许飞行证制度,局方颁发了咨询通报 AC - 21 - AA—2008 - 213《研发试飞和验证试飞特许飞行证颁发程序》和《飞机型号合格审定试飞安全计划》(AP - ARJ21 - 07),规定了对飞机型号合格审定验证试飞参与者的要求,责任、安全方面的要求和程序,以保证飞机型号合格审定试飞委任工程代表安全执行飞行试验,使局方人员保持较高的安全水平。

为了规范验证试飞,保证验证试飞的有效性,CCAR-21.35 条"飞行试验",规定了型号合格审定阶段进行的验证试飞前,申请人应向局方表明的相应工作。CCAR-21.37 条"试飞驾驶员",对验证试飞的试飞驾驶员提出了具体要求。CCAR-21.39 条"试飞仪器校准和修正报告",规定了对试飞仪器校准和修正的要求。AP-21-03R3 第 4.2.6 条规定了验证试飞前的审查工作。《中国民航试飞员和试飞工程师的职责、程序和培训要求》(AP-ARJ21-04),规定了验证试飞试验人员职责、程序和培训要求。中国商飞编写了《ARJ21-700 飞机适航验证试飞管理规定》规定了 ARJ21-700 飞机型号合格审定阶段验证试飞适航管理工作内容及程序。

申请人按照型号审定基础、符合性验证方法和型号合格审定大纲确定验证试飞任务、提交试飞大纲和试飞计划并经局方批准;申请人完成试飞测试改装,组织表明符合性试飞(公司试飞)和局方审定试飞,其流程如下:

确认飞机设计构型足以保证试飞有效(提交科目试飞构型评估报告并经局方批准)、试飞飞机构型到位(提交制造符合性声明,经局方检查确认)、提交试飞任务单后进行申请人表明符合性飞行试验。

经申请人和审查代表共同评估表明符合性试飞结果,确认有效并满足要求后可组织局方审定试飞。

局方审定试飞由局方试飞员承担,申请人试飞员担任安全机长,在局方试飞员、试飞工程师和审查代表完成确认试飞任务单、风险评估单,完成制造符合性检查并会签相关表格后组织局方试验飞行,局方试飞员签署局方试飞报告。

6) 局方审定试飞

局方审定试飞按不同的组织方式可分为重复试飞和并行试飞。重复试飞是审查组核查申请人所提交的试飞数据的行为。审查组通过对申请人试飞结果的审查,选择审定飞行试验重复进行申请人试飞内容,用以确认申请人整个飞行数据包的有效性。并行试飞是指在某些特定情况下,为了减轻申请人的负担,当审查组认为是适当的且可行时,同时作为申请人的飞行试验和审定飞行试验的那些飞行试验,在申请人表明符合性的同时审查组也对符合性进行确认。

局方审定试飞的目的是审查组用于核查申请人所提交的飞行试验数据,而不是用于积累符合性数据,因此,局方审定试飞的科目和工作量就取决于申请人试飞的结果符合性,以及局方在审查过程中累积的对于申请人的信任程度。目前看来,在总共 283 个科目中,选择 240 个科目作为审定试飞,所占比例约为 85%,试飞状态点1 611 个中选择了 1 272 个,所占比例为 79%。这个比例远远高于 FAA 对波音飞机进行局方试飞的比例(30%左右),对于我们这样新的申请人,新的飞机,同样没有经验的审查方,这样的安排是可以理解的。

ARJ21-700 飞机审定试飞的意义不仅仅为了取得适航证,还肩负着培养中国民航适航审查队伍,特别是试飞员、试飞工程师的历史使命,同时还有提高申请人试飞员和试飞工程师能力的任务。通过 ARJ21-700 飞机曲折艰难的取证试飞历程,使得中国民机的两支试飞队伍(申请人试飞队伍、局方审定试飞队伍)得到了锻炼和成长。目前局方审定试飞已有 5 名试飞员和 11 名试飞工程师。

7) 试飞改装和数据采集与分析、处理

试飞测试技术是飞行试验技术的重要组成部分。飞行试验的目的是获得相关信息以便确定飞机及其系统的性能,这些信息包括定性的和定量的数据和信息。要获得这些数据和信息必须依赖测试系统。同时,有了测试系统,飞机任何不正常现象可以通过实时或飞行后分析,查明原因,从而采取相应措施,或者改进系统设计,或者改进试飞操作。特别是机载遥测系统,通过地面进行实时数据处理和监控,及时了解飞机及其系统的状况,监督试飞员的操纵和操作,发现问题及时提醒试飞员,以一个技术团队的力量支持试飞员试飞,对于保证试飞安全具有重大意义。

现代民机新技术应用多,功能齐全,综合程度高,这就带来试飞内容多、风险大,要求测试的参数多,要求更高、更严,为此,需要在试飞机设计和制造时就缜密地规划和实施试飞改装,并伴随试飞进程改装到试飞结束,有些数据需要直接采自飞机总线,许多工作还需要系统供应商参加,这也是一个复杂的多专业协调的工作。

根据试飞要求确定试飞机分工,按照试飞大纲制订改装方案,发出改装图纸,纳入设计构型,接受适航监管。有些设备和线缆、传感器要在飞机部件封铆之前完成安装,称为架内改装,有些设备需要在科目试飞之前再安装就只能进行架外改装,所有的改装工作都要遵守质量程序,提交符合性声明,接受适航检查。

很多科目试飞需要研制专用的设备和仪器,如性能、操稳试飞要有多重心位置的试验点,试飞院专门研制了水调重心系统,为电源系统科目试飞研制了电负载系统,飞自然结冰科目配备了结冰气象探测仪器,飞发动机科目 GE 公司提供了大量专用的测压靶,按照适航要求,飞风险科目的飞机还专门进行了试飞人员空中应急撤离系统改装。

试飞改装工作量巨大,占用周期长,需要结合试飞机分工精心规划和组织,几架机之间应有备份;由于采集数据量大,数采资源需要共用,这也要作为科目计划的一个重要因素,还要考虑传感器的有效期,例如由于时间过长,ARJ21-700 飞机载荷试飞的传感器和应变片大批过期失效,不得不花费大量的时间重新安装标校,大纲的更改也往往要求增加或更改测试要求,增加测试改装工作。总之,测试改装工作量巨大,技术要求高、组织协调工作复杂,是现场试飞保障的重要内容,直接影响试飞工作的水平和进度,必须高度重视。

每个架次试飞结束后,需要抓紧进行试飞数据处理,分析试飞数据的有效性,对有效的架次试飞结果进一步分析处理,由各专业对飞机和系统的工作状况作出判断,决定下一步的工作。适航当局也要根据申请人表明符合性试飞的结果确定科目是否具备审定试飞的条件。试飞团队与设计团队及时有效地沟通,及时地分析、处理试飞数据,判断试飞的结果,掌握试飞工作的进展,对掌控试飞工作乃至研制工作的全局十分重要,必须大力协同、沟通共同做好。

ARJ21-700飞机共进行了研发试验158项,适航验证试验300项,适航验证试验中MOC4试验室试验148项,MOC5机上地面试验84项,MOC7航空器检查45项,MOC8模拟器试验5项,MOC9设备鉴定试验18项;累计试飞2942架次,5257小时38分钟,其中研发试飞1288架次,2745飞行小时;验证试飞1654架次,2512小时;申请人表明符合性试飞285科目,1235架次,1840飞行小时;局方试飞243个科目761架次,1141飞行小时(含与申请人并行试飞342架次,469飞行小时)。

2.6.3　关于试飞组织的体会与思考

ARJ21-700飞机2008年11月28日首飞,2014年11月完成验证试飞,整整用了6年的时间,远远超过了原定2年完成试飞取证的预期,超出了所有人的预料,但是一线工作紧张而艰苦,所有同志都感到收获巨大,试飞和适航认证能力大大提高。需要对6年的工作进行总结和思考,肯定成绩,找出不足,吸取教训,以利再战。外场试验队有专门总结,这里谈几点初步的认识。

1) 充分认识民机试飞的任务和特点,从实际出发编制试飞规划

在项目之初,我们对民机试飞工作基本没有概念,不知道如何验证飞机,也不知道如何通过局方认证,不会做试飞规划。6年的试飞取证实践锻炼了我们,暴露了不足,懂得了民机试飞的任务,提高了试飞规划水平。

试验试飞工作是设计验证和适航认证,其主要任务是:验证飞机设计和制造工艺,通过试飞取得数据,调整参数,软件升级,完善设计,改进工艺,使飞机达到设计目标,满足客户需求;完成适航验证,取得市场准入。

我们的弱点是:技术基础薄弱,缺乏经验,设计不成熟;民机试飞能力短缺,新建试飞队伍没有形成体系,没有民机试飞经验;适航认证能力不足,申请人没有向适航当局表明适航符合性的经验。

只有设计成熟的飞机才能进入适航认证,试飞规划要适应设计成熟的程度。作为一支初次进行民机研发的队伍,我们首飞飞机的设计不可能是成熟的,必须通过研发试飞暴露问题,经过设计改进使之成熟,冻结构型,进行适航认证,对此要有充分的认识,正确的应对。

让我们看一下A350/380、B787和C系列飞机的试飞:

A380飞机2005年4月27日首飞,安排了8个月研发试飞,第一步对飞机性能的初步评估2个月,第二步对飞机性能和系统的进一步评估6个月,在5架试飞原型机完成了2600小时的飞行试验后,于2006年12月12日获得了EASA与FAA

联合颁发的型号合格证。期间由于发现设计和制造缺陷几经延迟,前后共 19 个月。

B787 飞机,2009 年 12 月 15 日首飞。2010 年 2 月 11 日获得初始 TIA。共有 6 架试飞机积累了 4 645 飞行小时,试飞中发生过配电板起火、发动机喘振等事故,2011 年 8 月 26 日获得 FAA 和 EASA 型号合格证,前后共 20 个月。

庞巴迪公司多年未进行完整的新机研制,C 系列飞机 2013 年 9 月 16 日首飞后进展不顺,一年只飞了 330 小时,原计划 11 个月完成试飞,到 2015 年 12 月取证,前后共 27 个月。

而空客 A350XWB 飞机由于在 A380 飞机基础上研制,技术成熟,没有安排研发试飞,2013 年 6 月 14 日首飞,先飞直接模式,再飞正常模式,在回答顺利首飞有什么感受时,试飞员说"太过平静"和"没什么新奇"。由 5 架测试飞机组成的测试飞机机队准时、高效、高质地完成了 A350-900 的取证测试工作,累计进行了 2 600 多小时的飞行测试。2014 年 9 月 30 日获得了欧洲航空安全局(EASA)的型号合格证。空中客车公司总裁兼首席执行官法布里斯·布利叶说:"A350-900 的测试工作是航空史上最顺畅、最高效的测试过程之一。"

可见,飞机设计的成熟程度是决定试飞进程的前提。只有做到:已经证明飞机是安全的(初步适航),设计是成熟的,能够保证所要开展的试飞科目构型到位、验证是有效的,才能获得 TIA,正式进入局方审定试飞阶段。

设计不成熟就无法做到构型到位,即使到位了的构型也可能还要更改,造成试飞无效。ARJ21-700 飞机试飞初期,设计院和试飞院共同确定了研发试飞大纲,又经过申请方、局方(包括影子审查的 FAA)多次研究,确定了 TIA 前必须完成的报告、试验、试飞科目。在完成这些工作之后,2012 年 2 月 14 日 CAAC 审查组组长签发了 ARJ21-700 飞机型号检查核准书(TIA)。2 月 29 日开始局方审定试飞。但是由于设计不够成熟,直到 2012 年 12 月 27 日完成失速审定试飞之后,局方审定试飞才全面开展起来,在接下来的验证试飞中仍然是边完善设计边进行适航验证。一支没有经验的队伍设计的现代民机,达到设计成熟需要一个过程,对于第一次严格按照适航要求进行研制和验证的 ARJ21-700 飞机,这是可以理解的。必须面对现实,不可急于求成,否则就会欲速则不达。

对于刚刚起步的中国民机产业而言,对于别人来讲是成熟的技术对于我们来讲还是第一次,技术上、管理上难点很多。因此,我们必须充分认识新机研制在试验试飞阶段验证和完善设计的任务,做出充分的安排。由于飞机是一个复杂的高技术产品,各系统高度交联相互制约,构型是逐步冻结的,为缩短研制和验证周期,试飞的各阶段内容是交叉进行的,是一个边研发改进、边冻结构型、边进行验证的过程。这需要高度的组织技巧,需要局方和申请方认识的高度一致。

不仅如此,试验试飞的任务不仅是要取得型号合格证,这只是进入市场的最低安全标准,试验试飞还要验证设计的性能和功能是否达到了市场要求的水平,需要在试验试飞中及时分析数据,找出差距,予以改进,达到技术指标。由于取证进度的压力太大,ARJ21－700飞机试飞阶段对此有所忽略,需要在后续工作中弥补。

2）大纲与条款

验证试飞,包括申请人表明符合性试飞和局方审定试飞大纲必须经过局方批准,在ARJ21－700飞机试飞中经常出现在大纲执行过程中需要修改的情况,造成大量工作的反复,甚至补做测试改装。原因就是我们没有能够深入、准确地理解条款。适航条款是通过长期工作经验的积累,吸取了历次飞行事故的教训不断修订而成的。美国和欧洲通过大量的工程实践和基础性研发试验,总结出用于指导规章使用的解释性、程序性、指导性的文件、手册和工作程序,而我们的申请人和局方审查组都缺乏这一方面的经验,需要下大气力学习和消化这些文件,有时还必须通过研发试验才能体会其中的含义,才能确定正确的验证方法与试验判据,实施有效的验证。经过ARJ21－700飞机试飞取证,对所适用的398个条款我们和局方一起有了自己的理解,大大提高了我们向适航当局表明适航符合性的能力。

3）重视设计研发和试飞验证之间的沟通和融合

组织试飞员和试飞工程师参与新机研制的全过程,对于理解新机和试飞新机,保证新机试飞质量、安全和效率非常重要,同时对于改进设计也很有意义。由于试飞院地处阎良、任务繁重,在ARJ21飞机首飞之前基本没有介入设计工作,对飞机构型状态不是太清楚,而设计单位上飞院也不太了解飞行技术和飞行组织,这使得在试飞工作中经常存在设计和试飞单位之间的相互不理解和验证思路上的不统一。在后续的型号研制中,试飞工程师、试飞员应在设计阶段就介入项目研制工作,对飞机的原理、内在逻辑、需要验证的内容和方法等与设计人员进行尽可能多的沟通,了解试飞验证工作的重点和难点,共同规划试飞工作,并对飞机设计,特别是人机界面、驾驶舱设计提出自己的意见,尽快实现设计成熟、稳定,满足客户需求,顺利完成适航认证。

4）重视研发试验,掌握机理才能有效验证

我们第一次严格按照适航条例的要求研发和验证一型民机,进入许多我们尚不熟悉的领域,许多失效形式都是第一次遇到,在进行适航验证之前必须先经过试验和分析掌握机理,才有可能获得合理的设计,通过适航验证。例如鸟撞在验证试验之前进行了大量的研发试验和计算分析,不仅校验了试验设备,更重要的是了解了鸟撞破坏的机理,找到了防鸟撞设计的思路,为改进设计找到了途径;又如溅水试验,我们也是经过溅水试验之后才体会到溅水对机体结构的破坏和对发动机的影响,了解到轮胎、水深对水迹的作用。对于一些故障现象在没有弄清机理之前,仓促处理会浪费时间或留下隐患。

5）外场专项试飞组织

为验证飞机在各种自然环境条件下能安全可靠地运行,适航条款对民用飞机在特殊气象条件下应满足的特性提出了具体而明确的要求,民用飞机在适航取证过程中需按照相关条款要求进行逐项验证,以表明该型飞机在各种自然环境条件下飞机的飞行品质以及飞机各系统的工作特性。包括温度和湿度,为了保证飞机在热/冷气候条件下的正常、安全地运行,适航条款对飞机的动力系统、燃油系统、火警探测系统、液压系统、空调系统、气源系统等做出了相应的规定,对飞机试验温度、试验湿度、温度持续时间也有明确要求;自然结冰,飞机在运行过程中不可避免地会飞经结冰环境,在机体表面结冰条件下,飞机的气动性能和操纵性都将下降,发动机等系统表面结冰则有可能会影响到这些系统的功能,因此,应当在最严酷的结冰条件下验证飞机及系统的各方面的性能,包括最大连续结冰和间断最大结冰条件;风速、风向,对飞机性能和操纵特性,以及系统功能都有直接影响;气压,对于运行高度大于8 000 ft的飞机,需验证其在高原机场飞行时起飞性能和动力、燃油系统功能,试验时需选择低气压,即高海拔机场。此外,民用飞机的导航系统、通信系统等都需要经过验证,需要利用经校验过的机场导航和通信设备进行配试,包括机场的监视雷达、仪表着陆系统(ILS)和甚高频全向信标/测距器(VOR/DME)、指点信标(MB)等。由于 ARJ21 - 700 飞机试飞主基地阎良机场的导航设备未经过民航校验,为进行验证导航系统也需要组织专项外场试飞。ARJ21 - 700 飞机共执行了 23 次特殊气象和特殊条件下的专项试飞,包括 3 次高寒试飞、4 次大侧风试飞、3 次高温高湿试飞、1 次防雨除雾试飞、5 次自然结冰试飞、1 次高原试飞、6 次导航和自动飞行系统试飞,取得了外场专项试飞组织的经验,也基本摸清了国内极限气象和特殊条件试飞条件的底细。在实践中体会到民机特情外场试飞的组织由于涉及的因素和方面比较多,花费的时间和牵涉的精力也都比较大,为了缩短后续民机研制试飞的周期,外场试飞工作要抓住几个要点:

(1) 任务要明确。由于特殊气象试飞一般是多专业综合科目,其试飞内容分散在不同的大纲中,在准备阶段必须把同一气象条件下的试飞内容厘清,统筹安排,勿遗漏,必要时编写专项试飞大纲。

(2) 构型要到位。特别是验证试飞,如构型不到位则试飞无效,出发前必须对飞机构型状态进行认真评估,确保所要验证的内容已具备试验条件。

(3) 气象条件要具备。要选择合适的机场,研究当地历年气候变化规律和当年中长期气象预报,确定最佳出发时间,要取得中央气象局等专业部门的支持。根据国内民机的运行环境,建立运行环境数据库,摸索建立完善国内相关的环境要求标准,同时建立国家/地方气象部门对民机试飞的支持保障系统,为民机特情试飞提供气象预测、咨询和合作。

(4) 试验判据要清楚。由于气象条件的随机性,天气很可能不完全满足试验的最佳条件,事前要有预案,明确试验进行的最低气象要求,以便在气象条件不理想时做出决断。

（5）要了解场站条件与空域情况，保证试飞能够顺利进行。为此需要进行大量请示、协调工作，取得相关各方的支持。对于典型适合作为外场特殊情况试飞机场，在民机试飞期间应给与重点的保障，特别是在空域和航路上，要争取开放相对独立的民机试飞空域，在不影响军方和民航航班的正常运营下，最大限度地有效保障试飞活动。通过 ARJ21-700 飞机试飞，在民航局等各方支持下，中国商飞已在若干民航机场建立试飞基地。

（6）申报调机计划要提前。调机计划申报一般需提前三天至一周，调机计划保持三天，超过后需重新申报。由于某些气象（如大侧风、自然结冰等）尚未有准确的中长期气象预测，目前的调机计划申报模式使得我们只能提前到达试验基地，等待合适的气象，因此，在出发前要准备备份科目，以便在等候合适气象条件的时间飞机不至于闲置。对于民用飞机外场试飞来说，机场资源、气象资源以及航管资源都是至关重要的，也是提高试飞效率和成功率的必备条件。

（7）要组织精干的团队执行外场试飞任务，精心组织、紧密协作，才能用最短的时间完成任务。

2.6.4　加强民机试验试飞能力建设

通过 ARJ21-700 飞机试飞的实践，我们深切地感受到我国民机试验试飞能力的薄弱，必须抓紧建设，才能为民机的试验验证提供基本条件。基于民机试飞和军机试飞的不同特点，民机必须有专门的试飞机构、队伍和设施，规范有效的工作程序，形成完整的试飞工作体系。

1）试飞队伍

试飞队伍的组建、分工、管理和培训是至关重要的，在这一方面我们还差得远。试飞院没有专职的民机试飞队伍，ARJ21-700 飞机试飞队伍是由几个不同单位的人员组成的临时团队，虽然项目组成了若干 IPT 团队，效果并不理想，试飞工程师队伍的核心分散在试飞院各专业所的课题组，由于试飞院任务繁重，这些同志都承担着多型号的任务，难以集中精力于 ARJ21-700 飞机试飞，而后期成立的中国商飞民机试飞中心的试飞工程师仅做些辅助性工作。由于资源短缺，载荷试飞的测试改装和标定用了 8 个多月的时间，影响了试飞进度。民机试飞需要组建长期稳定的核心试飞队伍，包括试飞工程师、试飞员、设计师、机务保障人员和有经验的试飞管理工程师、领导者，并且建立有效的工作制度和规范的工作程序。要掌握飞机试飞的规律，还要有市场观念和适航理念，熟悉适航法规，要形成自己的文化。需要进一步整合中国的民机试飞资源，首先是建立稳定的核心队伍，没有稳定的核心队伍，不能做到专职、专业，经验无法积累，花费了巨大代价才得到的经验也会流失，对今后民机的发展很不利。

要下决心建设主制造商（中国商飞）的飞行专业队伍。项目的实践告诉我们，尽管部分试飞任务可以委托供应商(试飞院)完成,主制造商必须有自己的试飞能力,建设自己的飞行专业队伍,这是有效地提高自主研发能力的需要。

我们研制生产的飞机最终是要交给客户飞行的,因此"飞行"是贯穿于科研、生产、经营活动的全过程的课题,主制造商要对"飞行"有自己的见解和体会。懂得飞行、直接操纵飞机的飞行员(包括试飞员)的工作也贯穿于市场需求的确定、设计、研制、验证、生产、交付、客户服务的全过程,飞行员(试飞员)的缺位加上首发客户变更的影响是 ARJ21 - 700 飞机研制过程的弱点,也是后来发现飞机不能完全满足客户需求的重要原因。飞机公司的试飞不仅仅限于型号验证试飞,还需要进行大量的科研试飞,进行必要的技术探索和储备。主制造商必须有自己的、足够的、高水平的飞行员队伍和强有力的试飞基地。中国商飞已经于 2012 年成立了自己的民机试飞中心,这是非常必要的,要帮助他快速成长,尽早担负起自己的使命。

2) 加强对民机试飞基地的建设

首先是要加强主试飞基地建设,使之符合适航鉴定和运行要求,对于大型客机的试飞跑道通常要长于 4 000 m,要能够进行溅水试验(按照条款要求,试验区 90% 的水面应保持 12.7 mm(0.5 in)的水深,因此该项试验需要尽可能平的跑道,在溅水试验区内不能有坡度,局部偏差也要严格控制,否则由于跑道问题造成积水过深,不利于试验,但按照 MH5001 - 2013 的规定,民航机场跑道横向坡度应为 1% ~ 1.5%,以避免雨天跑道积水,所以,一般民航机场跑道无法满足溅水试验要求);要建立一套符合民航机场标准的、完备的通信导航设施,现在阎良机场许多导航和自动飞行科目不能飞,就是因为机场的导航能力不具备或不合格。其次是要建设一组极端气象条件试飞基地。目前我国的具有极端气象条件的机场,常常是各方面保障条件比较简易的支线机场,如对于高寒试飞来说,漠河机场更具优势,但其跑道条件和相关保障难以满足 ARJ21 - 700 飞机在此进行试验试飞的要求。需要对这些试飞基地进行相关的保障设施建设,跑道要满足要求,要有机库,为试飞飞机的地面工作提供场地条件,必要的导航设施,配备必要的地面保障车辆和充电、充氧、充氮设施,以及有一定储量的航油库。又如大侧风试飞,一般的民用机场的建设都是在研究当地风速风向的基础上,沿着当地顺风向进行建设跑道,难以遇到满足试飞要求的侧风的情况,目前国内只有鼎新机场能找到大侧风气象,国外大侧风试飞一般会飞到 28~30 kn 侧风,在鼎新机场如风速超过 24 kn 左右就有沙尘暴,不能试飞,而且鼎新机场没有民航的导航设备,侧风情况 CAT Ⅱ 类进近科目难以找到合适的机场实施。建议在沿海建立专门的大侧风试飞基地,需要修建能捕捉到侧风的专用跑道和相应的能够满足民机试飞要求的通信导航设施。

3) 要为民机试飞划定独立的空域,为极端气象条件试飞特批航路

现在的大场和浦东机场由于空域问题很难组织大批量的试飞活动,就是在阎良,上午也有空域冲突,经常不能飞行。自然结冰试飞需要追云,现在的情况是一旦

云团超出划定的空域就只能望云兴叹,而实际上航线上的正常飞行是要规避这种云团的。北美自然结冰的经历表明,在那里协调空域要比国内容易,请看报道:"刚进入云区后不久,飞行员就发现在风挡的未保护区迅速出现了冰点,……机组立即向空管申请在原地盘旋,并提前申请了 4 000～5 000 ft 高度的机动空间。一分钟后,加拿大空管就给予了肯定的回复。"这正是取得自然结冰试飞成功最关键的那次追云,如果没有空管部门的效率,是无法完成任务的。这个问题对极端气象条件试飞非常重要,需要主管部门的理解和支持。

4) 开展我国的气象监测、预报的研究

借助和吸收国外经验,在国内建立一套满足民机极端气象试飞要求的气象数据分析体系,并培训一批懂试飞的气象人员,建立自然结冰、侧风、高温高湿等气象预报能力,为民机试飞提供帮助和服务,弥补国内该领域的空白。在 ARJ21－700 飞机试飞前,我国没有进行过系统的民机型号试飞,没有提出也不知道民机试飞对气象、导航、空域等方方面面的支持需求,需要以 ARJ21－700 飞机试飞为起点,着手进行这些方面的技术、管理基础建设。

5) 开展国际合作利用全球资源

民机的特点是全球化,制造全球化、市场全球化、适航标准也全球化,我国适航标准的制定也借鉴了 FAA 的 FAR25 部。FAA 制定适航标准时,首先是基于美国国内的运营环境提出相关的适航要求,例如自然结冰。北美五大湖区域被誉为"自然结冰试飞的超市",各国都到那里组织自然结冰试飞,FAR25 部附录 C 的要求就是根据这一地区的气象数据制定的,ARJ21－700 飞机按照 CCAR－25 部附录 C(要求与 FAR25 附录 C 等同)的要求,在国内开展了为期 4 年的追云试飞,仅捕捉到一次满足要求的气象条件,美国的气象专家也曾经得出过结论,认为在中国境内寻找满足条款要求的自然结冰气象确实不太容易。2014 年 3 月转场北美五大湖区,在11 天(3 月 28 日至 4 月 8 日)的时间内便完成了全部自然结冰试飞任务。再以大侧风试飞为例,适航条款要求验证等效于正侧风 25 kn 时候的飞机性能和系统功能。经过前期的分析和研究,ARJ21－700 飞机选择了鼎新机场作为大侧风试验试飞的基地,鼎新机场地处西北,较大的风速通常都伴随着沙尘暴,给安全地实施飞行试验带来很大的困难。ARJ21－700 飞机先后 4 年 4 次前往鼎新才取得了一套 20 kn 的大侧风试验试飞数据。然而冰岛常年都有大风天气,雷克雅未克的凯夫拉维克机场具有 2 条 3 054 m 的交叉跑道,可以灵活地根据风向调整起飞方向。国外民机很多型号大侧风试飞都选择了凯夫拉维克机场。将世界各地的特殊气象资源进行收集整理,借助国外环境资源、技术资源和试验试飞设施,建立全球试飞资源数据库,利用国外试飞基地,进行民机极端气象条件试飞,可以弥补国内资源不足,是一条可选之路。

6) 提高民机试验能力

ARJ21－700 飞机研制中进行了大量的试验,很多在国内都是首次进行,例如严格按照适航条例要求进行的全机静力试验和疲劳试验、高度综合的系统模拟试验、鸟撞试验、发动机短舱地面结冰试验、全机高能电磁场辐射试验和闪电防护间接效应试验、轮胎爆破试验等,大大提高了民机试验水平。但是研制过程也暴露出我们的试验能力的不足和基础实验数据缺乏,如全机电磁兼容 E3 试验是请国外公司做的,冰风洞试验要到国外去排队,没有喷水结冰试验机、没有整机高低温试验室(气候试验室),自然结冰和极端温度试验只能到外场直接进行验证试验,无法进行研发试验,系统级综合试验是供应商进行的,典型结构参数试验、基础工艺试验数据不够。要想走上自主创新的民机发展之路,必须提高试验能力,加强技术基础研究,在掌握机理的基础上开拓前进。

小结

通过 ARJ21 - 700 飞机 6 年的试飞取证工作,我们走过了一个型号试飞的全过程,建立了项目试飞的组织体系和一套满足适航要求的试飞工作程序,形成了一支队伍,对科学地进行试飞规划和计划有了初步的认识和体会,了解了民机试飞的重点和难点,掌握了相关的技术要点。这是一次艰苦的探索,是我们第一次对一个现代民机型号进行了系统而严格的设计验证和适航认证,是中国民机产业宝贵的实践,它告诉我们试飞验证对一个型号的意义,告诉我们在试飞组织和运作上我们与世界水平的差距,告诉我们在飞机设计、制造方面与世界水平的差距,也告诉我们要组建自己的民机试飞队伍、建设民机试飞基地、提高民机试验能力、提高适航认证能力。前面的路还很长。

2.7　建立有效的、符合适航要求的质量体系

市场竞争在某种意义上讲也就是产品质量的竞争,尤其是民用飞机的设计、研制、试验验证,以及生产中严格的质量管理对确保研制的飞机在全寿命周期中安全运行更具有特别的重要性,因此,民用飞机的适航条例对民机研发和生产的质量保证系统提出了严格要求,并由适航当局严格监管。

2.7.1　ARJ21 新支线飞机项目质量保证体系的建立和完善

ARJ21 新支线飞机研发和生产的质量保证(简称质保)体系是在上航公司与美国麦道公司合作生产 MD82 飞机和 MD90 干线飞机项目质保体系的基础上建立的。

在与麦道公司合作中,上航公司曾获得 FAA 批准的生产合格证(PC)的延伸,但是由于项目只是飞机的生产、组装和总装,因此其质保系统只是生产系统的。一般来说,生产系统的质保应涵盖工程、制造、质保三大部门的质量职能,工程部负责

设计图纸,制定产品型号标准、工艺标准和材料规范;保证产品的先进性和适用性;负责指导技术工人生产出合格的产品;对偏离图纸规范的不合格工序、产品进行技术评审和提出处理意见。制造部负责实施工程部门制订的技术要求,做好工艺准备;保证按计划进度生产出符合图纸、技术规范的合格产品。质保部负责监督管理程序及工艺指令的执行情况,控制工艺过程的各个环节;按图纸规范验收产品,确保产品符合型号设计标准。由于 MD90 干线飞机的生产是将麦道公司的生产许可证延伸到上航公司,麦道公司生产系统的质量管理并不需要全部移植到合作生产 MD90 项目的质保系统中来,在合作生产 MD90 项目中,产品图纸、产品型号标准、工艺标准和材料规范的控制,大多数制造工艺技术的要求,以及系统和成品供应商的控制等都由麦道公司负责,因此,合作生产 MD90 项目的质保系统也不是一个完整的生产系统的质保系统。

　　ARJ21 新支线飞机项目是我国完全自主知识产权的项目,需要严格按照国际通用的适航条例进行设计、试制、试验、试飞、生产、客户服务以及持续适航管理,因此,ARJ21 新支线飞机项目的质保系统与合作生产 MD90 项目的质保系统相比必须有一个质的变化,需要延伸、拓展并涵盖民机研制的设计、研制、生产、交付和客户服务的整个过程。

2.7.1.1　ARJ21 新支线飞机项目质保系统的策划

　　人的认识是从实践中来的,ARJ21 新支线飞机项目质量保证系统的策划囿于原有实践的局限,一开始也大多限于生产制造的质量管理,把质量归于制造领域。随着实践的深入,认识不断得到深化。

　　为了使 ARJ21 新支线飞机项目质量保证系统能全面和完整地延伸、拓展并涵盖项目研制的设计、研制、生产、飞机运行和服务的整个过程,我们首先认真学习 ISO9001《质量管理体系要求》、AS9100《航空航天与国防组织质量管理体系要求》和中国民航适航条例第 21 部(CCAR-21 部《民用航空产品和零部件合格审定规定》),深刻理解和领会条款要求,特别是对设计、研制和验证要求的理解。其次是全面分析 ARJ21 新支线飞机项目的运作过程,识别项目质量管理体系的过程。然后在此基础上,按质量管理体系和适航条例要求,根据项目质量管理体系过程,从质量职责分工和权限、质保机构和职能、管理程序等方面全面策划项目的质量保证系统,形成 ARJ21 新支线飞机项目质量保证大纲,并由设计、制造承担单位依据 ARJ21 新支线飞机项目质量保证大纲,分别形成 ARJ21 新支线飞机项目的设计、制造质量、客户服务保证大纲。

2.7.1.2　ARJ21 新支线飞机项目质保系统的建立

　　1)ARJ21 新支线飞机项目质量职责分工和权限分配

　　中航商飞是 ARJ21 新支线飞机型号合格证(TC)/生产许可证(PC)的独立持有人,根据新支线飞机项目设计、研制、生产的组织运作模式,确定项目质量管理的对象主要包括两个部分,即中航商飞内部和供应商(包括设计单位、机体和系统成品供应商),并从质量管理过程的五个方面(质量管理体系、管理职责、资源管理、产品实现以及测量、分析和改进),按中航一集团关于中航商飞与一飞院的新支线飞机项目工程工作界面通知的要求,对中航商飞公司内部和供应商的 ARJ21 新支线飞机项目质量职责进行分工和分配权限。

中航商飞质量部负责质量管理体系方案的策划,公司及项目的质量方针和质量目标的制订,管理公司和项目的内部质量;组织制订公司的供应商质量管理体系要求(AQMS),审查批准供应商的质量管理体系、工艺源,管理和控制供应商;负责对委托主制造商的授权。

中航商飞工程部与一飞院共同组织一个符合适航要求的新支线飞机项目设计保证组织体系,共同负责取得 TC 证。

上飞厂作为中航商飞的委托主制造商,依据中航商飞公司的授权,控制机体制造商,派遣和管理驻机体制造商质量代表,协调处理机体制造商间的质量问题,向中航商飞及时反馈产品制造过程中的质量问题。

供应商按照中航商飞和/或委托主制造商的要求开展质量管理工作,接受中航商飞和/或委托主制造商的审核与监督;质量管理体系须获得 ISO9000 系列质量管理体系标准第三方认证注册,并要获得中航商飞的批准。

按照上述要求进行建立起 ARJ21 新支线飞机项目的初始质量职责分工和权限分配。

2) ARJ21 新支线飞机项目质保机构和职能

在 ARJ21 新支线飞机项目质量职责分工和权限分配的基础上,中航商飞、一飞院、上飞厂以及各供应商建立了 ARJ21 新支线飞机项目质保机构。中航商飞质量部全面负责 ARJ21 新支线飞机项目质量,组织和协调一飞院、上飞厂的项目质量管理工作;一飞院具体负责飞机的设计、试验的质量,并负责管控供应商的设计质量;上飞厂具体负责飞机的制造质量,并负责管控供应商的制造质量。

为了规范质量管理文件体系,新支线飞机项目成立质量管理联合工作队,由中航商飞质量管理部组织一飞院、西飞公司、成飞公司、沈飞公司和上飞厂的有关人员参加,共同策划新支线飞机项目的质量管理文件体系。

为了便于项目质量工作相互间的沟通与协作,2006 年 5 月,中航商飞组建成立新支线飞机项目质量管理委员会和质量工作团队。

质量管理委员会成员由中航商飞、上飞厂和一飞院主管质量的领导组成,其中管理委员会主任由中航商飞总经理担任,副主任由项目总质量师担任,委员 5 人,共 7 人组成。质量管理委员会的职责主要是负责制定新支线飞机项目的质量方针、目标;协调、调度质量工作资源,并对涉及质量管理的重大问题做出相应的决策。

质量工作团队的成员由中航商飞、一飞院和上飞厂质量部门的有关人员组成。

质量工作团队作为办事机构,具体负责以下几方面工作:①策划新支线飞机项目的质量管理体系,组织编制与完善体系文件;②组织对供应商质量管理体系的审核、纠正措施的跟踪和验证;③组织对供应商特种工艺的评审,纠正措施的跟踪和验证;④对驻厂质量代表的工作进行指导和管理,汇集供应商的质量信息,对现场出现的质量问题提出处理意见;⑤策划对国外供应商质量控制的方法,审核供应商提供的质量文件,参与合同质量条款的谈判和设计评审,组织实施对国外供应商的现场质量审核。

中航商飞质量管理部是质量工作团队的常设机构,负责质量工作团队的日常管理工作。

3) ARJ21 新支线飞机项目质量管理程序的建立

ARJ21 新支线飞机项目质量管理程序的建立是从质量管理联合工作队策划质量管理文件体系开始的,提出质量管理文件体系目录、文件的编制要求、编制分工和编制计划,完成《中航商用飞机有限公司对供应商质量管理体系的要求》(AQMS)以及 14 份供应商管理规定的编制;按 AS9100《航空航天质量管理体系要求》编制程序文件 30 份。

2003 年 6 月,中航商飞组织"中航商用飞机有限公司项目管理程序"的编制工作,以上飞厂的项目管理程序为基础,一是将上飞厂原有的项目管理程序转化为新支线飞机项目管理的相应程序;二是组织编写缺门的管理程序,特别是设计、研制质量的管理和控制程序。

2003 年 10 月,新编项目管理程序 35 份,转化 61 份,共计 96 份,形成项目级管理程序的基础平台,为新支线飞机项目的全面启动奠定了基础,项目工作有章可循,有法可依,也为日后质量管理文件的修订和完善打下了良好的基础。

为了延伸和拓展到设计、研制质量的管控,中航商飞制订了 ARJ21 新支线飞机项目工程管理程序,分别规定公司总经理层以及项目、适航、标准化、飞机构型、纠正措施管理委员会的工程管理职能,对民机型号全寿命周期的研制技术准备、产品开发设计、研制生产、试验试飞、适航取证、销售工程、产品支援的工程技术活动进行决策、组织和协调,并按照技术、质量、成本、进度进行控制和监督。同时,中航商飞制订了 ARJ21 新支线飞机项目总设计师系统管理工作程序,落实设计技术责任,分别规定总设计师系统以及项目、适航、标准化、飞机构型、纠正措施管理委员会在设计工作中的管理职能,对民机开发设计、试验试飞、工程联络、产品支援全过程进行计划、协调、决策和管控。一飞院依据这两份文件,分解、细化和编制相应的管理程序。

2.7.1.3　ARJ21 新支线飞机项目质保系统的完善

ARJ21 新支线飞机项目的质保系统策划建立后,经过了不断完善的过程。2005 年,中航商飞的组织机构进行了调整,明确一飞院为中航商飞的工程发展部,上飞厂为中航商飞的制造部。由于一飞院和上飞厂都是独立的法人,各自都有独立的质量管理体系,因此,ARJ21 新支线飞机项目的质保系统必须调整,由中航商飞、一飞院和上飞厂三家共同组成的新支线飞机项目的质量保证系统。

中国商飞成立后,中航商飞、上飞所、上飞厂、上航公司整建制划入中国商飞,ARJ21 新支线飞机项目的国内机体制造商也完全成为中国商飞的供应商。中国商飞对 ARJ21 新支线飞机项目的质量保证系统做了进一步的调整和完善。

一是中国商飞根据新的组织体系以及中国商飞各大中心的成立,调整 ARJ21 新支线飞机项目质量职责分工和权限分配,使 ARJ21 新支线飞机项目的质量保证系统更加适合新的组织管理机构。

二是中国商飞对原中航商飞发布的规范类文件进行清理,提出清理新支线飞机规范类文件,要求各有关单位、总部有关部门做好清理工作。经过各单位的讨论、清理、确认、协调后,提出对原中航商飞发布的规范类文件责任分工及处理意见,使 ARJ21 新支线飞机项目的质量管理文件体系更加健全和完善。

三是引入质量管理的新做法。为了避免飞机在设计、制造、试验/试飞和客户服务过程中,出现各种严重影响飞机性能、安全、生产进度和成本等质量问题的重复发生,2009 年,引入质量问题归零的做法,制定了《民机产品质量问题归零实施细则》,技术上按"定位准确、机理清楚、问题复现、措施有效、举一反三"的五条要求,管理上按"过程清楚、责任明确、措施落实、严肃处理、完善规章"的五条要求,找出问题的根本原因,制订切实有效的纠正措施,使问题得到彻底解决,因此也称之"双五"归零。

四是通过第三方质量管理体系认证,提高 ARJ21 新支线飞机质量保证系统。经过分析和重新识别,中国商飞把民机质量管理体系的一级过程归为 8 个,即管理过程(MG)、市场营销与交付过程(MS)、项目管理过程(PM)、设计开发过程(RD)、总装制造过程(MP)、客户服务过程(CS)、采购过程(PS)和支持过程(SR)。按照一个过程一个所有者的原则,确定 ARJ21 新支线飞机项目所需的过程及相应的过程所有者,并按照一个完整的过程控制应至少包括过程名称、过程所有者、输入、输出、过程有效运行的控制方法,过程所要达到的目标与相应的监控或测量方法的原则,调整 ARJ21 新支线飞机项目质量职责分工和权限分配,清理和完善 ARJ21 新支线飞机项目的质量管理文件体系,接受法国国际检验局(BVQI)的检查。2010 年 4 月,中国商飞成功地取得了法国国际检验局(BVQI)颁发的 ISO 9001:2008 和 AS9100C 合格证书。

五是持续改进质量管理体系。取得 AS9100C 认证后,中国商飞坚持"持续改进"的质量原则,持续改进和完善中国商飞的质量管理体系。

2.7.2 ARJ21 新支线飞机质量保证体系的运行

2.7.2.1 设计质量管理

ARJ21 新支线飞机项目的立项论证、可行性研究、预发展阶段工程工作由中航商飞负责,一飞院配合完成,预发展阶段结束后,由一飞院在预发展阶段的工程方案的基础上,进行工程发展阶段的工作。ARJ21 新支线飞机设计质量的管理和控制始终贯穿于项目的整个研制过程,涉及面很广,在此仅对设计质量的控制和设计质量体系的维护做简要的回顾总结。

1) 设计质量的控制

设计质量控制的基础是严格按技术工作程序办事,流程规定的每一个环节都必须一丝不苟地完成,审签程序中的每一个人都必须尽责,不允许走过场当橡皮图章;要尊重技术人员的意见,支持他们履行技术职责、避免行政干预,行政领导不可越位。同时要严格执行门禁制度,抓好阶段评审。

(1) 设计评审。

为了按 ARJ 新支线飞机研究发展工作程序的"每个研制阶段结束转入下一个阶段或关键决策节点都需要经过评审和董事会决策。评审和决策过程要充分征求有关方面专家的意见,遵循科学、公正的原则。"的要求,做好 ARJ21 新支线飞机项目的设计评审,编制了《设计评审》和《设计控制》的程序文件,以后随着研制组织机构的变化和实践的深入,《设计评审》不断修订、补充和完善,并根据质量体系文件统一策划要求,更名为《评审过程管理》,丰富了评审含义,细化了各职能部门的评审职责等。

按照设计评审文件的要求,从 2003 年至 2014 年 7 月,ARJ21 项目组织开展了160 余次设计评审活动,设计评审内容涉及设计、试验、试飞的文件/要求、输出/方案;设计转阶段的达标;技术攻关等方面。下面列举两例:

2006 年,为做好 ARJ21-700 飞机详细设计转阶段结束的评审工作,一飞院于1 月下发了《关于 ARJ21 飞机详细设计评审文件和资料准备的通知》,明确了一、二及三级评审报告组成及相关准备要求;3 月发出《关于下发 ARJ21 飞机院内详细设计评审工作计划通知》,明确了开展院内详细评审分组及时间节点等要求,质量部门(上海和西安协同)按详细设计评审计划开展有关准备工作,编制评审大纲、组织评审会议,3 月 27 日至 4 月 21 日,分别开展了:总体/气动专业、综合技术(适航、可靠性、维修性、地面设备及 IT)专业、结构/强度/标材专业、电子电气/机械系统详细设计评审,质量部门整理、下发并跟踪近 70 项专家评审意见/建议。通过院内详细设计评审,对其设计状态有较全面的把握,并针对有关问题及时改进完善,为开展院外详细设计转段评审奠定了基础。5 月,顺利通过了国防科工委在北京举行的新支线飞机项目转入全面试制阶段的审查,评审组认为 ARJ21 新支线飞机项目总体进展顺利,已完成详细设计阶段工作,可以转入全面试制阶段。

2008 年的 ARJ21-700 飞机首飞技术评审。8 月,上飞院根据 ARJ21-700 飞机 101 架机首飞节点安排,按照首飞前评审计划和《设计评审》的要求,组织实施 3 级文件的评审,采取分专业、分地域的方式,对总体气动、结构强度(分两地)、标准材料、电子电气系统、综合专业(分两地)、动力燃油、机械系统(分两地)分成 10 组进行内部评审,此次评审上会文件 67 份,共提出 238 项建议,逐项跟踪落实解决。系统级评审前,上飞院组织 6 位老专家分专业对各副总师编制的 14 份 2 级报告进行审查,并提出修改建议,保证系统级评审文件的完整性和正确性。9 月中航商飞组织系统级评审,评审出的问题总师系统归纳为 80 余项,由上飞院协助总设计师系统组织归零。11 月,工信部和中国商飞共同组织飞机级技术评审,6 个评审组共提出评审意见 21 项,专家建议 100 项,对不影响首飞的问题给出分析报告和结论,并落实评审提出的有关问题,确保 101 架机首飞的顺利实施。

(2) 设计质量复查。

质量复查是对 ARJ21 飞机项目质量有效控制重要手段之一,主要就是根据项目研制所处的研制阶段以及研制的需要,组织对当前设计的合理性、正确性、协调性、完整性以及可能存在的风险等进行全方位"研制阶段性复查";或者针对在项目研制过程中发生的影响范围较大、重复发生的问题,在适当范围内进行"举一反三专项复查",确保发现并解决所有隐患,防止类似问题再次发生。

从 2004 年至 2014 年 ARJ21 飞机项目研制的期间,共组织实施了 19 次质量复查活动,其中研制阶段性复查 8 次,举一反三等专项复查 11 次,共发现 2 300 余项问题,均已落实关闭。

质量复查工作什么时间实施,以什么方式实施,与飞机研制项目所处的研制阶段紧密相关。从质量复查组织实施的时间上看,阶段性复查绝大部分都在 2008 年 11 月 28 日 ARJ21-700 飞机首飞之前实施。首飞之后转入飞机试飞取证阶段,暴露问题的概率自然大增,为了提高质量复查的效果,大多都是针对某一类问题组织举一反三的专项质量复查,在限定的复查工作范围内,能够确保发现并解决所有的隐患,有效地防止类似问题再次发生。

对设计质量复查发现的问题必须跟踪解决。2011 年前的质量复查问题的跟踪,主要是靠质量主管人员下发纸质纠正/预防措施单到责任部门进行落实和跟踪,质量复查问题的落实靠纸质单的传递,容易造成问题状态跟踪不及时,以及整理统计分析的工作量较大。2011 年通过质量管理信息平台的上线使用,立即应用到 ARJ21 项目的质量复查、各项评审等质量控制活动中。通过质量管理信息平台的建设和应用,为各级各类人员提供了标准化、规范化的平台;对当前质量复查问题的处理进行了实时监控和任务提醒,减少了质量管理过程中的纸面工作,提高了质量信息的收集、汇总、统计、分析能力和质量管理效率;也确保了质量复查的效果。

为提高质量复查的效果,特别是专项复查,上飞院质量部门开展以预防为主、精细化的质量管理,推进"检查单"形式的质量控制方法,根据复查内容编制相对应的检查项目,细化和量化检查内容,为设计人员提供方便的可操作的检查单,大大增强了质量复查的效果。采用"检查单"的方式进行设计质量复查,至少可以带来以下几点好处：一是对于需要复查的内容不会遗漏，使设计质量复查做得更为完整；二是对问题的判断更为准确；三是使设计质量复查更规范和有效；四是检查单本身就是一份完整的质量记录，便于归档和对问题的追溯。

为严格质量问题归零管理，编制《民机项目研制质量问题技术归零和管理归零要求》（双五归零），并依据项目研制需求逐步细化要求，质量人员参与并指导故障原因分析、严格归零评审，促进问题从根本上落实关闭。2009 年以来，开展了 30 项设计有关质量问题双五归零评审。例如，2009 年 12 月 1 日，ARJ21‐700 飞机全机稳定俯仰（2.5g）工况极限载荷试验，当加载到 87% 极限载荷时，中机身龙骨梁处故障，试验中止，型号"两总"系统组织相关部门按《中国商用飞机有限责任公司民机产品质量问题归零实施细则》的要求对该问题进行技术归零和管理归零。

（3）系统供应商设计质量控制。

ARJ21 新支线飞机项目选择系统供应商初期，制订相关的项目管理程序，其中《采购指导原则》规定了采购工作的指导原则及主要的商务条件等；在《供应商管理导则》中阐述了对国外供应商管理的原则、职责和管理工作的要求；在《供应商资格认定要求和程序》中对被选供应商提出了 8 项应具备的基本条件，以及供应商资格认定的具体流程。同时，制订了与流程配套的其他程序文件。例如：《招标书（RFP）文件的准备和发放工作程序》《供应商投标书的接收、记录和有关问题的处理》《供应商回标书的评审和供应商的选定》和《合同文件的归档》。使供应商的选择有章可循，有法可依。

根据供应商提供的产品和服务对供应商进行分类，并根据供应商的类别制订合理的控制手段和方法。参照国内外航空企业的通用做法，结合新支线飞机项目供应商的结构和特点，将新支线飞机项目的供应商分为 Ⅰ 类、Ⅱ 类、Ⅲ 类、Ⅳ 类（项目后期调整为 Ⅰ 类、Ⅱ 类、Ⅲ 类）。

在供应商选择时，对系统供应商提出了质量保证条款要求，主要包括：按照 AS9100 建立质量管理体系，并通过第三方认证，编制 ARJ21‐700 飞机项目质量保证大纲；按照 DO‐178B 和 DO‐254 对其产品的软件和复杂电子硬件进行控制，如果发生转包，应对次级供应商进行控制；提交特种工艺清单，并获得我方批准；在其工厂内按 SAE AS9102 要求完成所需要的首件检验（FAI）或测试，以保证产品符合于规范和合同要求，检验和/或测试的定量结论应记录在首件检验报告上，并随产品一并交付，等等方面的要求，并把这些要求全面落实到合同的质量条款中去。

对系统供应商质量体系进行审核。上飞院对供应商提交的每份 QAP 和 SQAP 进行评估，并反馈修改意见，结合各供应商提交的 QAP/SQAP，参与对系统供应商的质量管理体系双方审核，对发现的审核问题督促各供应商及时纠正，以确保后续设计工作的质量。

对 ARJ21 新支线飞机项目的系统供应商开展初步设计评审（PDR）和关键设计

评审(CDR),组织液压能源系统、燃油系统、主飞控系统、高升力、动力装置、AMS、内饰系统等 CDR 院内预审查并形成报告,跟踪 PDR 和 CDR 评审遗留问题落实归零。

根据 ARJ21 飞机试制中出现的问题,对供应商产品的故障拒收报告进行管理,修订完善 ARJ21 飞机项目故障拒收报告处理程序文件,增加对国外供应商提供的产品偏差处理程序和处理方法。编制《系统供应商质量控制》程序文件,规范民用飞机系统供应商质量控制工作,明确供应商产品质量问题的纠正措施需由设计分析及处理,并对影响较大的问题,落实"双五归零"。

参加系统供应商机载软硬件现场审核工作,并结合审核工作实践,修订完善机载软件质量保证计划。

(4)外包项目质量控制。

为了保证质量,保证验证的有效性,验证试验的试验件由装机件的承制厂制造,同时,为了加快进度,有些研发试验的试验件采用外包。对外包项目质量控制主要制订外包项目管控流程及要求,并通过有关要求开展潜在承担方质量能力评估、合同/技术协议质量要求确认、开展过程中期检查/验收等进行质量控制。

为满足并规范 ARJ21 项目外包项目质量控制,编制了试验、试验件加工、软件开发等质量条款要求,通过技术协议会签环节明确外包项目质量要求。取得 AS9100 认证后,先后修订完善《外包项目管理》《外包项目潜在承担方质量能力评估》及《外包项目质量条款要求》等程序文件,规范了外包项目潜在承担方质量能力评估、选择、外包项目过程控制流程要求,编制控制检查单,细化要求,促进了 ARJ21 项目外包项目质量控制。建立了一套包括潜在承担方质量能力评估、质量条款要求及中期检查/验收等 20 项检查单,共 200 余项检查项。2009 年以来,开展外包项目技术协议会签、中期检查及验收近 500 余次,跟踪落实检查验收意见,促进外包项目研制质量。

(5)试验试飞质量控制。

为确保试验过程可控和试验结果有效,编制试验质量管理文件,确定试验过程的管理要求,强化试验过程的控制:从试验大纲会签,到试验任务书/试验大纲评审;从试验设备、试验件的验收,到试验前准备状态检查;从试验实施过程监督,到试验日志的记录和试验故障的关闭,质量活动与项目研制试验活动密切结合,深入渗透到试验的每一个环节。

建立试验控制程序、明确要求,2004 年编制《ARJ21 飞机项目符合性验证试验管理程序》,2007 年编制《ARJ21 飞机项目试验质量管理程序》,2009 年编制《试验管理》《ARJ21 - 700 飞机机上地面试验和强度试验故障管理规定》等文件,并进行培训、宣传贯彻。2006 年先后开展飞控系统、动力装置系统、液压系统、航电系统、供配电系统、起落架及反推力系统等地面试验检查 30 余项,监控检查试验日志的填写和试验故障的处理结果,协调确认试验过程中各供应商提供的试验件返修状态;参加系统综合试验例会、供应商例会,及时掌握试验动态。2009 年后,随着 ARJ21 项目试验、试飞工作的逐步推进,为保证各阶段试验以及试飞故障的及时处理,质量人员驻扎试验现场,主动了解试验情况,跟踪并指导故障落实关闭,定期组织试验、试飞故障专项清理,结合试验/试飞需求优化完善试验、试飞质量控制文件。

在 ARJ21 - 700 飞机 101 架机转场阎良正式开展研发试飞前,发布《ARJ21 - 700 飞机试飞质量管理规定》,从质量计划、试飞改装的质量控制、质量检查、过程控制、质量记录和质量问题归零等六个方面对试飞质量管理加以规定。随着试飞现场各项工作的进一步开展,试飞院、上飞院和上飞公司在试飞现场的工作出现高度交叉,其中还牵涉对供应商的管理,原文件已不足以指导现场的质量管理工作。为确保试飞飞机状态可控,记录完整,中国商飞对该文件进行改版,并更名为《ARJ21 - 700 新支线飞机项目试飞现场质量管理规定》,细化试飞院、上飞院和试飞中心的管理职责和要求,增加了试飞改装过程控制、制造符合性核查、外场技术通知的质量控制、试飞现场故障处理、随机履历本填写等具体要求和流程,对于规范试飞现场的质量管理,保证试飞现场各项工作有序进行起到了积极的作用。

2)设计质量体系的维护

(1)内部审核

质量管理体系文件发布并执行以来,依据内部审核文件的要求,每年开展全过程的质量管理体系内部审核;在不同时期接受新时代认证中心、BV 公司等外部审核;审核发现 220 余项 ARJ21 项目有关不符合项和建议项,均已进行了纠正和采取了相应的纠正措施并通过验证。

(2)专项审核

针对内外部审核发现的问题以及项目研制过程中出现的薄弱环节,适时开展了专项审核,项目研制以来,先后开展了 ARJ21 项目多次专项审核,包括重量、试验、试飞、构型、预投产、外包项目、文件控制(包括供应商)、ECP 贯彻情况、测试和改装项目等,发现 80 余不符合及建议项均已纠正落实。

(3)持续改进

应用质量管理平台。2005 年建立 ARJ21 飞机质量信息网,对在设计评审、质量复查、内外部审核、试验前检查等项工作中的各类问题归零情况进行动态管理。2009 年开展质量管理信息系统(QMIS)开发策划,2011 年初完成第一期开发并投入运行,2013 年完成开发验收,其功能包括质量体系文件、质量审核、过程绩效管理、质量复查、设计评审、外包项目管理、供应商质量管理、试验管理、试验/试飞故障管理、质量信息管理、双五归零管理和 QC 小组等模块,QMIS 平台开发应用促进了传统管理向数字化、信息化管理的转变,有效推进了 ARJ21 项目研制质量管理。

实施 QC 小组活动。通过成立 QC 活动小组,运用 PDCA 方法解决 ARJ21 项目研制中的典型问题。为促进 ARJ21 项目管理、技术攻关及优化设计等工作开展，组织完成了 16 项 QC 活动。

分析改进。根据 ARJ21 项目研制需求，质量部门建立 ARJ21 项目月度质量分析制度，对 ARJ21 项目有关的质量目标及过程绩效、审核、复查、设计评审、试验试飞故障、双五归零问题进行持续跟踪统计，对设计更改、故障拒收报告（FRR）处理及项目研制管理存在的问题进行统计分析，并制订措施改进。

2.7.2.2　试制质量管理

根据 ARJ21 新支线飞机的制造模式，上飞厂负责飞机总装，并负责确定飞机制造工艺总方案，西飞、成飞、沈飞、特种所负责飞机零部件的制造和组装。在中国商飞成立前，ARJ21 新支线飞机项目的制造质量管理体系在中航商飞质量部的统一管理下，由委托主制造商——上飞厂负责运作。中国商飞成立后，上飞厂改制为上飞公司，ARJ21 新支线飞机项目的制造质量管理体系在中国商飞质量部的统一管理下，由中国商飞总装制造中心——上飞公司运作。

上飞公司在上飞厂建立的 ARJ21 新支线飞机项目的制造质量管理体系的基础上，编制并发布《商用飞机项目制造与质量保证手册》，以后按照中国商飞质量体系认证的要求，对制造与质量保证手册进行升版，并改名后成为中国商飞的《质量手册总装制造中心分手册》。上飞公司依据质量手册总装制造中心分手册的要求，运作 ARJ21 新支线飞机项目的制造质量管理体系，并根据 ARJ21 新支线飞机的需要，编制了《ARJ21 - 700 新支线飞机项目预投产质量保证大纲》等文件，按照中国商飞的"主制造商-供应商"研制模式要求，对西飞、成飞、沈飞、特种所的飞机零部件制造和装配质量进行监控。

1）明确制造质量的工作职责

2004 年 3 月，中航商飞发文明确委托主制造商主要工作职责，上飞厂要充分履行委托主制造商的职责，做好相关的管理工作；各单位要支持委托主制造商的工作，共同努力，顺利推进新支线飞机项目。委托主制造商最根本的任务是在中航商飞组织下，保证飞机制造的完整性和符合性，与中航商飞共同完成生产许可证（PC）取证、单机适航证取证并完成向用户的交付，以及承担相应的持续适航、客户服务工作，保障新支线飞机项目在全寿命周期的成功。具体包括负责对国内机体制造商的管理；参与对国外供应商的管理；支持交付及客户支援等。7 月，中航商飞同上飞厂商定质量工作界面，对委托上飞厂的质量工作进行细分，明确中航商飞与上飞厂之间的质量工作界面和各自的职责。

在明确一飞院为中航商飞的工程发展部，上飞厂为制造部后，对一飞院和上飞厂的质量管理体系审核与批准就转变为中航商飞的内部质量审核。但是，没有转变的是，一飞院和上飞厂仍然各自拥有独立的质量管理体系，其质量管理仍然按他们原有的体系进行。所以，从本质上看中航商飞与一飞院和上飞厂之间，仍是一种主制造商与供应商的关系,只是给一飞院和上飞厂委托了更多的质量管理责任。

2)通过研制合同明确飞机机体制造和装配的质量要求

中航商飞公司同上飞、西飞、成飞、沈飞、特种所签订飞机研制合同,要求供应商必须通过质量体系评审,明确具体的零部件、交付状态要求以及制造装配的质量条款。

3)机体供应商的质量管理体系和特种工艺的评审

对供应商的质量管理体系进行初始和年度的审核与批准。中航商飞通过对供应商的质量管理体系的审核与批准,以保证供应商的质量管理体系满足中航商飞对供应商质量管理体系的要求,从根本上保证供应商提供的产品满足质量要求。根据中航商飞的规定,未能获得中航商飞质量管理体系批准的供应商不能开工或被要求停工。

对供应商的特种工艺进行初始和年度的评审与批准,确保实施的工艺能严格满足经适航批准的工艺规范的要求,以防止重大的质量隐患,确保产品质量。特种工艺是指那种非经零件破坏性试验,仅从外观无法衡量其是否符合规范要求的工艺,具有控制环节多,操作要求严格,偏差潜伏不易发现,涉及面广,危害性大等特点,所以把它列为重点控制对象。根据中航商飞的规定,供应商需实施的特种工艺,在未经中航商飞对该工艺的评审与批准前,不能用于生产;已经批准的工艺如在年度评审中未得到批准时,该工艺不得继续使用等。

2004年下半年,中航商飞开始筹备和组建质量管理体系审核组和工艺评审组,11月,新支线飞机项目的质量管理体系审核组与工艺评审组(简称体系审核组与工艺评审组)成立。从2005年到2009年,体系审核组和工艺评审组在对各参研单位的质量管理体系审核和工艺评审中发挥了积极作用。经体系审核组的审核,获得中航商飞质量管理体系批准的参研单位有西飞公司、成飞公司、沈飞公司、特种所、强度所和试飞院;经工艺评审组的评审,中航商飞共批准了145项工艺,其中西飞公司51项、成飞公司35项、沈飞公司33项、特种所4项、上飞厂22项。2009年后,随着中国商飞组织机构的变化和调整,原新支线飞机项目的质量管理体系审核组和工艺评审组解散,对供应商的质量管理体系审核与批准及特种工艺评审与批准的职责纳入中国商飞。

4)质量代表的派驻

委派常驻质量代表对供应商实施现场质量监控。新支线飞机项目的现场质量监控,主要是通过驻厂质量代表的工作来实现。由于质量代表长期工作在生产现场,对生产现场的质量情况最为了解。他们具备最先发现问题,了解问题和解决问题的条件,对供应商的质量监督和控制起着积极的不可替代的作用。可以这么认为,驻厂质量代表是中航商飞在供应商现场的"眼睛"和"耳朵",驻厂质量代表的工作是中航商飞质量管理工作在供应商现场的延伸。

5)开工条件评审

ARJ21新支线飞机项目于2003年12月20日实施零件开工。根据质量管理的要求,各参研单位在开工之前,其质量管理体系和开工涉及的特种工艺要获得中航商飞的批准。为此,中航商飞质量管理部制订了一份开工条件评审的计划,明确开工前必须完成各项工作,包括明确各参研单位与中航商飞在质量工作上的接口机构和联络人员;各参研单位编制新支线飞机项目的质量计划及开工涉及的管理程序,在程序中明确与新支线飞机项目有关部门的分工职责;质量代表的招聘和委派、质量代表的培训、质量代表工作手册的编制、质量代表办公设施的落实;各参研单位需批准的特种工艺的报批;各参研单位相关人员的培训、印章发放、检验站点的设立、不合格品控制中心和废品库建立等。

各参研单位按中航商飞的开工条件评审计划,完成开工条件的自查/自纠工作;驻厂质量代表完成对开工条件的评估;中航商飞组织开工条件的评审与批准,并跟踪验证各参研单位纠正措施的落实情况。在各参研单位的共同努力下,按计划完成了开工条件的评审,12 月 20 日实现了项目的开工。通过开工条件的评审,打通了对机体制造商质量控制的各个环节,为后来的对机体制造商的质量控制铺平了道路。

6) 对供应商的业绩评估

新支线飞机项目对机体供应商的业绩评估,主要有两个方面,即交付等级评定和质量等级评定。

交付等级评定:每月对过去 12 个月的接收情况,计算出某机体供应商的准时交付率,根据准时交付率进行评定。评定等级分为"优级供应商""良好供应商""可接收供应商"和"不可接受供应商"4 个等级。

质量等级评定:每月记录质量代表提供的相关信息,根据每月的记录从 10 个方面对机体供应商进行打分,根据分数对机体供应商进行质量等级评定。评定等级同样分为"优级供应商""良好供应商""可接收供应商"和"不可接受供应商"4 个等级。

根据"交付等级评定"和"质量等级评定",最后做出综合评估。其评估原则是取两者的较低等级为综合评估的结果。

新支线飞机项目对机体供应商的业绩评估工作由上飞厂负责。上飞厂负责将综合评估结果的复印件定期分发给有关参研单位,并报送中航商飞,原件归档。

7) 专项质量审核和质量复查

专项质量审核和质量复查是针对研制过程中出现的某个(些)质量问题所进行的质量审核和质量复查工作,具有较强的针对性。专项质量审核可以结合年度质量审核进行,也可以单独进行,视具体情况而定。专项质量审核和质量复查,其目的是为了纠正当前出现的质量问题,同时也是为了防止类似问题再次发生,从这个意义讲,它也是一种以预防为目的的质量保证工作,是质量管理部门经常采用的一种有效手段,在新支线飞机项目中,特别在 2009 年以后,中国商飞科技质量部和中航工业集团质量安全部联合组织多次的专项质量审核和质量复查。列举如下:

2009 年 12 月,针对新支线飞机在总装、地面试验、试飞过程中暴露的一些设计、制造和管理等方面的质量问题,在设计、制造、试验方面分两个阶段开展全面的质量复查工作。

2010年6月,在西安阎良组织召开新支线飞机项目专项质量审查会。

2011年5月,为有效保障新支线飞机101架机顺利通过颤振试飞前的CAAC/FAA符合性检查,对试飞院进行了颤振试飞测试改装专项质量检查。

2012年开展了对沈飞民机、特种所和成飞民机、试飞院和强度所的专项质量审核。五次审核共提出问题57项。

2013年5月策划并开展对中国商飞上飞公司和中航工业西飞、沈飞民机、成飞民机、特种所的预投产批次飞机零部件制造、装配和总装过程的复查与整顿。

2.7.3　对ARJ21新支线飞机质量保证体系建立和运行实践的思考

2.7.3.1　必须按民机研制的质量管理体系过程,做好质量职责分工和权限分配

合理的组织机构是保证建立一个满足适宜性、充分性和有效性质量管理体系的基础。民机研制项目质量管理体系的合理组织机构必须在充分识别质量管理体系过程的基础上,做好质量职责分工和权限分配。在研制责任主体、研制工作的角色变化,以及新角色参与等情况发生时,应及时根据民机研制质量管理体系过程,调整质量职责分工和权限分配,更新项目质量管理组织机构,并修订、补充和完善项目质量保证大纲和质量管理文件体系。ARJ21新支线飞机项目研制过程中研制责任主体、研制工作的角色变化多,但在这些变化和变换中,项目质量职责分工和权限分配、质量管理组织机构、质量保证大纲和质量管理文件体系更新不够及时和不够充分,存在质量管理的盲点和质量职责不明晰的情况。

2.7.3.2　对供应商的质量控制必须从选择供应商开始

供应商的质量体系是否健全有效是选择供应商的重要判据,对供应商的质量要求应该在合同签订时就明确下来。在ARJ21新支线飞机项目供应商选择时,对系统供应商提出了质量保证条款的八项要求,之后又落实到合同中去,但是实践的结果表明由于缺乏经验,这些要求都太原则,当供应商交付的产品出现问题时,合同质量条款往往不足以约束供应商。要明确需批准的产品构型定义文件和交付构型文件,经批准的产品图纸号和图纸版次包括顶层组件图(top level drawing)、零件外观图(outline drawing)、接收试验程序(ATP)号和版次、接收试验报告(ATP)、软件号和版次等。对于产品质量逃逸要有罚则。

适航要求有记录、可追溯,如合同本身未规定需要提供这些文件,供应商认为所追溯的合格文件形成的时间太久,不能提供相应的有效文件,就会造成飞机适航取证的困难。因此,必须通过总结,细化这些质量条款,从选择供应商开始做好供应商交付件的质量控制。

2.7.3.3　正确认识和处理质量管理与适航管理的关系

民机的质量管理和适航管理既有联系又有区别。有人说质量管理标准是对适

航管理规定的补充,也有人说适航管理规定是质量管理标准的组成部分,两种说法在质量管理标准中都能找到相应的依据。多年来民机生产的实践告诉我们,无论是质量管理标准还是适航管理规定作为民机项目都必须认真贯彻,因为它们既有共同点,又有各自的特点,是相辅相成、缺一不可的两个方面。

(1)适航条例,适航标准等适航文件是政府法规性文件,是强制性的;质量标准是一种行业标准,是非强制性的。贯彻质量管理标准通常是企业的一项战略决策。

(2)适航管理关注的是航空器的安全;质量管理关注的是产品满足顾客要求。在这里政府关注的是公众安全,企业关注的是商业成功。

(3)对于民机,顾客要求通常包括飞机的安全性、飞机的舒适性、飞机的经济性、飞机的维修性、飞机的速度、飞机的航程、飞机的载重量、飞机的外观等。在这些要求中,如果失去了飞机的安全性,其他性能再好又有何意义?反之,如果只满足了飞机的安全性,其他性能不能满足顾客要求,又有哪个航空公司会购买?

(4)从文件的内容编制看,适航管理规定编制得具体、全面,针对性很强;而质量标准相对就显得较为"宏观",ISO9000族标准的所有要求是通用的,适合于各种类型、不同规模和提供不同产品的组织。

2.7.3.4 正确认识和把握研发阶段的质量管理特点

根据研发的5个阶段工作,在进入"生产与使用阶段"之前,设计工作是研发阶段的主要工作,如何保证设计质量是该阶段质量管理工作的重点。在项目初期,中航商飞质量管理部并没有真正认识到这一点。分析原因可能有以下三个方面:一是质量管理部的成员均来自工厂,对研发阶段的工作性质认识不足,随着项目的深入,逐步认识到在TC取证阶段设计质量的重要性,但苦于缺乏设计质量管理的经验和方法。二是公司最初对质量管理部的要求是按适航要求建立质量管理体系,为后期的PC取证做准备;对机体制造商加强质量监督和控制。当时有一种说法:质量管制造,适航管设计。这话讲得不准确,但从侧面也反映了当时的一些做法。三是一飞院是中航商飞的委托主设计单位,尽管后来被指定为中航商飞的工程发展部,但在质量管理上仍按供应商控制加以管理。因此,在新支线飞机项目上,中航商飞质量管理部除了对主设计单位一飞院进行质量管理体系审核和批准外,在具体的设计质量管理方面没做更多的工作。

TC阶段的制造质量管理与PC阶段也存在一定的差异。列举如下:

(1)不合格品控制。在TC阶段,局方要求经工程处理的不合格零件要追溯到装机架次,以确保试验机验证结果的有效性,而在PC阶段没有这样的要求;在TC阶段,对不合格品处理,局方要求谁设计谁处理,以确保设计人员能了解设计中存在的问题,及时进行修改,而在PC阶段,可以由授权的工程代表处理。

(2)纠正措施。在PC阶段,纠正措施通常有三种处理方法:现场措施、纠正措施调查和统计分析,而在TC阶段,局方不允许采用统计分析的做法,目的是为了保证设计质量。

（3）代料。在PC阶段，设计通常会出代料手册，厂方代料只要符合代料手册即可，而在TC阶段，原则上不允许代料，一旦需要代料必须得到设计的批准，其目的也是为了保证试验机验证结果的有效性。同时，设计对代料处理的原则也不同于PC阶段。

（4）首件检验。在PC阶段，首件检验是必须做的，而在TC阶段，由于设计更改较频繁，造成首件检验不断重复。在新支线飞机项目中，中航商飞对于研制批飞机的首件检验不规定要求，机体供应商可以根据自己的情况决定是否开展首件检验，其中，西飞公司从开始就开展首件检验，成飞公司做了部分首件检验，沈飞公司和上飞厂没有开展。2007年1月，中航商飞召开"首件检验"专题会。会议决定从预投产的6架份开始实施首件检验，要求各机体供应商按AS9102《首件检验》要求完善各自首件检验程序，并将完善后的程序文件提交中航商飞审核批准。对于已开展或部分开展首件检验的机体供应商，要求进行自查，发现不满足首件检验要求的，要求补做或重做。这里讲的首件检验与我国传统的首件鉴定是有区别的，国内首件鉴定一般是在研制阶段由设计、工艺根据生产难点确定首件鉴定项目清册，而后组织首件鉴定委员会逐项加以鉴定做出结论。而首件检验是指对每一个首次生产的零件或铆装、安装工序都需进行首件检验，由质量检验负责完成。除对硬件认真记录数据外，着重于图纸、制造文件、工装的符合情况。

从ARJ21飞机项目研制的实践看，需要澄清几种模糊认识，一是装机上天的零件比试验件的质量要求高，二是试制批飞机的工装可以简单些，三是对飞机的适航要求与客户要求理解不确切。试验件、试飞机和交付客户的飞机的质量要求确有不同侧重，关键在于准确理解它所承担的任务。第一，试验件必须在试验内容方面代表型号设计构型，否则试验就失去了意义，装机上天的零件质量涉及飞机安全固然重要，但是试验件如果不符合设计要求导致试验失败，则可能危及型号的生存。第二，民机试制批飞机承担着设计验证和适航验证的任务，必须与交付客户的飞机质量一致才有代表性，生产制造的工装必须能够保证零部件所有的关键要素完全符合设计，与能够以稳定的质量进行批产交付的飞机生产所用工装品种应该一致，只是生产速率不同，工装套数不同，而且民机一般采用成熟的技术，往往在取证之前就已经开始交付飞机的生产，这样才能在取证之后立即交付，满足市场竞争的需要，因此在试制批采用定位不足的简易工装是得不偿失的。第三，试飞飞机必须保证试飞安全和验证有效，才能完成适航验证，而交付客户的飞机不仅要满足适航要求，确保安全，还要满足飞机性能、舒适性、经济性、维修性等要求，必须全面满足设计要求，不可以有任何保留项，内部设施必须美观精致、使用方便，才能让旅客喜欢乘、飞行员愿意飞、维修方便、运行管理规范，航空公司能赚钱。

总之，正确认识和把握研发阶段的质量管理特点是做好研发阶段质量管理工作的基本保证,只有正确认识和把握研发阶段的质量管理特点,才能真正做到有的放矢,把握质量管理工作的全局,避免工作差错,从而达到事半功倍的工作效果。

2.8 财务管理与成本意识

2.8.1 财务管理与成本控制

民用航空市场的激烈竞争使得民机的经济性成为在保证安全性前提下的重要评价指标,经济性的优劣往往直接决定了民用飞机项目的成败,影响到飞机制造企业的竞争力,甚至影响到飞机制造企业自身的生存。经济性优劣取决于飞机全寿命周期成本是否适应市场环境并满足市场需求,是否给供应商和航空公司带来预期效益。项目成本全寿命周期受控是指飞机从研发、制造、运营和支持、退役处置的周期内总成本达到预期,即飞机的设计成本(非重复成本)、制造及采购成本(重复成本)、运营成本(含所有权成本、现金成本和间接成本)和处置成本之和满足既定的目标。实践证明,在设计初期阶段注重成本管控,将提高飞机的全寿命周期的竞争优势。因此有效的项目财务管理是项目成功的重要保障,是民机制造企业生存和发展的重要基础。有效的财务管理,加强成本控制是飞机主制造商的基本功。

2.8.1.1 ARJ21 新支线项目的财务管理

民用飞机的研制是一项复杂的系统工程,时间跨度长、业务内容新、技术变化快、任务节点紧,项目财务管理必须在吸取其他项目成功经验的基础上不断完善、反复总结、具体问题具体分析,建立健全的符合民用飞机研制特点的项目财务管理体系。作为民机产业的开路先锋、铺路基石,ARJ21 新支线飞机项目财务管理在观念、理念上边学习、边摸索、边实践、边总结,参照国外民机研制经验逐步建立起符合现代民机制造项目财务管理体系。

项目财务管理是根据企业的总体目标和项目具体目标,对项目的投资决策、全寿命成本、销售与筹资等进行有效管理和控制的一系列财务管理方法和流程。项目财务管理要保证在不超过时间和预算限制的情况下实现项目目标,主要用于帮助实现成本和进度目标,项目财务管理主要归纳为项目财务管理模式、项目经济性分析、研制经费管理、价格体系管理、资金筹措等。基本要素包括项目财务管理活动、管理工具和管理责任,也就是要解决项目财务管理中"做什么""怎么做"和"谁来做"的问题。

1) 做什么——不同研制阶段的财务管理工作

在 ARJ21 新支线飞机项目不同研制阶段财务管理的侧重点各不同,具体如下:

项目立项和可行性论证阶段财务管理的重点是研制总经费和单机成本估算及项目经济性分析,根据已有民机研制实践匡算项目研制总经费概算及年度经费投资强度;根据产品市场定位确定单机售价及单机成本控制目标,初步分解确定机体结构、机载系统及客户服务、期间费用的分类成本控制目标;开展项目投资及回收估算,初步建立项目商务模型,完成立项和可行性研究报告中财务分析相关内容;学习研究国内外民机制造商财务管理组织模式,组建财务管理组织与职责落实体系,将研制经费管理及成本控制分解落实到责任人,建立适合项目管理特点的财务信息系统。

预发展、详细设计、全面试制和试飞取证阶段财务管理的重点是研制经费过程管理与成本过程控制,根据项目概算、年度预算及执行分析,完成项目研制成本分析报告,并根据后续开展工作编制项目滚动预算及后续年度投资强度;开展单机成本适时管控,通过与供应商签订研制合同,分解并约束单机成本;将项目构型更改成本的控制工作常态化;收集市场和研制相关信息,完善项目经济性分析商务模型,完成项目年度战略评估报告;落实项目财务组织管理与职责体系;根据项目顶层财务管理制度,制订相关流程及实施细则,持续推进项目财务管理信息系统建设。

预投产与首架交付阶段财务管理的重点是建立价格体系与批生产成本管理,开展项目研制成本分析,并根据后续开展工作编制项目滚动预算及后续年度投资强度;建立产品标准成本,建立按产品架次归集的成本数据库;开展产品订单及收入管理、项目筹融资计划、项目运营经济性分析;持续跟踪项目构型更改对总投资的影响,修正项目经济性分析商务模型;优化项目财务管理组织与职责体系;持续优化项目财务管理制度及相关流程与实施细则,持续推进项目财务管理信息系统建设。

2)怎么做——管理工具和途径

借鉴国际民用飞机制造企业成熟管理经验,结合实际管理需求,ARJ21新支线飞机在项目财务管理活动中引进并使用的管理工具,包括风险收益共享合作(RSP)模式、经济性分析商务模型、成本分解结构、目标成本和设计经济性评审、构型更改管理、标准成本与作业成本和信息化系统。RSP模式、项目经济性分析、目标成本、成本分解结构的应用情况如下:

试行风险收益共享合作(RSP)模式。为降低采购成本,ARJ21新支线飞机采用全球招标的方式确定国外系统供应商,并按照"风险共担、收益共享"原则将系统供应商纳入新支线项目合作伙伴,共同承担项目研制成本和批生产成本,通过未来飞机销售获得收益;另一方面,按照项目"共同投资、共担风险、共享收益"原则,将机体供应商纳入新支线项目合作伙伴,通过未来的销售收入和中航商飞盈利获得收益。利用市场化的手段,分散了主制造商的研制风险。

项目经济性分析,是指分析项目经济环境、政策环境、市场环境及机型前景分析、单机销售价格、市场销量,估算项目收入基础数据。根据项目的总体技术方案、工艺总方案、生产规模等估算项目总投资、单机成本、维护成本、期间费用等项目支出基础数据。根据项目的法律、产业政策等环境因素测算项目相关税费。根据基础数据建立商务模型,推算项目利润表、营运资金和投资现金流量表。计算投资收益率、回收期、净现值、内部收益率及进行敏感性分析。通过项目敏感性分析确定影响项目经济性的主要因素,以改善项目经济性。通过销售价格、机体制造成本、系统成品采购价格、研制费回收比例、销售价格浮动率、系统成品采购价格浮动率变化对动态投资回收架数、财务内部收益率以及累计净现值的影响进行敏感性分析,将项目投资回收影响程度从大到小依次进行排列:销售价格、系统成品采购价格、机体制造成本、销售价格浮动率、系统成品采购价格浮动率、研制费回收比例。

成本分解结构(CBS)。为做到项目研制任务与经费对应,强化经费管理责任与考核,ARJ21新支线飞机项目成本除了按照传统的做法,按设计费、材料费、外协费、专用费、试验费、固定资产使用费、工资费、管理费等八项成本科目进行归集外,将工作分解结构(WBS)主要要素引入项目成本管理与核算,并形成一套二维的项目研制成本报表(见表2-2)。按照重要性原则,ARJ21新支线飞机项目引入工作分解结构,具体包括非详细设计、详细设计、风洞试验、结构试验、系统试验、原型机生产、工装夹具、试飞、客户支援等19个成本章节,作为项目概算、预算、核算、决算的主要框架。

表 2-2 二维项目研制成本报表

成本章节 \ 成本科目	设计费	材料费	专用费	试验费	外协费	固定资产使用费	工资及劳务	管理费	合计
非详细设计									
详细设计									
风洞试验									
结构试验									
系统试验									
工程模拟器									
成品采购及研制									
工装夹具									
样机									
原型机生产									
试飞									
修改									
地面支援设备									
备件									
文件									
杂项									
管理									

(续表)

成本科目 成本章节	设计费	材料费	专用费	试验费	外协费	固定资产使用费	工资及劳务	管理费	合计
持续支援									
整修									
客户支援									
合计									

目标成本应用。为适应民机市场要求,将 ARJ21 新支线飞机项目研制总费用和单机成本控制在合理范围内,主制造商建立成本管理体系,在项目总会计师系统的领导下,严格控制单机成本和研制成本,具体可分为目标成本设定、目标成本分解、目标成本控制三个环节。

(1)目标成本设定。

民用客机的价格形成是市场竞争的结果。新支线飞机的目标价格在与其他机型价格充分比较分析下,综合产品在细分市场定位、竞争力和销售策略等因素而制订。飞机合同成交价包括基本构型价格、选装设备价格和浮动价格。

目标成本包括研制成本目标和单机成本目标。研制成本目标也称项目概算,将概算按工作分解结构分解细化为具体的成本控制指标。在可行性研究阶段,可以采用类比成本法和参数成本法将项目布局座位数、空机重量、巡航速度、基本航程、材料应用和服务寿命等信息,与相近机型对比分析,确定研制成本目标;在初步设计阶段,可以通过工程估算法,按照工作分解结构,采用自上而下分解和自下而上测算相结合的方式,确定研制成本目标,分解研制成本控制目标,确定成本控制基线。单机成本目标包括系统采购成本和机体部段制造及总装成本、客户服务成本、期间费用和摊销成本等,根据目标价格扣除预期利润倒推得到。设立目标成本是成本控制的基础。

(2)目标成本分解。

将确定的目标成本分解、落实到各个参研单位,才能激发每个单位控制成本费用的自觉性和积极性,确保实现目标成本。研制成本目标分解,根据飞机研制工作分工、任务内容、进度要求,采用自上而下和自下而上结合的方式进行目标分解,并通过协商确定各工作包研制成本;单机成本目标分解,以市场预测售价为基础,推算出系统和机体采购目标成本和其他费用目标,确定各工作包的目标成本,并以此作为成本控制目标,通过招标和谈判与系统和结构供应商签订采购合同。

(3)目标成本控制。

经过不断摸索和完善,新支线项目主要从总经费闭环、年度预算审批、项目 CBS

管理、工程更改经费审批、项目战略目标管理评估等方面着手落实研制经费控制目标。

总经费闭环管理：为保证在概算的经费额度内完成项目既定的研制目标，新支线项目最顶层的控制措施为闭环管理，即将总经费盘子按工作包切分，签署研制协议（或研制合同），明确研制任务责任到单位、经费控制目标分解到单位。

年度预算审批：在"闭环管理"的指导思想下，为保证各单位的经费控制目标的实现，对各单位每年度的经费申请和使用采用预算管理，项目公司对各单位的年度研制经费预算进行审批，最大限度地做到年度经费与年度计划任务的匹配，并平衡各单位的总经费额度与各年度的投资强度的分配。

项目 CBS 管理：为从研制任务的维度实现项目研制经费的闭环管理，引入了项目 CBS 管理，在编制项目概算时已明确了各个成本章节所包含的工作及配置的经费，项目公司定期对各成本章节的经费使用情况进行统计分析，一方面控制各成本章节的总经费，另一方面也根据各章节工作量的变化情况，修正各成本章节的费用分配额度。

工程更改经费审批：作为民机研制项目，其项目管理及实施的复杂性是其最显著的特征之一，因此在新支线项目近 13 年的研制过程中，由于适航取证条款要求、性能指标优化等各种原因带来的工程更改数量庞大，由此带来了数亿元的新增研制经费。为控制工程更改带来了新增经费，新支线项目工程更改审批流程中嵌入了财务审批环节，并逐步引入了经济性评审，评审结论作为项目（构型）控制管理机构决策的依据。

项目战略目标管理评估：为取得项目的商业成功，以型号战略目标评估作为有效手段，在财务维度评估方面，建立经济型分析模型，系统分析研制总经费、生产计划、销售收入、单机成本等影响项目经济型情况的主要因素变化及其影响，修正后续研制总经费控制目标，为后续生产计划的调整、销售策略的制定、单机成本控制提供依据。

3）谁来做——落实责任

为加强新支线飞机项目财务管理和成本控制，统一各参研单位项目会计核算，充分发挥参研单位工作积极性，在项目行政指挥系统内，主制造商和各参研单位相关人员组建了 ARJ21 新支线飞机项目总会计师系统，并提出各参研单位成立成本控制机构的要求。

ARJ21 新支线飞机项目总会计师系统具体包括项目总会计师、项目主任会计师、主管会计师及总会计师办公室。项目总会计师系统的职责包括：协商并提出项目财务工作的具体原则和方针；根据市场情况，制定目标成本，提出成本控制工作模式，建立新支线项目成本控制体系；确定项目的财务管理、科研费核算模式，间接费用摊销原则和方法，建立项目财务结算体系；总结研制过程中财务管理经验，不断改进完善财务管理系统。

在项目总会计师系统统一领导下,各参研单位在单位总会计师具体领导下,建立相应的研制成本控制机构,由项目主任会计师具体负责,有设计、工艺、质量、生产、财会等人员参加组成。成本控制机构的主要职责:在项目总会计师领导下,负责本单位新支线飞机项目成本控制措施与方法的制订,并具体组织实施,除费用控制外,还要从飞机成本的源头,即设计、工艺、生产技术、对外采购等方面具体进行控制。促进本单位新支线飞机项目经费不超,成本降低,效益提高。

2.8.1.2　ARJ21 新支线项目的成本控制工作

ARJ21 新支线项目的成本控制工作主要围绕研制成本、单机成本、备件成本控制展开。研制成本控制主要以目标成本为中心,从设计源头上加强成本意识,对研制过程中进度、工程更改、研制目标等对成本的影响及时跟踪,进行评估分析,修正研制目标成本。单机成本控制主要以采购价格为牵引,锁定各机体部件、成品件、总装、标准客服的成本,建立了包括供应商的机体结构件、成品件的采购价格及内部单位之间的单机结算价格的采购价格体系。备件成本主要通过锁定采购价格、保持科学合理的备件库量等方式来控制。

1) 研制成本控制

(1) 提出从源头开展成本控制总体设想。ARJ21 新支线飞机型号总会计师系统提出了各参研单位建立研制成本控制机构的总体设想,由项目主任会计师具体负责,由设计、工艺、质量、生产、财会等人员参加从飞机成本的源头——设计、工艺、生产技术、对外采购等方面具体进行成本控制。而飞机研制的经验表明,市场定位、方案设计和总体参数、系统综合和新技术的选择等,对飞机的研制成本和运营成本有重大影响,在设计结束(以构型冻结为指标)时,全寿命成本的 85% 已锁定(见图 2 - 10)。

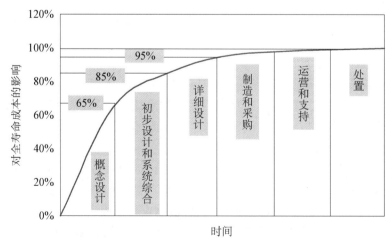

图 2 - 10　时间对全寿命成本的影响

因此,设计阶段成本控制至关重要。ARJ21新支线飞机项目按照民机研制规律,提出了全寿命成本分析和设计经济性评审的概念,积极推动将经济性指标纳入项目决策。

(2)围绕目标成本开展成本控制工作。根据民机市场激烈竞争的特点,在项目立项和可行性研究阶段,根据ARJ21新支线飞机市场定位、竞争力和销售策略等因素制定目标价格和目标成本,在后续研制过程中,完成对研制目标成本和单机目标成本的分解,并以此为基础实施成本控制方案。中国商飞以ARJ21新支线飞机项目总概算及年度投资强度为控制目标,在项目研制初期与国内外供应商均签订项目研制总合同。研制合同明确了各供应商研制任务、经费及年度投资强度,有利于发挥供应商严格控制成本的积极性。另外,中国商飞根据项目研制任务进展和实际需求,制订项目研制经费年度预算,严格按照预算进行经费支出控制。

(3)构型更改控制中加入成本要素。ARJ21新支线飞机项目在研制初期就成立了构型控制委员会(CCB)和项目控制委员会(PCB),对新支线飞机项目构型更改引起的技术、质量、成本和进度等重大问题做出决策。成本方面,中国商飞将成本控制要求嵌入构型更改审批流程,要求将引起非重复费用增加超过500万元,或单机成本增加超过1万美元的构型更改需提交PCB决策;不超过限额的构型更改提交CCB决策。所有涉及工程更改的记录和报告均完整、有效和可追踪,为成本控制分析与评价奠定了良好基础,更为项目构型控制管理决策提供有力支撑。

2)单机成本控制

(1)制造成本控制。

公司总部将制造成本的控制数通过内部结算合同下达给总装制造中心,总装制造中心负责控制机体结构、系统品、总装集成成本。在项目启动之初,与各供应商签署研制主合同时,对相关部件/系统的单机价格有很明确的描述,包括基本价格、价格调整等。由于研制分工的调整等因素,首飞之后,针对国内机体部件单机价格展开了联合审价,按首飞后的物价水平、生产速率等核定了各机体部件的单机基本价格,并签署了批产合同。国外系统成品单机价格主要依据研制主合同相关约定执行。

(2)客服成本控制。

公司总部将标准客服成本的控制数通过内部结算合同下达给客服中心,客服公司将控制数分解为内部各个业务的成本控制目标,开展标准成本控制工作。

3)备件成本控制

客服中心作为客服服务提供单位,备件采购及销售作为其主要的经营业务之一,由其按商业运营模式控制机体结构备件、系统成品备件成本,其中系统成品备件价格在研制主合同已有约定。机体部件备件首飞后,对机体结构备件价格进行了审定,签署了备件采购合同。

总结 14 年的项目财务管理工作,作为民机产业的开路先锋,ARJ21 新支线飞机项目财务管理在观念和管理上打破财务人员只负责事后记账的传统管理模式,针对民机研制不同阶段的业务特点,大胆实践、勇于创新,从项目财务管理活动、管理工具、项目财务管理团队建设、项目成本控制等方面做了一些有意义的探索,取得了一定的效果。回顾 14 年项目财务管理工作,我们感到仍存在下列些许遗憾:

(1) ARJ21 新支线飞机项目研制经费仅从预算执行单一维度进行分析,未能将项目完工进度和经费使用匹配性进行综合分析,不能及早地预测和发现项目成本差异与问题,尤其是无法及早预测项目研制经费超支的风险。当然,开展挣值管理需要项目决策层和执行层理念达成一致,需要对研制任务进展有充分的认识和把握,更需要完善的信息化条件作为支撑,ARJ21 新支线飞机研制过程开展挣值分析条件尚不具备。

(2) ARJ21 新支线飞机项目研制过程未全面推行工时管理,除生产制造按照工时进行管理外,设计、客服、项目管理人员未按工作任务进行工时的控制和分析,人力资源的计划和管理有待细化,工资劳务费的成本控制缺乏有力抓手。

(3) 回顾新支线项目概算调整工作,可以发现引起项目概算超支的源头主要原因可归纳为:概算编制时对任务及工作量的估计不足、研制目标的调整、工程更改、各种因素导致的项目延期。因此需要采取下列措施:

a. 通过不断的实践积累及理论学习,提升对民机项目全周期研制目标规划及其任务量的评估能力,在概算编制初期能分层次地将研制目标不断细化,尽量减少漏项,并以此作为研制的纲领性文件。例如在新支线项目两次概算调整评估过程中,对取得 FAA TC 证所涉及的研制任务及工作量的顶层规划能力不足,导致对经费测算的依据不足,测算的颗粒度不够细,后续经费超支风险较高。

b. 强化对项目研制目标的认识,对研制目标的描述详细具体,在整个项目研制过程中时刻围绕项目的研制目标开展工作,定期评估,区分项目研制投入与基础能力提升投入,防止做一些与研制目标无关的工作,增加不必要的人力物力投入,浪费可贵的研制资源。

c. 提升项目管控能力,包括对项目研制进度、任务与经费匹配度、供应商等管控能力,在基础能力比较薄弱的情况下,可通过"记录—分类—分析—找规律",不断成长,锻炼一支扎实的民机项目管理研制队伍。在新支线飞机项目两次概算调整中,国外系统供应商由于更改和延期带来的研制费超支在整个超支经费中所占的比重较高。

d. 项目的成本价格数据库尚需不断完善,新支线项目已初步建立了顶层价格体系,涉及具体单项研制任务所需相关的料、工、费投入评估体系尚在探索建立过程,这一体系的完善能大大提高对供应商的议价能力和对研制任务经费需求的估算能力,为项目概算测算奠定基础。

e. 建立确实可行的项目研制任务与经费的考核机制,增强项目研制团队的责任感,变控制经费为主动节约经费,逐步将勤俭节约融入公司的项目管理文化。

2.8.2 树立全员成本意识

降低成本不仅仅是财务部门的工作,而且是项目全体参与者的任务。按市场机制办事发展民机,要在全体人员中树立成本意识,全过程、全方位地做好成本控制工作。

首先是设计部门。正如飞机的质量首先是设计出来的一样,飞机的成本也首先是设计出来的。造一架什么样的飞机从根本上决定着要花多少钱、能不能赚钱。在市场定位确定之后,技术方案的制订、技术途径的选取、是否采用新技术都从根本上决定着项目的成本,决定着研制周期,也反过来影响成本。

不仅顶层设计要考虑成本,在一切设计活动、环节都要体现控制成本的理念,分阶段测算成本和费用,进行严格控制。国外航空制造企业,如波音公司飞机成本与费用测算工作一般分四级进行。第一级,在进行可行性研究阶段,根据飞机的主要性能参数(如速度、重量)对整机成本进行测算;第二级,总体布局和构型选择阶段,对方案本身可做出较为详细的描述,因此对部件和次部件进行测算;第三级,方案已确定,项目宣布上马,对飞机组件进行测算;第四级,在发图过程中和发图后,详细计算其成本,要算到每一个零件。前三级的估算准确度一般在 $50\% \sim 70\%$,第四级测算,对常规项目可达到 90% 的准确度。成本测算的方法主要有三种:第一整机参数法是按照飞机的性能参数,利用数学模型测算。第二结构参数法是按照产品的历史成本资料,即按照飞机结构和系统重量所需工时统计回归的数学模型进行测算。第三工程法是根据飞机图纸、工艺规程逐项零件详细测算。

由于计划经济的烙印太深,我们研制的飞机从未真正经受过市场的考验,我们的设计员缺少技术成本的概念。不知道采用何种技术要花多少钱,没有性价比的数据,基本上没有开展成本设计。

设计员要扩充知识、扩大视野,不仅要考虑性能和功能的要求,而且要考虑制造和维修的成本。例如材料、标准件选取,要考虑价格、工艺性,尽量减少品种,这样可以减少库存;特别是复材件尤其要做到设计、工艺、维修专业的高度结合,对提高工艺性能、加快试制进度十分重要;零组件设计要懂得制造和装配工艺,我们在波音707 飞机的图纸上曾看到美元符号 $,这种符号表示这个区域(表面)是工艺基准,不能随意修改,否则会大量增加制造成本,这就要求设计员和工艺员之间充分的沟通和理解。成品件的选用要在保证性能的基础上尽量便宜,尽量避免唯一供应商,否则会给供应链的安全带来隐患,而且使合同部门的商务谈判处于不利的境地。要充分考虑维修的通路和操作,这就要求与客服的维修工程专业充分沟通。总之,设计员要学习工艺、维修工程知识,还要了解成本价格数据。设计院要设立成本设计主管部门,特别是单机成本控制,要分解指标、建立流程,落实责任,进行类似波音公司的四级成本测算。要建设为减轻每一克重量、降低每一分成本而努力的文化。

制造、客服和项目管理环节的成本控制从工艺优化到精益制造,从维修工程到备件提供,在各企业都有许多经验教训,这里不再赘述。需要强调的是质量、进度,成本的关系,没有质量就谈不到进度,质量问题必定增加成本,进度拖期必定增加成本。

另一方面项目财务管理因主管项目成本控制、项目经济性分析、研制经费管理等方面工作,充分发挥项目和财务桥梁作用,需要具备飞机设计制造和财务知识的复合型人才,也就是有一定工程背景的财务人员或了解财务知识的工程技术人员。要把技贸结合落实到设计、采购、制造、商务的各个环节。

ARJ21-700新支线飞机是我们第一次在市场机制下自主研制、自主经营的飞机,经过十几年的努力取得型号合格证,要获得市场成功和商业成功路还很长,成本控制和财务管理的任务更重,我们有决心、有信心在十几年努力的基础上走出一条成功之路。

2.9　在项目的推进中建设民机队伍,打造民机文化

发展中国民机产业的关键在人才。国民经济的飞速发展,为民机产业提供了迫切的市场需求,经过长期反复的论证,中国应当设计并制造出具有自主知识产权和国际竞争力的大飞机已经成为国家意志,党中央、国务院做出重大战略决策,实施研制大飞机的重大科技专项,要花比买飞机、租飞机更多资金来研发、制造自己的大飞机。关键在于队伍、在于人才,要建设一支敢于拼搏、乐于钻研、善于合作、甘于奉献的民机产业大军,一支信念坚定、技术水平高、作风顽强、富有经验的专业队伍,去攻坚克难掌握现代民机技术,以百折不挠的决心和意志,坚持不懈地努力完成这一光荣的历史使命。这样一支队伍只能在发展民机产业的实践中形成。

回顾ARJ21新支线项目的研制历程,正是一个在项目的推进中建设民机队伍,打造民机文化的过程。

ARJ21-700新支线飞机项目之初,正值中国民机发展的困难时期,三步走的设想夭折,中国民机产业的发展失去了方向。中航一集团主要民机厂所处境十分困难,上飞厂在交付两架MD90飞机后工厂没有产品,工人没有工作,发不出工资,技术骨干流失,上飞所多年没有型号,靠开发民品维持,年轻人几乎全部跑光。在这种情况下接受新支线项目的任务,真可以说是业内没有信心,业外没有信任,综合部门的支持也是有保留的。

但是,为了实现发展中国的民机产业、让我们的老百姓坐上中国人自己的喷气式飞机的梦想,在中航一集团的领导下,中航商飞组织上海厂、所会同各兄弟参研单位承担起了新支线项目的任务,经过中航一集团、中国商飞十几年的努力,带领一支年轻的队伍,实现了 ARJ21 - 700 飞机适航取证,形成了具有中国特色的民机文化雏形,培育和弘扬以"长期奋斗、长期攻关、长期吃苦、长期奉献"为核心的大飞机精神,一以贯之、锲而不舍、扎扎实实、脚踏实地,奋力推进大飞机事业,谱写了"广纳天下英才,共创民机伟业,成就精彩人生"的历史篇章。

2.9.1 依靠人才发展项目,依托项目培养人才

2.9.1.1 ARJ21 新支线飞机项目队伍的组建

ARJ21 新支线飞机项目上马之初,按照新支线飞机项目设计、制造、总装、交付和服务的布局安排,研制力量基本在上飞所、上飞厂。处于困难境地的上飞厂、所人才流失严重,人才队伍的总量、质量、结构与所承担的新支线飞机项目研发任务极不协调,高层次专业技术、管理人才缺乏,尤其是中青年骨干技术力量严重缺乏。为了迅速组织力量投入到新支线飞机项目的研制工作中去,中航一集团充分利用现有资源,发挥行业优势,全力推进新支线飞机研制队伍的组建工作。

1) 整合资源,建立新支线飞机项目的研制团队

2000 年 11 月 17 日中航一集团调集了西安飞机设计研究所、上海飞机设计研究所、西飞公司、上航集团、上飞厂等单位的首批 49 名工作人员集中办公,在上海成立新支线飞机项目公司筹备组,并继续借调人员成立联合工作队开展可研报告、预发展工作;同时积极推进东西整合,于 2003 年 6 月 28 日,在西安飞机设计研究所和上海飞机设计研究所的基础上整合成立了中航第一飞机设计研究院,担负起 ARJ21 新支线飞机项目的工程发展工作。

采用主制造商-供应商形式,充分利用航空工业资源,按照 MD90 干线项目的生产布局和集团传统的试验试飞分工组织新支线飞机项目的制造、试验、试飞力量。上飞厂作为中航商飞委托的主制造单位,成飞公司、西飞公司、沈飞公司、特种所作为供应商承担机体制造,强度所承担飞机强度试验、试飞院承担试飞工作。国外系统供应商以风险共担的形式承担系统开发工作。中航商飞自己开始组建市场、客服和适航与供应商管理队伍。

2) 引进人才,加强新支线飞机核心研制力量

中航商飞、上飞所、上飞厂是项目的核心层。在中航一集团的支持下,各单位通过兄弟厂所支持、社会招聘录用等方式,重点引进航空专业高级职称中青年专业技术带头人,但是由于经费紧缺,薪酬过低,重点院校毕业生较难招聘,人才引进更加困难,效果不明显。

3) 加强培训和岗位传帮带,提升中青年技术骨干的能力

为尽可能弥补新支线项目人才短缺现状,围绕新支线飞机项目的研制和管理,上飞所和上飞厂充分发挥返聘专家传、帮、带作用,培养年轻技术人员担当重任,同时通过国际交流、与供应商共同工作、请国外一流航空企业开展项目管理、国际标准等方面的培训等多种方式,学习国外航空技术、管理知识,上飞厂则开展多种形式的岗位培训和技术练兵,不断提升中青年技术骨干和操作工人的能力。

通过以上措施,逐步形成了 ARJ21 新支线飞机项目的研制队伍。承担起项目研制任务,2007 年 12 月实现 ARJ21-700 飞机总装下线。

2.9.1.2　为中国民机产业的发展,做大做强民机人才队伍

中国商飞的成立极大地改变了中国民机产业的处境,同时国家提出的"统筹干线飞机和支线飞机发展"的要求对中国商飞的民机人才队伍建设提出了更高的要求,人才问题更加成为民机产业发展的瓶颈。为此,中国商飞积极应对,从思想认识到具体工作,采取各种有效措施,集聚人才,适应干线飞机和支线飞机统筹发展对人才队伍建设提出的紧迫需求。

1) 创新人才规划,周密策划人才队伍的建设

2010 年,中国商飞正式发布《公司 2010—2012 年人才队伍建设规划》和《公司 2010—2012 年职工教育培训规划》,及时抓好人才规划目标和重大人才工程的任务分解,印发了《公司人才工程及教育培训规划任务分解》和《公司青年英才工程实施方案》,编制了《公司人力资源总量规划和人才工程路线图》,大力实施海外高层次人才引进"百人计划""高层次领军人才工程""人才集聚工程";大力实施"青年英才工程",通过型号干部和高技能人才带教青年科技人员和青年技术工人,培养青年骨干人才。在此基础上,公司滚动编制《2013—2015 年人才队伍建设规划》,编制《COMAC 人才竞争力指数评估报告》,推进人才库试运行工作,开展人力资源基础数据采集,统计分析人才数据和人力资源结构,发布人员统计白皮书,印发《公司人力资源管理体系(2013 年版)》,从组织架构、管理体系、工作关系等方面提出创新体制机制、服务型号研制、支撑战略落地的人力资源管理体系框架。

2) 认真做好人才招聘,解决科研、管理队伍的急需

依托与相关重点院校的战略合作关系,选择清华、北航、西工大、南航、英国克莱菲尔德、法国航空航天高等学院等 60 余所国内外重点高校开展校园招聘系列活动;引入国际知名人才咨询公司,开展法律、战略研究、航电等岗位高端紧缺人才引进;公司总部相关岗位社会招聘,对外引入知名咨询机构的人才测评专家,对内全面提升考官组规格、层次和专业化水平。

3) 重点引进能突破关键技术的海外领军人才,建设海外高层次人才创新创业基地,促进项目研制

作为中组部首批确定的海外高层次人才创新创业基地和人才工作联系点,公司在上海、北京建设互为补充的海外高层次人才创新创业基地,建立与国际接轨的

人才管理和科研管理体制,创新体制机制,聚集一流人才。通过海外高层次人才引进"百人计划",迅速打开引才局面,探索"公开招聘+海外引才"的做法;探索"首席专家制",推行由海外高层次人才领衔创新创业团队;探索"柔性引才"方式,通过技术咨询、校企双聘、项目攻关等多种形式引才引智。公司积极建设"人才特区"和"人才高地",重点引进能够突破关键技术的海外领军人才,有力促进了项目的研制。

不断探索外国专家团队的配置,树立"按任务配置资源"的理念,加强海外人才实岗使用,把优秀的海外高层次人才配置在关键岗位,同时,制订和完善公司《保密、竞业限制和知识产权有关承诺》,有效规避在海外人才使用过程中涉及的保密、竞业限制和知识产权等方面的风险。

4)加强教育培训,不断提升民机人才队伍的能力

公司成立后第一个年度就确定为"教育培训年",明确把教育培训作为公司基础性、战略性、先导性工程,作为实施重大人才工程的重要抓手,紧密围绕公司发展战略纲要,提出教育培训目标、实施计划和保障措施,优化"以内为主、以外为辅"的教育培训体系。

以内为主,打造符合市场化、职业化与国际化要求的高素质队伍,围绕公司战略发展需要和重点业务工作,有针对性地举办业务培训。开展商飞之星、COMAC领导力、专家课堂、系统工程师、试飞员试飞工程师、全球民用航空人才培养计划(GCAT)等多项培训。同时,夯实培训基础,抓好师资队伍建设,不断把政治立场坚定、理论功底扎实、实践经验丰富、热爱干部教育事业的优秀人才充实到干部培训师资队伍中来;抓好教材建设,组织开展培训教材编写工作,会同上海交通大学出版社进行规范梳理,截至目前,在公司内部印制了5个系列共46册培训教材,共计568万字,其中业务管理类14册,新员工培训类7册,设计研发类7册,总装制造类9册,客户服务类9册,初步构建了较为系统的关键技术岗位培训课程序列和教材库;抓好信息化建设,开展培训管理信息化系统和在线学习系统建设工作,有效提升教育培训信息化水平。已初步建立覆盖培训项目全流程的教育培训管理信息系统,指导各所属单位开展在线学习系统。公司在线网络学习平台已上线课程800余门,超过10 000人次开展了在线学习。

5)积极挖掘和利用国内专家和退休老专家资源

公司积极挖掘和有效利用国内专家和退休人才资源,充分发挥其专业技术特长,有效弥补公司高端人才不足,促进年轻人才成长。在ARJ21新支线飞机研制、技术攻关、科研管理等各个方面,公司都成立由国内各行业著名专家学者参与的评审委员会,为公司出谋划策,把关指导,发挥了重要的作用。同时,公司积极做好退休老专家返聘工作,建立了联系专家制度,制订了相应的管理办法,形成了长效机制。

6) 严格型号干部监督和管理,保证民机研制健康发展

结合公司干部选拔任用工作实践,全面加强型号干部监督和管理制度建设,加强型号干部的管理,全面梳理职务序列,编制选拔任用工作流程,坚持任职前公示制度,加强考核,除工作实绩和能力外,把德作为考核的重要方面,做到个人述职要述德,民主测评要测德,个别谈话要问德,综合评价要全面分析德,把德的考核结果运用到型号干部培养教育和管理监督中,作为选拔任用的重要依据。

中国商飞确立了"广纳天下英才,共创民机伟业,成就精彩人生"的人才观和"依靠人才发展项目,依托项目培养人才"的人才理念。推进"百人计划""领军人才工程""人才集聚工程"和"青年英才工程",实施面向 70 后、80 后科技骨干和管理骨干的"商飞之星"人才培养行动计划。人才总量快速增加,员工数量比中国商飞组建时翻了一番还多。初步形成了一支信念坚定、甘于奉献、勇于攻关、敢打硬仗的民机研制人才队伍,为 ARJ21 新支线飞机项目和 C919 大型客机项目提供了强大的人才保证和智力支持。

2.9.2　在项目的推进中建设民机文化、促进民机产业发展

民机文化产生于项目的进展之中又服务于项目,从信念、观念、意识、作风等方面影响着队伍的精神面貌、工作效率和战斗意志,促进项目的发展,民机文化的内涵与民机产业的特点和发展规律紧密相连并且具有中国特色。

2.9.2.1　庄严的使命感、责任感是取之不竭的精神源泉,是中国民机文化的出发点

民用航空早已进入寻常百姓的日常生活之中,与公路运输、铁路运输、水上运输一样成为主要的交通工具,是国民经济的重要组成部分。截至 2013 年 11 月底,我国民航拥有各型飞机 3 810 架,但没有一架是国产喷气式客机,我国也没有自主品牌的国家领导人专机,这与我国的大国地位不相符。研制一架具有自主知识产权的喷气式客机,并从真正意义上实现商业上的成功,是我国航空工业和民航运输业几代人的夙愿。

大飞机是一个大国的"国家名片"。随着我国综合国力不断增强,国际地位日益提高,中国应当设计并制造出具有自主知识产权和国际竞争力的大飞机,这是国家的意志、民族的梦想和人民的期盼,是实现中华民族伟大复兴中国梦的组成部分。从 ARJ21 新支线项目之初提出的"让中国的老百姓坐上自己的飞机"的口号到中国商飞明确提出企业使命为"让中国的大飞机翱翔蓝天",庄严的使命感和责任感召唤和激励着参研人员将人生追求和价值目标融入为大型客机事业的不懈奋斗中,攻坚克难、奋勇前行。年轻人不顾一切地勇敢投入战斗,"611""712"地加班加点,离开新婚的爱人、放下怀中的孩子,离家到试飞现场,一去就是 6 年;中青年骨干担起重担,带领队伍攻坚克难,费尽心血,百折不挠,闯过一道道难关;参加过运-10 研制的老同志珍惜机会发挥余热、身患重病坚持工作,有的已经耗尽了最后的精力。终于实

现了 ARJ21 - 700 飞机适航取证,在项目成功的征途上迈出了艰难而宝贵的第一步,队伍也建立起来了。

创业难。中国民机产业还处于初创时期,我们的基础薄弱,我们的队伍缺乏实践。在直面国际一流企业和一流产品的激烈竞争时,随着 ARJ21 新支线项目工作的不断深入,在人才队伍与经验、技术储备、技术基础体系和科研生产设施等方面暴露出严重的匮乏和不适应。因此,新支线飞机项目面临着项目发展和建立民族产业基础双重艰巨重任,其困难和挑战远超出我们的预料。缩小几十年的差距绝非一蹴而就,发展中国民机产业,不仅要准备攻克一个个难关,而且必须有长期作战的准备。

当 ARJ21 - 700 飞机研制进入试飞取证阶段,设计不成熟的问题暴露出来,试飞和适航验证能力不足的矛盾突出出来,原定 2 年的试飞取证阶段持续了 6 年,业内外议论纷纷,中国商飞不为所动,冷静地分析形势,调配资源,组织群众做好"长期奋斗、长期攻关、长期吃苦、长期奉献"的准备,埋头苦干,艰苦攻关,扎扎实实地推进项目,终于闯过了试飞取证关。

长期的攻关是艰苦的,前进的路上没有掌声、没有鲜花,有的是不理解的人发出的责难。要受得了委屈、耐得住寂寞。这需要坚定的信念,需要"钢铁般的意志、百折不挠的精神"。"在科学的道路上没有平坦的大路可走,只有在崎岖小路的攀登上不畏劳苦的人,才有希望到达光辉的顶点。"(马克思)

为了"打造我国民用飞机产业核心的、精益化的市场主体;在世界民机产业强者之林争得一席之地。为客户提供更加安全、经济、舒适、环保的民用飞机。"为了实现"把大型客机项目建设成为新时期改革开放的标志性工程和建设创新型国家的标志性工程,把中国商飞建设成为国际一流航空企业"的雄心壮志,中国商飞人愿意奉献出自己的全部力量。

2.9.2.2　加强和改进公司党的建设,为大飞机事业顺利推进提供了坚强保障

贯彻落实党中央的重大战略部署,早日实现"两个建成",要求各级党组织充分发挥战斗堡垒作用,要求广大党员干部具备攻坚克难的精神、能力与素质。中航商飞成立之初就建立了党委,中航一集团、中国商飞党委领导班子成员坚持深入基层、深入一线、深入群众,定期开展调研,及时了解情况,掌握职工关注的热点难点问题,帮助解决职工实际困难。通过加强和改进新形势下的群众工作,进一步团结凝聚职工群众,推动了发展,促进了企业和谐。各级党组织和全体党员干部自觉用中国特色社会主义理论体系武装头脑、指导实践、推动工作,在真学、真懂、真信、真用历史唯物主义群众观点和党的群众路线上下功夫。坚定不移地高举中国特色社会主义伟大旗帜,坚定不移地走改革开放之路,坚定不移地奋力开拓我国民机产业科学发展之路,坚定不移地加快推进型号研制和公司发展建设。中国商飞成立以来,党员队伍建设和基层党组织建设不断夯实,到 2013 年底,党员总数从成立时的 1 107 名,

增加到近 4 000 名；党支部总数从成立时的 64 个，增加到 115 个。公司党委开展党员"闪光"行动、发挥支部"灯塔"效应，在全国 2 000 多个申报案例中脱颖而出，被评为"全国第二届基层党建创新最佳案例"。

2.9.2.3　坚定不移培育和弘扬大飞机精神，为大飞机研制提供强大动力

中航一集团、中国商飞党委始终高举中国特色社会主义伟大旗帜，积极围绕型号研制中心工作，大力弘扬"两弹一星"精神、载人航天精神和航空报国精神，大力弘扬上海城市精神，坚持"长期奋斗、长期攻关、长期吃苦、长期奉献"和"勤俭研制大飞机"的核心理念，坚持科学求实、一丝不苟、团结协作、奋发图强的工作作风，一以贯之、锲而不舍、扎扎实实、脚踏实地，奋力推进大飞机事业。

中国商飞把企业文化作为公司发展战略的四大支撑战略之一，全面推进企业文化理念识别系统、视觉识别系统和行为识别系统建设，统筹推进质量、成本、廉洁、创新、诚信、安全等六个子文化建设。建立完善新闻发言人制度，加强新闻中心建设，形成《中国大飞机》报、公司门户网站、《手机报》《大飞机》杂志等传统媒体和现代媒体相互补充、资源共享的多样化宣传载体。完成 ARJ21 新支线飞机项目被中央宣传部、国家发改委列为国家自主创新宣传典型的有关宣传工作，策划开展系列有深度有影响的专项宣传，着重宣传国产民机的可靠性、安全性，提升民机品牌知名度和美誉度。策划推出 ARJ21 新支线飞机项目报告文学、纪录片、主题展、画册等重点文化项目，推出一批企业文化建设精品。开展"翱翔之道——商飞故事征集展评"活动，评选"十佳故事"和"十佳文化使者"，进一步强化了公司的价值导向。

2.9.2.4　按市场规律办事，为国产民机实现研制成功、商业成功、市场成功提供坚实支撑

相对于军机，民机最大的特点是它要走向市场，要参与竞争，基本理念是客户为中心，经营者要有对市场的特殊理解和对客户需求的特别关注；经营民机必须具有市场意识，包括竞争意识和服务意识。市场需要法制，干民机要有适航意识。民机是我们的父老乡亲、兄弟姐妹乘坐的交通工具，必须保证绝对安全。为此，首先要有正确的市场观、客户观、生命观。

市场观、客户观、生命观的本质就是要认识这些个性和特色，从而在商业驱动的复杂产品项目中，正确处理民机制造商自身、民机产品、客户（航空公司）、市场以及政府监管之间的关系，明确市场和客户的需求是民机制造商经营活动的出发点和归宿，明确确保企业研制出的商用飞机能在整个寿命周期内满足安全可靠运营的要求是民机企业经营活动的本质，要围绕这些主题来开展我们的工作，审视我们的理念、产品实现过程、规章制度、言行以及环境。

市场观和客户观的基本内涵就是决定企业生产什么、生产多少、什么时候生产以及生产的产品以什么方式去满足客户基本需求的关键因素是市场和客户。因此，必须树立"对市场的特殊理解"和"对用户的特别关注"的理念，一切围绕市场和

客户。

　　ARJ21新支线项目之初,以满足市场需求、客户需要为主导,深入市场调研,增强成本意识、服务意识,为客户提供满意度更高的产品和服务。形成了"市场需求是我们的动力、乘客满意是我们的宗旨、客户赢利是我们的目标、一流服务是我们的承诺"的经营理念,提出产品适应性、经济性、舒适性、共通性和系列化的"四性一化"的市场定位,明确了建设市场销售、研制生产和客户服务为三大支柱的核心能力建设任务。

　　生命观的基本内涵就是安全性要求,"安全第一"是民用航空的准则,即必须确保企业研制出的商用飞机在整个寿命周期内满足安全可靠运营的要求。适航审查就是政府对民用航空产品进入市场的监管职责的体现。适航条例是政府法规,适航条款是民用航空产品进入市场的门槛,是对产品安全性保障的最低要求。要想发展民机,投入市场,为老百姓提供交通工具,适航意识和理念要深深扎根于每一个民用航空事业从业者的心中,落实在全部所有经营运作的行动上,形成理念和文化,这是航空人生命观的体现。

　　中国商飞成立后,在进一步改进和完善ARJ21新支线飞机项目适航管理体系的基础上,提出"遵循适航规律、遵守适航标准、尊重局方意见"的三遵(尊)原则,把生命观和适航意识落实到设计、试制、试验、试飞、生产、销售和产品支援服务的全过程,并且对标国际一流航空企业,全面规划核心能力建设,明确要建设飞机设计集成能力、总装制造能力、供应商管理能力、市场营销能力、客户服务能力和适航取证能力,全面提升民机主制造商的核心能力。

　　ARJ21新支线项目打破一厂、一所、一型号的模式,在中航一集团内有四厂、四院所参加,整合、凝聚、团结、协作是项目的需要,中航一集团党组提出"一个目标、一个团队、一个计划、一面旗帜(国旗)、一首歌(国歌)"的口号。在民机产业全球化、开放式的趋势下,实行主制造商-供应商模式,与国外系统供应商建立战略联盟,运作中施行并行工程,建设开放、理解、沟通、包容的多元文化,巩固战略联盟,提高运作效率。

　　不拒众流,方为江海,中国商飞提出"聚全球之智,广纳天下英才,共创民机伟业",正体现了这种博大的胸怀,适应民机发展的需要;而"安全至上、客户为本、自主创新、合作共赢"则成为我们的企业核心价值观。

2.9.3 民机队伍建设的体会

　　ARJ21新支线飞机项目队伍的组建和中国商飞做大做强民机队伍的实践,使我们深刻地认识到,我国民机产业要在全球民用航空市场中占有一席之地,必须首先赢得人才竞争优势;必须进一步增强和推进人才体制机制创新的责任感和紧迫感,广纳天下英才,共创民机伟业,关键要建立健全集聚人才和选人用人机制,还要有包容兼蓄的文化,引进人才、留住人才、发挥作用;不唯地域引进人才,只求所用不必求所有,机制灵活、不拘一格用好人才;加强队伍内新老成员的沟通交流,使得从航空公司引进人员的航线使用知识与原有设计人员的设计知识相融合,"海归"带来的先进理念与国内经验相融合。完善民机人才引进、使用、培养、激励制度和流程,进一步调动优秀人才创新、创业、创造的积极性;在型号研制和发展建设进入攻坚克难的关键时期,必须坚持党管人才原则,严格型号干部监督和管理,为型号研制和发展建设提供更加坚实的人才保证和智力支持。同时,我们体会到民机队伍的建设与一般的干部队伍建设又有许多不同,有其自身的规律和特点,必须加以充分研究。

2.9.3.1　民机项目队伍必须专业齐全、阵容整齐、人才济济

民机产业涉及的专业非常庞杂,工程设计部门有数十个专业,制造部门有几百个工种,还有经营、销售、客服等各种门类的管理人员,缺一不可,必须专业齐全;每一门类都要达到国际同行的技术水平,缺少一门就会成为公司的弱项,队伍必须阵容整齐;我们应该具有兼容的文化,使我们的队伍人才济济,每一领域都有出类拔萃的领军人物,带领整个队伍提高技术水准和工艺水平,创新超越,攻坚克难。要根据飞机项目工作分解结构(WBS)组织设计和制造团队,建立和发布项目的组织分解结构(OBS)。做详细的人才队伍建设规划,并落实到引进和培养工作中。

由于历史的原因,我们的民机队伍人员多从研究院所、工厂和学校里来,缺少具有飞机使用知识和经验的人才,这是我们队伍的弱项,使得我们的研发工作虽然能够充分重视性能和安全,但对航线运行和飞行员操作要求不够理解,重视不够。因此需要大力引进和培养懂乘客心理、懂使用维护、懂航线飞行、懂航线运行的人才,充分发挥他们的作用,提高整个研发队伍的客户意识和业务水平,才能为航空公司造出"好用"的飞机,不但性能好、安全适航,而且旅客喜欢乘、飞行员愿意飞、运行人员好管理、维修人员好维护。

2.9.3.2　项目队伍建设要适应项目进展的需要

项目进展的不同阶段对人才的需求是不同的,项目初期需要少而精的骨干队伍进行项目策划和方案工作,在项目启动之后则需要一支庞大的队伍;随着项目工作重心的移动,人力需求的重点也在各部门间转移;公司在满足项目人力需求的同时还必须考虑到技术的储备和预先研究。因此必须要有人才流动的灵活机制和全面的规划。

2.9.3.3　建立良好的激励考核机制,提高人才使用效益

必须借鉴国际民机研制经营经验,推进项目管理组织模式,通过工时统计、考核奖惩等制度配套,促进人才跨单位、跨项目、跨团队作战,形成以任务为核心、有效支撑型号研制和能力建设的人才资源最优配置,切实促进人力资源向人力资本的有效转换和保值增值。要研究绩效考核的模式,积累基础数据,实行定量考核。要有特殊政策留住特长人才,以应对人才市场的竞争。必要时,一人一策。

2.9.3.4 优化人才发展良好环境

要把队伍建设、人事管理和文化建设结合起来,围绕公司核心竞争力的提高,适应项目发展的需要,创造人才辈出的氛围,让中国的大飞机翱翔蓝天的神圣使命,召唤和激励着中国商飞全体员工将人生追求和价值目标融入为大型客机事业的不懈奋斗中,攻坚克难、奋勇前行。

习近平总书记在视察中国商飞时说:"中国的飞机制造业走过了一段艰难、坎坷、曲折的过程,而今迈步从头越,万里长征走了又一步,现在这个势头很好,开局很好,方向正确,基础也很好,希望大家继续努力,我寄希望于、寄厚望于你们这支队伍,尽管这条路还很长,要保持耐心,要一以贯之,锲而不舍,扎扎实实工作。一定要有这个雄心壮志,一定要相信,我们一定会实现这样一个伟大的目标。"

我们一定要建设好队伍,扎扎实实工作,不辜负总书记的厚望。

2.10 体会与启示

我们是市场机制下自主创新发展民机产业的初学者,通过 ARJ21 新支线飞机项目的实践,对民机产业的发展有了一些初步的规律性的认识。对于自己与当代民机产业的差距也有了真切的感觉,进一步理解了自己的使命。

2.10.1 对民机产业特点的几点初步认识

民用航空早已进入寻常百姓的日常生活之中,与公路运输、铁路运输、水上运输一样成为主要的交通工具,是国民经济的重要组成部分。目前全球在役客货机数量为 1.85 万架,每年全球有 3 200 万架次航班,运载 30 亿人次乘客和 5 000 万吨货物。每年全球航空业带来约 2.4 万亿美元的经济贡献,已经成为就业、商业活动及国际贸易不可或缺的部分。航空运输的快捷性使地球变小,与通信、网络技术一起推动了经济的全球化和一体化,同时,飞机制造业是当代最新技术的集中代表,拉动了整个产业链,带动经济的发展。为了担负起繁重的航班任务,民机、商用飞机必须安全、可靠、环保、适航,派遣率高,必须采用成熟的先进技术;民航运输业竞争激烈,飞机性能要好、经济性要好;飞机制造业不仅要提供好的飞机,而且要提供周到、可靠的优质服务,与航空公司一起保障航线的运营。各国政府都实行了有效的适航管理,保证飞机的安全、保证老百姓生命财产的安全,促进民航运输业和飞机制造业的发展。作为航线班机和商业运输飞机的制造者,需要研究民机产业的特点和发展规律。

2.10.1.1 民机是商品

相对于军机,民机最大的特点是它的商品属性;这个商品由产品加服务组成;基本理念是客户为中心,经营者要有对市场的特殊理解和对客户需求的特别关注;经营民机必须具有市场意识,包括竞争意识和服务意识。

军机是军方定制的武器,军方提供资金,提出研制目标、战术技术要求、研制周期、目标成本,监控研制过程,接收经过鉴定的飞机,进入军中服役。如果研制中遇到问题,军方理解了、同意了,可以接受,钱不够了可能追加,进度也有商量的余地。

民机是经营者自主经营,自己筹集资金、确定市场定位和进入市场的时机、制订技术方案,在适航当局的监管下进行研制,在合适的时间、经过适航认证进入市场。性能差了、周期长了都会影响市场,如果不能被市场接受,不能做到乘客满意、客户赚钱自己也赚钱,则意味着项目经营失败。

作为国有企业,我们能够得到政府的支持,需要接受国家的监管,但是,面对已经全球化了的民机市场,经营从根本上决定着我们的市场处境,决定着项目的成败。如果乘客不满意,他们会用脚投票——不买你的飞机票。市场是真正的裁判。

因此,民机的基本理念是客户为中心。只有飞行员喜欢飞,乘客喜欢坐,并且营运成本能够让航空公司赚钱,飞机才能在市场上站住脚。我们的价值体现在客户的价值中,只能我们顺从市场和客户,不能要求客户顺从我们。技术也要服务于经营,看一个技术方案的好坏,不是比谁的新技术用得多,而是看谁能用最简单、最可靠、最经济的办法造出有市场生存力、有竞争力的飞机,不是追求某一单项技术指标的先进,而是追求飞机有自己的卖点,能为市场所接受。

做到这一点不仅需要好的飞机,而且要有好的服务。从培训、备件、维修到航线支援,要有强有力的运行支持体系,让航空公司安全、可靠、经济、方便地用好你的飞机。

与定制军机的军方不同,航空公司保留他的选择权到最后一刻,即使是预定了的订单也可以取消,因此,飞机公司必须了解客户需求,甚至比客户更了解他的长远需求,更加了解市场的宏观走向。在飞机项目启动之前广泛听取客户意见,了解他们的经营规划、发展方针,并且考虑到在研发周期中情况的变化,确定自己的市场定位,制订他们满意的技术方案,凭借自己对市场需求的特殊理解,进行项目战略决策。

我们面对的是一个剧烈竞争的市场,必须进行竞争对手研究,了解他们的能力和他们的动态,扬长避短,沉着应对。在支线领域,ERJ飞机已经一家做大,并且已经在中国占据很大的市场份额,我们必须慎重对待。我们的ARJ21-700飞机需要尽快地完善成熟,我们的服务要尽快到位,并且充分发挥本土优势。

2.10.1.2　民机是现代高科技产品

民机产业高技术、长周期、高风险、大投入,整个项目是一个复杂的系统工程,不仅要有扎实的技术基础,而且要有有效的现代管理。

为了应对剧烈的竞争,各飞机制造厂商无不大力发展和采用先进技术,为了在已经全球化的民机市场上占有一席之地,我们的飞机和各个系统都必须达到市场普遍要求的技术水平,这是巨大的挑战。为此必须建立与国际接轨的标准体系。现在社会上流行一种说法,叫"三流企业卖产品,二流企业卖品牌,一流企业卖标准"。这就说明了产业技术基础的重要性。谁掌握了产业标准等技术基础和基础体系的发展能力,才能真正具备在市场上的核心竞争力,抓住技术和经济竞争的主动权。

1)注重技术基础建设

民用飞机的技术基础包括研制、生产、服务过程中的各种规范、标准、程序、数据、质量与适航体系等,从材料、标准件到系统,从管理到技术,从设计到工艺,从试验到试飞,从市场到客户服务,林林总总,不一而足。这些基础往往是几十年大量型号发展、使用和试验、试飞心血的结晶。有的甚至是在摔飞机的血泪教训基础上总结、升华、提炼出来的。我们强调自主知识产权和创新,没有这些规范、标准、流程、数据和体系等,就等于是纸上谈兵。ARJ21项目启动时国内规范与市场需求和国际水平相差较远,我们采取措施缩小了差距(见本章4、2、3)。

因此,ARJ21项目的发展,不仅是发展一个产品,更重要的是要走出一个道路,奠定一个重要产业基础,实实在在地为大飞机发展战略打基础。ARJ21-700飞机项目按照"直接采用技术先进和成熟的国际标准、国外先进标准、原材料全球采购"的原则制订了项目标准化综合要求,研究国外民机设计、制造、试验和适航取证采用的有关标准,凝练经验、积累知识,构建和提升民机基本研制能力,努力建设一个开放性的、具有广泛适应性的民机标准体系,与现有的国防科技工业标准体系相互融合,通过标准来量化安全、经济、舒适、环保具体指标和考核方法,为民用飞机产业化发展创建管理和技术平台。

2)积极采用成熟的先进技术

毋庸讳言我们在技术上的差距,许多技术在国外已广泛运用,我们却从未实践过。不采用先进技术,ARJ21-700飞机就无法达到市场需要的性能,但是,过多采用先进技术必然给项目带来风险,我们只在满足性能要求所必需的范围内采用成熟的先进技术。例如超临界机翼设计对飞机气动性能至关重要,我们自己也进行过多年的预研攻关,就决心采用,并且与安东诺夫公司合作,取得了良好的效果;在复合材料技术的应用上,我们主要用在非主要受力构件上,主要部件只有对飞机安全影响相对较小的方向舵采用了复合材料结构,希望取得经验之后再大量使用;机翼壁板喷丸成型和自动压铆技术我们已有多年的技术储备,且为机翼制造所必须,就下决心进行技术攻关,冻结工艺实现装机。又如飞控系统,我们从未设计过民机电传操纵系统,但是传统的机械传动操纵在国外民机上早已不用,连对应的成品都无人肯研制,经过慎重研究,ARJ21-700采用了电传操纵的硬件,但是没有对飞控计算机赋予全权,待我们对飞机控制率有进一步了解后再改进。总之,采用先进技术要着眼于效果,要有利于发展,要充分考虑风险做好预案。实践证明,ARJ21新支线项目关于采用成熟的先进技术的各项重大决策是慎重的、正确的。

3）管理水平也是竞争力

目前民机制造业的竞争已不仅限于技术领域,科学的管理也已经成为形成竞争优势的一个必要条件。由于缺乏经验,ARJ21 新支线项目的项目管理工作比具体技术的难度更大。作为项目管理人员,要为自己的团队提出什么时候干什么事,可是,整个团队谁都没有干过一个完整的民机项目,刚毕业的年轻人更是没有任何项目管理经验,只有学习,边学习、边工作、边总结,推动着项目的进展,锻炼着项目管理队伍。

首先是项目的顶层规划,包括产品分解结构(PBS)、工作分解结构(WBS)、组织分解结构(OBS)、成本分解结构(CBS),设计工作中要建立功能模块架构,做好功能分解结构(FBS)和需求管理,把型号规范的要求分解落实到各系统和各设计-制造团队;制造工作中要建立工艺模块架构,做好工艺流程规划;要建立构型管理体系,做好设计优化改进中的构型控制。要制订完善的项目计划,在 WBS 的基础上分解工作包,协调确定各工作包(包括供应商)计划进度要求,监控项目的进程,进行动态管理。

重要的是飞机进入市场的时机,它取决于项目启动的时机和研制周期。在民机的历史上由于错过时机丢掉市场,造成项目失败,甚至毁掉公司的案例已有多起。ARJ21 飞机立项时综合机关就担心项目周期太长,赶不上航空公司的购机要求,国外飞机要进来,科技部领导也明确指出“关键是时间”。现在,由于项目进展大大落后于原定计划,研制费用增加,飞机的技术优势也部分丧失,ERJ 飞机已大量进入国内,增加了 ARJ21－700 飞机的销售困难。因此,我们必须抓好支持客户运行的工作,抓紧优化完善飞机,使之迅速成长为中国支线航空的主力军。同时,我们要认真总结 ARJ21－700 飞机研制和取证的经验教训,提高组织管理水平,加速后继型号的研制进度,继续开拓前进。

4）积极运用信息技术的新成果

借助信息技术的进展,提高项目的技术水准,加快项目进程。信息技术的发展使飞机的设计、制造、使用和项目管理方式发生了根本性的变化,借助网络可以实时地把项目的参与者链接到一起,数字样机、有限元模型、综合进度计划、资源状况等信息可以在线交换,使客户和供应商更早地、更深入地参与飞机设计,整个研发过程的集成度和并行程度得到大幅度的提高。

ARJ21－700 飞机项目用 3D－CAD 技术的 CATIA 软件取代了习惯了的二维绘图工具 AUTO－CAD,创建出三维数模,派生出数字格式的二维图样,用 VPM 软件进行产品数据管理(PDM),用 CPC 软件建立电子协同商务平台,建立了数据交换和项目管理,实施了并行工程。但是在项目前期,由于经费短缺,软硬件不足,没有能够实现在线设计,影响了并行工程,未能进行虚拟装配,大大限制了数字化设计的优势发挥,同时由于数据管理程序不成熟,也影响了设计工作效率。

新一代信息技术与制造业深度融合,正在引发影响深远的产业变革,智能制造和网络技术的发展必然会使飞机制造技术大大前进一步。

2.10.1.3　全球化、专业化和开放式的运作

20 世纪 80 年代以来,世界经济日益呈现出全球化的特点。经济全球化的主要表现为贸易全球化、金融全球化、生产与投资全球化。许多从事跨国经营的企业,利用并优化世界各地的生产要素,在全球范围内布局研发、生产和销售网络,把世界各国和各地区的经济直接联结起来,把各国之间的国际分工变成其公司内部分工,在信息技术高速发展的今天,甚至出现了网络公司的概念。

1) 飞机制造商的角色在变

首先是飞机销售的全球化,接下来是生产的全球化。随着民机技术复杂性的增加,研制费用的快速上升和财务风险的扩大,很快民机制造商就开始将一些重要的零部件和分系统的研制工作转包给国外企业,直至与国外企业结成合作伙伴关系,共同出资、共同研制、共同承担风险。这就是民机产业的研制全球化。

飞机公司开始转变为一个系统集成企业,与主要供应商之间的关系由转包全面转向战略联盟,主集成制造商制定产品的分工界面和标准规范,将飞机机体结构与各主要系统的功能结构进行合理分解,将全机结构分解成多个整体结构功能模块,接着选定不同的“模块”供应商,赋予一级供应商全面的结构设计制造与系统集成任务和责任,主制造商完成产品最终的总装集成、生产和交付工作。

作为项目的发起者的主制造商抛弃了传统的飞机制造商的角色,变成“大规模供应链集成商”,将一个全球分散的设计和制造商团队整合成一个高度复杂和组织严密的系统。正确地决策造一架什么飞机,并且有可行的技术方案和经营规划,就等于竖起了一面旗帜,提出了一个纲领,是动员供应商来参加风险投入的前提条件。主制造商首先要把飞机市场定位找准,明确市场切入点,即弄清楚什么时候造一架什么飞机才能够占领市场,让乘客满意、让客户(航空公司)赚钱,让所有风险伙伴和自己也赚钱,就要有对市场的特殊理解,还要有对客户的特别关注——飞机的整个设计制造和售后服务都要尽最大努力满足客户的要求。把市场和客户服务抓在自己手里,依靠自己掌握的核心技术抓住飞机的集成,通过大量的供应商和对供应商实施的有效管理,拿出产品抢占市场。主制造商要正确地进行工作分解、发包,选取合适的供应商,从技术、质量、成本、进度各方面对供应商实施有效的组织、管理、控制,达到适航标准,满足客户需求,按时交付飞机,并组织供应商共同做好客户服务,持续改进飞机,进一步开拓市场,降低成本,让乘客满意、客户赚钱、自己也赚钱。实现商业成功。

要能够组织并主导研发和经营运作过程,主制造商自身必须具备强大的核心竞争力。需要有强大的资源和整合资源的能力,掌握核心技术、有丰富的经营运作经验,能够有效地控制项目进程。ARJ21 新支线项目的推进过程正是探讨打造中国民

机产业核心竞争力的过程。

2）专业化了的供应商角色也在变

竞争和技术进步促进了飞机系统供应商向专业化发展，国际分工进一步深化，从产业间、产品间分工发展到飞机产品内分工。原有的完全占有制造资源、直接控制生产过程的"纵向一体化"管理模式已不能适应市场竞争。供应商的角色由传统的零部件供应者转变为产品制造商的总成零部件/系统的参与设计者，成为战略合作伙伴。信息技术的发展，使供应商参与产品开发不受地域的限制，同时保证了供应商与产品制造商的技术资源的互补和共享，供应商参与新产品开发的模式已在民机产业成为惯例，从生产的全球化发展为研制的全球化。飞机公司将设计和开发成本与全球合作伙伴分摊，与供应商建立了全球性的协作体系，充分利用全球资源，加快了市场反应速度，推动了飞机在全球的销售，提高目标市场占有率。也有助于飞机公司集中精力于自己的设计研发、总装、供应链管理、营销和品牌这些核心业务。从而缩短飞机的开发周期，降低公司的供应成本，减少自身投资，分散研制风险，提升生产效率，满足全球客户的需求。

但是，由于对项目前景缺乏信心，技术能力达标的供应商是否愿意成为风险共担伙伴也是不确定的，而且，波音和空客公司这些民机市场的垄断者很可能限制其重要的战略供应商向潜在的竞争对手提供服务或要求战略供应商优先满足自己的需求。

3）我们已经走出了可喜的一步

ARJ21 飞机项目有大量的国际系统供应商作为风险伙伴参加，建立了一个国内航空项目前所未有的国际合作的构架。这一方面是由于中国民机市场的力量，而且支线飞机与波音、空客公司没有竞争，同时当时正处于"9·11"事件后国际航空业的低迷萧条时期，系统供应商都在寻找商机。ARJ 飞机项目实践已经证明，这种合作对项目资金筹措、市场开拓、产品技术质量保障，对自身技术队伍的成长和项目管理水平的提高，都发挥了明显的作用。可以说在今天，离开国际合作、在一国之内单独发展具有世界市场竞争力的现代民机已不可能，合作是必然，关键是要掌握飞机的自主知识产权、主导项目进程、占有市场份额，这要求掌握核心技术，具有对项目的管控能力。重要的是建立风险伙伴战略同盟的概念，主制造商作为同盟的发起者和领头人，是产业链的领导企业，要能够有效地统率起整个团队。

全球化、开放式的运营要求有多元的文化，沟通、开放、理解和包容的文化，把主制造商和国内外供应商队伍凝聚在一起，促进战略联盟的有效运作。

4）聚全球之智

全球化、市场化要求开放式管理，也为国际技术交流和人才流动提供了可能。中国商飞聚全球之智，广纳天下英才，共创民机伟业。聘请国外专家作为顾问，参加 ARJ21－700 飞机试验、试飞、适航取证工作；充分利用各类引才渠道，建设国际级外国专家库；作为中组部首批确定的海外高层次人才创新创业基地和人才工作联系点，在上海、北京建设海外高层次人才创新创业基地，引进和使用大量拥有飞机设计研发、科研管理等方面丰富经验、集成创新能力强的国际化人才；搭建全球化培养渠道，启动全球民用航空人才培养计划（GCAT）培养项目，对标国际一流，构建"一条主线，多处布点"的境外培训网络，先后与 8 个国家的 15 家国际知名院校和供应商企业合作，开展学历教育和短期专题培训项目，派出技术、管理骨干赴海外学习和培训；与瑞典皇家理工学院、法国高等航空航天学院、皇家墨尔本理工大学、英国克兰菲尔德大学完成教育培训合作谅解备忘录签约和博士后联合培养工作站挂牌，加强博士后联合培养；与 GE 公司合作，分享双方实践经验，互派员工进行为期两年的培养，建立未来领导力梯队。所有这些都大大推进了项目的进展和研制队伍技术管理水平的提高。

2.10.1.4 适航管理——法制意识

与军机是保卫国家的利器，追求卓越性能以消灭敌人保存自己不同，民机是我们的父老乡亲、兄弟姐妹每日乘坐的交通工具，必须保证绝对安全。对此不仅制造商飞机公司和承运人航空公司要负责，而且政府必须监管。适航审查就是政府对航空产品进入市场监管职责的体现。适航条例是政府法规，适航条款是航空产品进入市场的门槛，是对产品安全性保障的最低要求，是产品研制、生产和交付不能回避的强制性规定。民航局是代表法律、维护公众利益的政府部门，通过颁布适航标准和规定，代表国家行使政府职能，对民用航空器的设计、制造、使用和维修直至退役全过程进行鉴定、监督、检查和管理，确保飞行安全；在国际竞争中它维护本国的利益，包括本国乘客和本国营运商、制造商的利益。民用航空的从业者必须维护民航局的权威，服从适航当局的监管，要遵守适航规章、满足最低安全标准，积极配合和服从局方鉴定和监督，尊重审查代表的执法权，这就是适航意识。中国商飞提出的"遵循适航规律、遵守适航标准、尊重局方意见"的三遵（尊）原则是对生命的尊崇、是法制意识的体现。适航条例是百年来人类航空安全知识的总结，多数是由事故的教训，甚至是血的代价换来的，是必须遵循的强制性条款，同时又是国际上免费共享的资料库，当然也可以成为技术壁垒；制定标准的根本出发点是保证航行安全、维护公众利益，促进民用航空事业的发展，修改条款时既考虑安全的需要，也考虑公司的经济承受能力。目前，适航标准安全水平是飞机严重事故概率不超过 10^{-7}/飞行小时（fh），假设 100 个系统，每个系统灾难性的失效状态概率目标为 10^{-9}/fh。

对适航条例的理解和贯彻，以及与此相应的顺利通过适航审查的能力，是民机企业的基本能力，也是民机产业化发展的基础之一。适航管理是建立科学有效的飞机研发制造质量体系的基本依据，是企业内部进行严格的质量管理的促进剂。

民机是老百姓的日常交通工具，父老乡亲、兄弟姐妹的安全重于泰山，法制是市场经济的基本要求。要想发展民机，投入市场，为老百姓提供交通工具，适航意识和理念要深深扎根于设计、生产、使用、维护的每一个民用航空事业从业者的心中，落实在全部所有经营运作的行动上，形成理念和文化，这是航空人生命观的体现。

因此，我们必须建设适航队伍，树立适航意识，深入理解条款，正确实施验证，与适航审定队伍共同成长，并且谋求话语权，参与适航条款的完善与修改。

依据适航规章程序建设适航体系是适航能力建设的必要和基础性的工作。在ARJ21－700飞机启动初期，就根据CCAR－21部及相关程序的要求，参考世界主要飞机制造商的经验开始了设计保证体系的建设工作，编制印发了《ARJ21飞机设计保证手册（试行）》，从组织结构、职责、程序和资源方面落实设计保证要求，明确ARJ21飞机设计体系、项目适航管理体系，规定了体系内部工作界面、责任、权限和工作程序、流程，委任代表的管理。根据项目的组织模式特点，特别强调中航商飞具有最低限度的工程控制能力和资源，落实供应商的设计研制责任和控制，"所有供应商的关于ARJ21飞机项目的设计研制活动，将纳入ARJ21飞机项目的设计体系，接受ARJ21项目工程管理体系的、按统一的经批准/认可的适用标准要求、构型管理程序、质量控制程序和适航管理程序，对其相关的型号设计研制实施统一的全过程控制和管理。"

中国商飞成立之后，高度重视适航工作，将适航取证能力建设作为公司六大能力建设之一，在公司发展战略里占有重要的地位。牢固树立适航意识，培育适航安全文化；构建了中国商飞的适航体系框架，建立了适航组织机构，配备了基本的适航职能人员，初步具备了符合性验证的能力，基本满足型号取证的实际工作需要。公司的适航组织机构转变为由总部适航管理部和二级单位的适航职能部门共计90多人组成。同时，还在研发中心和制造中心培养了委任代表和适航工程师共约120人。局方也建立了70多个审查代表组成的审查队伍，有5名局方试飞员和11名局方试飞工程师，建立了适航审定技术支持体系。经历了从受理适航申请、召开首次型号合格审定委员会（TCB）会议、确定审定基础、签署航空安全保障合作计划（PSP）、开展现场审查、召开验证试飞前TCB会议发出型号检查核准书TIA、开展验证试飞、关闭审定基础规定的398个条款、完成AEG航空器评审、完成CCAR－21部要求的全部审查工作、召开最终TCB会议、颁发型号合格证TC的全过程。并且经历了FAA影子审查。

2.10.1.5　民机是社会公共服务的工具

民机是一个与社会民众密切相关和备受瞩目的交通工具（随着社会进步更加如此），承载社会和民众许多日常生活和运行需求的期待，甚至它的表现会成为人们日常生活的话题，它的"生老病死"（研制、运行、事故、退役）的影响经常超出制造商和运营商的预期和控制，甚至产生重大的社会政治影响。因此，一切与它相关的活动（包括研制）都有需要公关的意识和预期。随着产品复杂性增加、产品安全标准提高，加之网络技术的日益发达和大众传播媒体的推波助澜，危机已经成为当今世界常见的特征。成功的危机公关能够提升企业的形象,并迅速走出危机带来的影响,反之,则可能使企业陷入困境,甚至走向没落。民机一旦发生危机事件,大多与飞机本身或人身安全有关,会极大影响人们对于民机产品性能和安全的顾虑,同时其扩散性极强,会直接影响航空公司业绩,影响制造商产品的销售,同时对企业形象造成极大的损害。快速有效地进行危机应对是民机企业必须采取的举措。因此作为民机企业的经营管理者,不仅要有竞争观念,还要时刻保持忧患意识,制订有效的危机处理预案,建立完善的危机管理体系,能够对危机做出快速反应以降低危机所造成的负面影响。取得客户和公众的信任,化解危机,同时能够及时寻找机会,把劣势转化为优势、化危为安,才能在当今市场立于不败之地。ARJ21‐700 飞机刚刚交付运营,初出茅庐,必定会有不尽人意之处,需要学习波音、空客等老牌飞机公司的经验,形成危机处理能力。

2.10.2 民机开发过程的组织与控制

作为一个复杂的系统工程,必须做好顶层规划,项目管理部门要明确何时要做何事,以便使职能部门去落实何人去做、如何做,要划分阶段、做好过程控制。正确划分研发阶段,明确各阶段的任务,分阶段开展和控制,对民机经营决策和项目规划具有重要意义。

2.10.2.1 ARJ21‐700 飞机项目的过程控制

如前所述,ARJ21‐700 飞机项目经过了立项申请、可行性研究、预发展、详细设计、全面试制和试飞取证等阶段,进入批生产交付阶段。

在立项申请和可行性研究阶段根据国务院关于发展支线飞机的要求提出了 70 座级新型涡扇支线飞机的创意,进行了概念设计,编写了项目建议书,提交了可行性研究报告,获得了国家批准,完成的主要工作有:市场调研,竞争对手和相关机型分析,确定飞机市场目标与要求,市场预测和分享量研究;适航取证要求分析;产品研制能力分析,确定关键技术项目及解决方案,选择主要供应商;客户服务需求分析;开展研保条件建设论证;确定总体概念方案,明确飞机主要性能和技术要求,完成第一版飞机技术说明书;落实启动用户,完成项目规划,提出项目预算,全面启动项目。

预发展阶段完成的主要工作有:建立型号标准体系;建立满足适航要求的设计保证体系;编写工艺技术、生产管理和质量控制等管理文件和相关工作程序;完成选型风洞试验,确定初步总体技术方案和结构系统研制要求;结构初步设计方案;选定供应商,进行系统联合定义,明确系统要求定义,接口定义冻结;制作机头协调样机;实施并行工程,编制制造工艺总方案、产品装配流程规划,启动生产准备工作,开展新技术、新材料、新工艺的技术攻关;提出适航申请,初步确定适航审定基础,编制初步符合性验证计划;形成产品支援服务体系方案,启动客户支援体系的建设工作;签订先锋用户购机合同;总体技术方案评审/预发展阶段评审。

　　详细设计和全面试制阶段完成的主要工作有:各专业完成详细设计,发出全套图纸,建立全机电子协调样机;确定型号合格审定基础和符合性验证计划,完成全机符合性方法表,确定试验与试飞规划及首飞前试验项目;完成工程模拟器研制、系统及系统综合试验;进行研制批飞机试制,完成静力试验机和首飞飞机制造;完成首飞前机上试验和全机静力试验;组建试飞队伍,进行试飞准备,实现首飞。

　　试飞取证阶段完成的主要工作有:继续完成研制批飞机试制;完成研发试验试飞、验证试飞(申请人表明符合性试飞和局方审定试飞)、功能和可靠性试飞,进行市场表演飞行;完成全部验证试验(全机疲劳试验进度要能够保证交付用户的飞机具有一年的安全飞行时间),关闭审定基础规定的全部适航条款,取得型号合格证。

　　生产交付阶段完成的主要工作有:建立健全客户服务体系,完成飞机交付前各项客服准备工作;建立运行支持和持续适航体系,帮助首发用户完成运营准备工作;组织预投产,完成首架交付飞机的制造并取得单机适航证(AC),实现首架交付。

2.10.2.2　关于民机项目发展阶段的思考

　　民机项目作为一个经营项目,项目发展工作的每一步都离不开市场和经营。同时作为一个复杂的系统工程和国家重大工程,政府综合部门要管,作为提供公众交通工具的生产活动,适航管理当局也要管,各自关注的内容不同,阶段的划分也会不同。因此,当我们讨论发展阶段的划分和管控时需要区别管控主体。

　　政府综合部门在1987年发布的《民用飞机研制管理暂行程序》规定,民机研发过程分为四个阶段:项目前期论证阶段;技术经济可行性论证阶段;总体方案论证阶段;型号研制阶段。新的管理标准正在制定中,这里不做讨论。

　　中国民用航空局航空器适航审定司《航空器型号合格审定程序》(AP-21-AA—2011-03-R4)中明确型号合格审定过程分为五个阶段:概念设计阶段—要求确定阶段—符合性计划制订阶段—计划实施阶段—证后阶段,并且明确了各阶段局方的审查工作。

　　概念设计阶段的工作:

　　型号合格审定过程的宣传贯彻;

　　安全保障合作计划的签署或修订(按需);

　　审定适用规章的指导;

　　潜在审定项目的熟悉;

　　审定计划的讨论;

　　设计保证系统的初步评估。

　　要求确定阶段的工作:

　　型号合格证或型号设计批准书的申请;

　　受理申请;

　　首次TCB会议前的准备;

召开首次 TCB 会议；

编制合格审定项目计划；

按需编制专项合格审定计划草案；

专用条件、等效安全和豁免的审批；

召开中间 TCB 会议——确定审定基础。

符合性计划制订阶段的工作：

确定审查组直接介入的范围；

确定授权与监督范围；

制订制造符合性检查计划；

完成审定计划或专项合格审定计划；

TCB 审议审定计划或专项合格审定计划。

计划实施阶段的工作：

符合性验证数据或资料生成类包括：

工程验证试验；

工程符合性检查；

分析；

申请人的飞行试验。

符合性表明类包括：

申请人提交符合性验证资料；

申请人的飞行试验数据和报告；

申请人提交符合性报告。

符合性确认类包括：

审查型号资料；

审查申请人的飞行试验结果；

飞行试验风险管理；

审定飞行试验前的 TCB 会议；

签发型号检查核准书；

审定飞行试验的制造符合性检查；

审定飞行试验；

运行及维护的评估；

审批持续适航文件；

功能和可靠性飞行试验；

审批《航空器飞行手册》；

最终 TCB 会议前的准备；

召开最终 TCB 会议；

颁发型号合格证/型号设计批准书。

证后阶段的工作：

完成型号合格审定总结报告；

完成型号检查报告；

持续适航；

设计保证系统、手册及其更改的控制与管理；

持续适航文件的修订；

证后评定；

资料保存；

航空器交付时的必要文件。

作为民机经营责任主体的飞机公司在型号项目的发展中，除按照国家规定完成项目各阶段的报批程序和遵照适航当局要求接受适航审查外，从项目的自身经营要求出发也必须有明确的发展阶段划分和控制。

一般来说，一个体系完整的公司在一个民机型号的生命周期中有以下主要工作要做：

提出型号构想，实现项目立项。这是项目的创意和筹划阶段。依靠公司对市场的特殊理解和对用户的特别关注，捕捉外部需求信息并进行分析，形成新产品构想的创意。要了解国家战略、客户的需求、技术推动、竞争对手的动态，听取供应商的意见、考虑自身经营需要，进行综合分析，建立产品构想，包括产品特性、进入市场的时间和经营目标等，形成对产品的定性描述。在此基础上启动项目前期工作。

完成市场分析和预测，识别竞争威胁，确定市场机会；建立设计标准和设计要求，形成飞机顶层需求；经过多方案比较，确定飞机概念方案，设定部件尺寸并进行分析，初步形成初级产品定义；听取市场反馈和供应商意见，识别最有希望的飞机构想。

对技术实现的可能、研制条件的具备、经费、进度、市场占有量乃至经营战略等方面进行评估，完成项目建议书，提出立项报告（公司立项/国家立项）。识别长周期的项目，启动必要的技术攻关计划。

概念设计与可行性研究。开展新产品项目的技术和经济可行性综合研究，选定最佳产品目标和基本总体方案，形成可行性研究报告。

考虑产品概念、市场、生产、维护、产品支援、目标成本、取证、制造和周期等因素进行权衡、细化分析，进行构型基线的综合优化，完成初步总体技术方案。按飞机顶层需求精化和扩展标准和需求，完成部件概念的建立和权衡。分析新技术、新材料、新工艺，确定关键技术项目及解决方案，启动关键技术攻关。

确定国内外供应商选择原则，与供应商建立密切关系，提出信息需求；建立与潜在供应商的联系，选择关键潜在供应商参加联合概念定义，开展技术合作，确定工作的分工,建立项目规划,核准非重复费用和重复费用预算,确认初步总体技术方案可行,确定生产设施和制造概念。制订研制保障条件建设规划。

完成市场需求分析,选择和论证市场时机,分析产品目标价格和产品潜在用户,规划市场营销体系,与意向用户签订意向协议书。

进行适航审定基础与飞机安全性顶层需求分析,适航取证工作方案及适航取证能力分析。

开展费用概算、估算和经济性分析,制定费用控制大纲;落实项目的资金渠道。

通过这些活动达成对满足技术要求、商务风险、工作分工和成本分摊的共识,编制并提交项目可行性研究报告,获得批准。

预发展工作。这一工作的任务是完成初步设计,冻结总体技术方案和构型;完成飞机关键技术项目攻关;确定一定数量的先锋用户;通过初步设计评审。需要进行以下工作。

展开初步设计:规划项目标准体系,编制系统规范;选型风洞试验,发动机选型,完善总体气动设计,结构定义,各系统要求定义,接口冻结,形成接口控制规范;提出各系统设备研制规范及配套设计技术要求;制订各系统、分系统和主要机载设备采购规范和工作说明;制订安全性大纲、可靠性大纲、维修性大纲、测试性大纲、保障性大纲及标准化大纲;进行风洞试验和结构强度研发试验,研制工程模拟器,进行系统研发试验;修订全机试验验证计划,对各系统的关键技术进行研究或验证试验;冻结总体方案定义,总体技术方案;冻结各构型项技术方案,完成初步设计。

发出《飞机技术说明书》,启动争取先锋用户及启动订单的营销活动,获得销售授权,确定先锋用户及争取启动订单。

完成项目可行性研究报告的编制,通过初步设计评审。

项目各项工作全面启动:确定制造/采购(make or buy)的方案,初步筛选供应商,向供应商发出信息征询单(RFI);确认候选供应商,向供应商发出项目招标书(RFP);编制项目采购计划,启动供应商体系文件的编写,编制采购规范,通过招标选定供应商;与供应商进行联合定义,细化设计依据和设计要求,形成飞机顶层设计要求;与主要供应商签署理解备忘录(MOU)或意向书(LOI);列出长周期材料采购目录,编发长周期材料等采购订单(PO),开展长周期材料订货。

启动工艺规范和工艺技术体系文件的编写,启动工装设计,完成并冻结工艺总方案,组建研制生产线。

编制试飞规划方案,制订试飞总方案,编制试飞要求。

与适航当局签署安全保障合作计划(PSP),初步确定项目合格审定基础,编制初步符合性验证计划,建立符合适航要求的设计保证体系,正式向适航当局提出项目合格审定申请并获得受理。

完善项目工作分解结构(WBS),编制项目总进度计划;编制合同级工作分解结构(CWBS),编制项目详细进度计划;制订构型管理计划;启动成本、进度、质量、风险控制工作,编制项目风险管理计划。

进行项目成本分解,非重复成本(NRC)和重复成本分析获得批准,测算研制费用、单机成本、运营成本和维护成本等;修正研制费用,制订经费控制措施,初步估计全寿命期费用;完成产品成本和价格核算。

在经费概算的基础上,对项目的资金渠道以及融资的形式、结构、成本、风险等进行综合研究,提出资金的筹措方案并进行财务分析评价。

完成客服的总体技术方案,包括飞行训练、航材支援、工程技术服务、技术出版物、数字化客户服务、市场与客户支援服务和质量适航等工作方案和基本设施建设方案。

建立质量管理组织机构,启动质量体系文件的编写,制定质量保证大纲,建立质量管理程序,落实质量管理资源。

详细设计工作。完成飞机整机和各构型项的详细定义,形成制造需要的所有定义数据(数模),发出基本构型全套生产图样和技术文件,建立全机电子协调样机,完成虚拟装配;通过工艺性审查和可维修性审查,接受适航预审查,形成飞机的物料清单(BOM),使首架飞机能够开始制造(长周期项目要提前开始);完成工程模拟器研制、系统及系统综合试验室建设。

确立制造工艺,编制初步的产品规范、软件规范、材料规范和工艺规范,编发工装指令、制造指令、装配指令等工艺文件,完成生产数据的工艺性和标准化评审,准备好制造生产线和场地,完成型架工装的准备。

确定合格审定计划和专项审定计划,完成全机符合性方法表,确定试验与试飞规划,发出试飞飞机改装生产数据,进行特种风洞试验和分系统功能验证试验,完成详细设计。制订取证计划。

建立符合适航要求的供应商管理体系,主要供应商做出性能、成本和客户服务承诺,供应商的产品设计评审,正式发出供应商采购规范并签订合同,编发采购订单(PO),采购的部分原材料、标准件等交付,系统原型机落实。

样机试制工作。进行研制批飞机试制,完成零件制造、部件装配和试验,并按项目计划交付到位;完成部件级的功能试验;飞机总装生产线及组织方案准备就绪,飞机装配工艺文件准备就绪,系统分包商的部件和采购零件到位;已准备好飞机验证确认工作。

飞机总装。总装工装准备就绪,地面试验计划和测试设备准备就绪,完成静力试验飞机制造并移交试验,首飞飞机完成装配,完成飞行关键系统的安装、连接和联通试验,完成飞机级的功能试验,完成首飞测试设备的安装,完成外购零件的鉴定,首飞飞机转到试飞中心。

发出专用地面支援设备和工具的生产图样和技术文件,编制技术出版物,编制飞行、机务、乘务训练设备需求报告及研制方案,工程模拟机交付,试飞队伍的组建和培训,客户培训设备研制,完成客户服务准备工作和飞行教员队伍建设,进行飞行员、机务、乘务、签派人员培训。

首飞准备。做好飞机在对飞行包线做必要限制的条件下飞行的准备;完成在这阶段应做的所有功能试验和机上地面试验,对飞行安全有实质性影响的每一个试验都必须完成;在正常系统失效时使用的对飞行机组安全有实质性影响的应急系统和设备必须在首飞飞机上安装好,完成起落架应急放试验,完成限制载荷(即使用载荷)的全部静力试验,保证首飞的所有试验已经完成;制订飞机试飞大纲,飞行测试设备已经安装和校准,全机的符合性声明准备就绪,模拟器准备就绪,首飞机组确定并完成培训,首飞用的初始飞行手册准备就绪。实现首飞。

试飞取证与首架交付。完成飞机试飞计划规定的全部试飞工作,包括调整试飞、设计验证试飞、局方召开审定飞行试验前 TCB 会议,颁发型号检查核准书(TIA),进行适航审定试飞(申请人表明符合性试飞和局方审定试飞)、功能和可靠性试飞,进行市场表演飞行;完成全部验证试验(全机疲劳试验进度要能够保证交付用户的飞机具有一年的安全飞行时间),完成符合性方法表规定的所有工作,关闭审定基础规定的全部适航条款,获得局方航空器评审组 AEG 的批准,在局方最终TCB 会议后取得型号合格证(TC)。

建立飞机持续适航体系和运行支持体系;完成飞机投入营运的准备。完成所有要做的遗留工作,关闭取证中的开口项目,应订货的初始备件准备就绪,飞行和客舱训练模拟器准备就绪,完成首架交付飞机的制造,进行完整的出厂常规试验,飞机取得单机适航证(AC),按照与客户共同制定的首架交付和投入运营 EIS 计划,达到飞机准备到位、中国商飞的客户服务工作准备到位、首家用户接机准备到位,可以对项目作出"进入运行服务"EIS 的决定。飞机交付给首家用户。

完成批产速率工装的配置,编发批产相关工艺文件,建立有效的质量管理体系,保证生产的每架飞机都能符合 TC 构型,申请生产许可证(PC)并组织、批生产。

交付使用与持续改进。经过使用验证和改进,基本型飞机的结构、系统和飞机使用手册冻结,飞机服务品质达到质量和可靠性目标,满足飞机顶层要求。研制项目目标达到,飞机研制工作结束。完成批生产能力建设,根据市场订单进行生产,根据市场需要开展使用改进,进行产品支援/客户服务,满足持续适航需要,直至市场情况发生变化,项目经营决策停产——仍然要支持航空公司保证在役飞机的安全运营。

为了组织完成这些工作,飞机公司都把产品生命周期划分成若干阶段,例如划分为可行性初步研究阶段、概念阶段、定义阶段、研制阶段、交付使用阶段和退役,也有的划分为立项论证、可行性研究、预发展、工程发展和批生产阶段等各不相同,取决于公司运作环境和工作习惯。同时要设置控制节点(里程碑控制),以保证研制程序得以贯彻执行和全过程的工作质量得到控制。

需要注意的是作为一种经营行为,控制节点的设置不仅要考虑技术规律的要求,而且要按照国家宏观管理和企业经营制度办事,首先是根据市场需求信息提出创意,经过论证和取得市场反馈完成项目启动的决策(相当于国企立项批准);其次是完成技术说明书,并据此推向市场,这也是企业经营的重大事件,一般要经过企业顶层决策机构的批准;第三,在获得董事会批准与首发用户签约后,即启动了制造流程,项目全部启动起来,这是一个不可回头的项目节点(国企应在可研报告批复后全面启动项目,但一般企业做出全面启动决策需要有签约的首发用户,而国家可研批复则尚未见对此做出明确规定)。这些都是项目进入下一阶段的必要条件,完成技术说明书,并据此推向市场也是企业经营的重大事件,一般要经过企业顶层决策机构的批准,这些可以称为商务里程碑。

经过 ARJ21-700 飞机项目的运作,我们有如下几点体会:

1) 市场为中心、商务决策是前提

作为民机市场竞争主体的飞机公司,必须时刻关注市场,捕捉机遇,快速对市场的变化做出反应。型号概念的产生来源于对市场的特殊理解和对客户需求的特别关注,制定合适的经营策略,适时拿出自己的应对措施,满足客户要求,占领市场,才能在剧烈的竞争中保住自己的一席之地。市场需求自己归纳、技术方案自己提出、进入市场的时机自己确定、资金自己筹措、盈亏自己负责,因此最高决策是飞机公司的商务决策。现代民机是大投入、高风险的产业,由于一个型号经营失败而毁了一个公司的例子比比皆是。市场切入点不对、技术方案行不通、供应商管控失误、进入市场时机丧失、客户服务不到位、成本失控、资金链断裂、生产交付拖期都可能导致型号经营失败。项目的每个阶段、运行的每一步骤都要考虑对市场和商务的影响(在我国,立项和可研报告及重大转阶段等还要报工信部、发改委等国家综合机关批准,但是实质性的内容要首先在中国商飞内部做出决定。研制大型客机、发展我国自主民机产业是国家意志,但实现这个目标的责任在中国商飞)。

2) 长期酝酿、反复论证、慎重决策

飞机研制周期很长、投入很大,没有订单不启动项目。但市场是千变万化的,而客户航空公司一旦发出订单就希望在最短的周期内拿到飞机,投入航线。这就要求制造商飞机公司不仅要做充分的技术储备,而且要进行早期的型号概念研究,进行多方案的技术论证,在充分准备的基础上,抓住市场机遇选准时机启动项目,一旦启动,就以最快的速度进入市场。例如在 A380 飞机研制中,空客对超大容量飞机的酝酿在 1993 年 A3XX 设计集成小组成立以前就开始了,经过大量的工作,不停地进行方案论证,到 2000 年 6 月 23 日,收到第 50 架启动订单,批准商业启动,已经过了7 年,这时冻结的已是第 15 个构型。

即使是已经批准向市场推介的型号,如果市场反应不好就要停止,客户不满意就要对方案进行改进。为了应对 A380 对 B747 的挑战,波音公司曾提出 B747X 加长型,又于 2001 年 3 月宣布,搁置 B747X 加长型方案,推出跨声速客机"声速巡航者"项目,同样由于得不到客户的响应,18 个月以后"声速巡航者"被取消,波音公司将精力投入到常规布局的"高效益"飞机计划上,推出了 B7E7 项目,在得到航空公司的热烈响应后,2002 年 12 月中旬做出了最后启动决定,后来 B7E7 改称 B787。

为了应对波音公司的 B787,空客公司在 2004 年启动了 A350 项目,由于得不到客户的响应,多次调整方案,到 2007 年底才基本定下来,"在 A350XWB 计划毫无头绪了几年之后,空客公司终于确定这一计划。空客公司用完美的定位和预期的年底设计冻结,使得市场纷纷向这款全新的双喷客机竖起了大拇指"("Flight International",8 - 14 July 2008)。原指望要在 2009 年交付客户,最终到 2014 年底才交付给客户。

反观 ARJ21 - 700 飞机从 2000 年 10 月项目公司筹备组成立,2002 年 4 月 30 日国务院批准立项,2003 年 10 月项目完成了预发展阶段评审,都是一气呵成,为了项目的生存,不敢有反复,没有时间多方案探讨,但认识不可能一次完成,没有反复就没有提高,不可避免地留下了遗憾。

波音、空客公司都有专门队伍进行型号系列发展的前瞻工作,波音公司有个命名为"黄石"的飞机项目组,专门研究下一代飞机。现在中国商飞也组建了型号预研机构。

3) 项目分段计划法与并行工程

项目的里程碑(节点)控制。对于这样一个长周期的复杂工程,应该实施项目分段计划法管理,分阶段实施并执行严格的门禁管理,即在当前阶段还没有完成前,不能启动新的研发阶段,只有达到了标志着阶段结束的节点的时候才可以认为该阶段已经完成。有时,从整个项目的进度出发,对于一些节点可能在有开口的保留项的情况下往下进行,也必须在所有的开口项都关闭之后才能正式转入下一阶段。但是,一些关键节点是必须坚守的,如果未达到则工作必须停下来,不能超越。如市场推介许可和正式商业启动,必须工作到位并得到董事会批准后才能进行,又如试飞取证中的获得型号检查核准书(TIA)之前无法开展局方审定试飞,在没有获得型号合格证(TC)之前飞机不能交付等。作为一个不断发展的高科技的产业,每个型号运作中都会有新的问题提出,凝固的一成不变的模式是行不通的,计划只能随着项目的向前推进以及人们掌握的信息越来越多逐步细化,项目分段计划法允许也需要计划分步细化和滚动管理。

加快项目进度的办法是并行工程。信息技术的进步允许多职能团队利用共享的通用数据库对一系列相互关联的飞机部件/系统进行综合的、并行的设计、分析和计划以及生产工艺准备,可以使下一个阶段才正式展开的工作提前介入。在设计内部总体和部件/系统可以并行,主制造商与供应商可以并行;设计工作可以与生产工艺准备并行、与客户服务并行。这需要建立程序和检查点，确定前道工作进展的成熟度，以决定后道工作可以进行何种程度的开展。

观念要变。实施并行工程的另一个好处是多职能团队的沟通和交流，可以相互弥补不足，提高工作质量和水平，从而从根本上加快项目进度。并行工程的开展促进着人们观念的变化和组织形式的变革。我国传统上就讲究两个三结合：设计、制造、使用三结合和干部、工人、技术人员三结合，可以说并行工程就是在现代信息技术基础上的三结合，要邀请使用者航空公司参与项目研制，还要邀请适航当局参与全部的研发过程。各方的沟通和融合，信息的透明和共享是加快项目进程、保证项目工作质量、避免重大失误的重要途径，必须认真组织。由于队伍缺乏经验，设计员不了解飞机运行、不懂驾驶实际，首发用户变更，试飞员前期没有介入设计，局方审查人员也未能及时到位，ARJ21-700 飞机的驾驶舱设计出现过重大反复，不仅造成经济损失而且耽搁了研制周期。

4）重视验证与确认（V&V）

在研制过程的每个阶段都要有明确的输入要求作为启动的条件，也都要有明确的成果输出交付为后续工作创造条件，要重视每一阶段的交付件，检查确认是否满足标准和规范的要求，是否满足输入要求，直到最后产品符合客户需求。这对制造安全成熟的高质量产品意义重大，并且可以通过提早发现不符合项，及早采取纠正措施，降低研制周期和成本。对于整个研发过程来讲，试飞取证阶段的任务，不仅是适航认证取得 TC，首先是设计验证，全面检验研制出来的飞机是否符合当初的项目决策意图，满足市场需求和设计要求。

不仅技术进展要控制，作为一个经营项目，必须有可行的预算和严格的成本控制。要从严控制研发投入（非重复费用），更要严格控制单机成本（重复费用），要明确目标成本，做好经费分解结构（CBS），从设计、制造、采购（特别是供应商采购）等环节严格控制，还要优化维修设计，降低飞机全寿命成本。需要强调的是，进度和质量直接影响研制成本。

5）满足适航与市场要求贯彻于过程的始终

满足市场要求是项目的目标，它拉动项目走向成功，满足适航要求则是项目的基本约束，不满足适航要求就不能进入市场。因此，每一个决策、每一次验证都不能离开适航与市场要求，这是项目经营者飞机公司的责任。但是，市场竞争态势千变万化，客户的需求也会变，因此必须不断研究市场要求的变化并做出相应的经营决策；适航要求也在变，在世界各航空公司的运行中会发生新的事故和意外，适航当局也就会不断地对适航条例进行修订，一般来讲，以型号合格证申请当时条款状况作为审定基础，但是对于条款的重大修订，局方往往要求对以前的型号具有追溯性，这就要求设计做出更改，予以贯彻。从这个意义上讲，型号研制周期越长，经营难度越大。

2.10.2.3　关于 ARJ21-700 飞机研制进度延误的反思

2002 年 4 月,国家发改委批复的新支线立项报告中关于项目的进度安排是计划 2005 年底首飞,再用 18 个月取得适航证并投入航线使用。2005 年 5 月,国家发改委关于新支线项目可研报告中计划 2006 年实现首飞,2007 年交付用户使用。实际的情况是 2014 年 12 月 30 日取得型号合格证,2015 年 11 月 29 日首架交付,进度的延误超出了所有人的预期。为什么?

作为一个项目的亲历者,可以负责任地说我们没有偷懒,也不是由于某一项重大的失误造成的延误,而是由于我们的整体能力与市场要求的巨大差距以及我们对这种差距认识不足,应对也有不当之处。

1) 对任务理解不到位

2000 年之前,人们在争论民机是发展干线还是支线,争论的结果是"社会各界呼吁抓住市场机遇,发展民用支线飞机,促进我国产业升级",国务院要求集中力量攻支线飞机,发展一个世界水平的涡扇发动机的支线飞机。没有人想到这是要解决民机产业本身的问题,普遍认为造一架支线飞机问题不大,投入新支线项目的经费仅为 AE100 项目(100 座飞机)的 1/8。但是研制历程表明,研制一架符合适航条例 25 部要求、具有市场竞争力的涡扇支线飞机并非易事。ARJ21 新支线项目所承担的任务绝不仅仅是一个支线飞机型号。民机能够带动国家产业升级,反过来,产业基础落后也制约着民机的发展,ARJ21 新支线项目面临的正是这种处境,技术储备、队伍、设施、体系、设备与材料配套能力、适航审定能力和国家基础科技能力都不足以支持项目的进展。

相当长一段时间人们都把项目的任务仅仅理解为一个型号,甚至是一架样机。2005 年中航一集团领导提出新支线项目的任务是研制一个民机型号、创造一个民机品牌、形成民机的研发生产能力(包括队伍和设施),ARJ 新支线飞机项目要担负起为中国民机产业探索道路、奠定基础的任务,并且提出"全力以赴推进新支线飞机型号发展,培育民机产业核心能力",但是没有投入,只能整合。这种情况直到中国商飞成立才得到根本扭转,2007 年国家决定实施大型飞机重大专项,明确中国商飞是"实施国家大型飞机重大专项中大型客机项目的主体,也是统筹干线飞机和支线飞机发展、实现我国民用飞机产业化的主要载体"。从此中国民机产业进入全面发展的新阶段。

2) 对困难估计不足

在项目之初我们就说这个项目最大的障碍是体制,最大的困难是人才,最大的风险是时间。各级领导一直在采取措施,创新体制、整合队伍、凝聚人才,但是仍满足不了项目进展的需要。

我们是从组建公司、建设体系、形成能力、技术攻关开始拿出一个具有市场竞争力的产品,真的是困难重重。

　　首先是队伍。项目开始的时候处于生存困境中的上海飞机厂、所长期没有项目,人才大量流失,只剩下年近退休、多年没有型号任务的老同志和勉强招来的新大学生,是所谓"爷爷带孙子干活"的局面,吸引人才需要钱,但是没有钱。重点大学的学生不肯来,来了的大学生也稳定不了,更不用说吸引社会人才。多年不干型号的队伍要重建管理、组织起来的队伍要经过磨合才能有效运作。谁都没有经验,只能在战争中学习战争,只能靠打仗练兵、建立系统、形成权威,在实践中成长,反复和失误是不可避免的。成长需要实践、实践需要时间。

　　适航是新课题。按照适航条例25部研制一架现代民机、造出一架满足适航要求的飞机、造出一架具有市场竞争力的飞机,这个过程我们没有走过,审查我们的局方同样没有走过,他们也要从组织队伍、学习条款开始进行适航审查,还接受了美国适航当局FAA的影子审查。申请方、局方各自学习要时间,双方的磨合更要时间。但是通过这个过程造就了两支队伍。

　　前期预研投入不足,技术储备不足。由于第一次按照民机研制要求走完从立项研制到试飞、取证、交付运营的全过程,许多问题事前无法预见,真的是只能逢山开路、遇水搭桥,经历了多项"国内第一次"。为了研制生产具有竞争力的现代民机,我们的飞机和各个系统也必须达到国际市场普遍要求的技术水平,这是巨大的挑战。如失速保护、防冰、排液、防鸟撞等都是边学习、边设计、边验证,机翼壁板喷丸成型等工艺攻关,都是从预研获得设计参数、工艺参数做起,经过工艺试验再制造装机产品,最后通过试验验证和适航审查,而机翼壁板自动压铆工艺是从设备攻关开始到稳定地制造产品装机,经过了艰苦努力。

　　服务客户是短板。一个重要的短板是整个队伍对飞机使用和航空公司航线运营的了解不足。我们的队伍从没完成过从飞机立项研制到飞机交付运营的全过程,加上体制上的缺欠造成设计研发过程中飞行员特别是航线飞行员参与太少,我们的设计员没有人有驾驶飞机的体验,甚至很多人还没有坐过飞机,更不知道飞行员怎样驾驶飞机、地勤人员如何维护飞机、乘务员如何进行空中服务,航空公司如何运营和经营航线,队伍的结构和设计员的知识结构都需要补课;另一方面是不懂客户服务,虽然在项目之初我们就意识到必须要建立销售、研制生产和客户服务为三大支柱的核心能力,但是我们从来没有过成功的客户服务的实践,缺少相关的知识和组织管理能力,更没有相关的体会。我们的飞机必须交付客户运营,必须要让乘客喜欢坐、飞行员喜欢飞、航空公司能赚钱,必须通过飞行标准管理部门的航空器评审(AEG)审查,确保运营使用安全。对客户服务和飞机运营知识的缺乏造成了项目的反复,让我们付出了经济和周期的代价,而新建的客户服务体系只有飞机交付后才能真正接受实践的检验。

　　从没做过国际合作的主制造商。客户的需求和经济全球化的现状都迫使我们走上广泛的国际合作道路,而且要做主制造商,负责项目的经营和全系统的综合,在这一方面我们是第一次，特别缺乏经验。商务合同、技术集成、进度计划控制、质量适航管理，我们都要从头学起，边干边学，具备主制造商的管理能力，担负起主制造商的责任，这需要经历一个艰苦的过程。这不仅是管理问题，更是全机集成能力的形成过程。

3）民机试验试飞是全新课题

在项目研制过程中进度延误最多的是在试飞取证阶段，这里对此做几点分析。

（1）设计技术成熟度不足。试验试飞是飞机设计验证和完善的过程，我们这支技术储备不足、经验缺乏、组建还没有完成就投入战斗的设计队伍，设计出的飞机是不可能一次就达到完善的，要在试验试飞中不断地发现问题、解决问题，完善设计，仅 2012 年至 2014 年就完成重大技术攻关 82 项。每一项都要完成技术攻关，完成产品制造装机，完成试验试飞验证。只有在已经证明飞机是安全的（初步适航），设计是成熟的，能够保证所要开展的试飞科目构型到位、验证是有效的之后才能通过型号检查核准 TIA，进行适航验证试飞和检查。从 2008 年 11 月 28 日首飞到 2012 年 2 月获得 TIA 用了 39 个月，而波音 B787、空客 A380 只用 2～3 个月，最长的俄罗斯 SSJ 是用 14 个月。有些攻关工作一直延续到 2014 年。

（2）试飞组织经验缺乏。第一次组织民机试飞，完全没有经验，管理者排不出科学的计划，不知道要做哪些事，执行者不知道如何做，审核者不知道判据，一切都要从头学起，边干边摸索。在试飞前期，申请人既未考虑到试飞任务的性质有研发、表明符合性、审定三种类型，也没考虑表明符合性试飞和审定试飞科目开展前，需要构型评估、制造符合性检查等工作。"审定试飞阶段"也没有清晰定义，不清楚如何取得 TIA 和怎样才能进入审定试飞。在第一个试飞计划中甚至没有专门安排局方试飞的时间。2010 年 4 月至 2011 年 5 月，申请人与局方就哪些科目完成后可以进入 TIA，安排多少科目试飞表明飞机的适航符合性，哪些科目在完成表明符合性试飞后还要进行局方审定试飞等问题进行了为期近一年的讨论，最终才明确科目清单。试飞工作的适航管理对申请方和局方都是第一次，资源、组织、技术、管理存在不足是必然的，都是在实践中成长、进步。

试飞工作是一个系统工程，需要设计单位、制造单位、飞机供应商、试飞组织单位相互配合完成，同时接受中国民航的审查和 FAA 的影子审查。我们原有的试飞经验都是有关军机的，进行民机试飞体制、观念、各方的角色和任务职责、试飞组织流程都不同，因此理顺关系、转变观念、明确分工、建立流程的工作贯穿了整个试飞过程。因为不符合流程，部分科目只好重飞。

（3）试飞技术需要提升。试飞方法问题也很突出，民机和军机的试飞标准不同，分别按照适航规章和国军标进行，因此两者的试飞内容、试飞方法和试飞判据有一定的区别。ARJ21-700 飞机早期试飞大纲编制时多参考以往的军机，不能符合适航规章的要求。试飞内容选取不当，且与验证条款对应错误，为此，大纲进行了多轮的更改和增删。设计、试飞课题组、局方对每本大纲的内容都进行了反复讨论和修改,根据统计,每本大纲均进行了 5~18 次的换版,大纲的反复更改影响了试飞技术准备工作的正常进行,一些科目甚至在临飞前提出更改,重新进行测试改装。

一些试飞科目国内首次开展,缺乏经验。如最小杆力梯度试飞、最小离地速度试飞、溅水试验、噪声测试试飞、大侧风试飞、模拟冰型试飞、起落架摆振试飞、自然结冰试飞、双发失效时飞控系统的操纵试飞、功能与可靠性试飞等。在进行这些科目时没有可参考的数据,试飞前准备不足,试飞过程中也出现了很多问题。典型的如失速试飞等,设计和试飞人员在没有摸清飞机失速何时发生、如何发展、深失速特性以及是否具有从深失速中改出的能力的情况下,无法正确地进行失速保护系统的抖杆点、推杆点设计;在面临失速与深失速预测和改出、失速保护逻辑设计、迎角传感器位置选择、迎角差异修正、法向负过载改善等各种问题时,设计人员没有足够的经验,花费了较长的时间,失速研发试飞共进行了 94 架次,一直到进入 TIA 后才最终确定失速速度。在进行国内首次开展的科目时,需要进行专家咨询、技术攻关,以确定试飞内容和试飞方法,一些科目还需开展研发试飞和训练试飞,以掌握试飞动作和确定试飞判据,这些工作都增加了科目完成的周期。

(4) 资源问题。ARJ21-700 飞机试飞过程中在机场设施、机库资源、监控资源、特种设备、人力资源多个方面都存在资源不足的问题。资源保障综合影响试飞强度和试飞周期。

试飞气象预报和监控手段不足。由于 ARJ21 新支线项目是第一次严格按 25 部适航条例进行试飞验证,也是国内第一次对试飞气象预报和监控手段提出需求,国内在这方面没有技术储备,试飞的气象预报和监控手段研究不深,尤其是民机试飞的特殊气象相关的内容,如高频通信中要求沙尘暴、干燥雪等,为民机试飞组织提供的气象预报和服务能力有限。

国内空域管控由军方统一管理,在阎良机场的试飞就常会受到临潼空域的影响而不能试飞。而这种情况在特殊气象和特殊条件的专项试飞组织方面显得尤为突出。协调时间长、空域范围大小、使用时限过严,使得捕捉特殊气象窗口极为困难。而国外的情况截然不同,北美自然结冰试飞时在方圆 2 000 公里范围内实施"追云"试飞,相当于上海到三亚的距离,在国内目前做到这些几乎是不可能的事。

为验证飞机在各种自然环境条件下能安全可靠地运行,适航条款对民用飞机在特殊气象条件下应满足的特性提出了具体而明确的要求。由于国内没有极端环境的试验室,只能靠天吃饭,试验中发现问题,经过改进后再试就要再隔一年。ARJ21-700 飞机特殊气象条件下的外场试飞包括大侧风试飞、高原试飞、高寒试飞、高温试飞、自然结冰试飞。其中,除了高原、高温、风挡除雾试飞外,每个外场试飞至少进行了 4 次以上,这种情况给试飞进度造成了严重影响,自然结冰是在北美完成的,大侧风试飞至今未能做完(国内民航机场的跑道都是平行于风向的),也准备去国外进行。

克服困难,完善设计、取得型号合格证 TC 使我们的队伍得到了宝贵的民机型号实践经验,在实践中发现问题、解决问题、理解项目,队伍得到极大的锻炼和提高,同时也使我们付出了时间的代价。

4) 市场压力太大,进度目标过急

项目立项论证的结果认为"目前我国支线航空运输业已进入较快发展阶段,对支线飞机形成了迫切的市场需要。同时,我国的支线飞机市场已经成为跨国公司竞争重点之一。因此必须加快项目进度,早日研制出具有自主知识产权和较强市场竞争力的支线飞机",专家们指出"新支线飞机的研制进度是成败的关键之一"。国家发改委关于新支线项目可研报告批复的计划 2006 年实现首飞,2007 年交付用户使用,这个计划安排预发展阶段 18 个月(2002 年 1 月—2003 年 6 月),工程发展阶段 54 个月(2003 年 7 月—2007 年 12 月)是根据市场的需求和一个成熟的飞机制造商可能达到的进度提出和批复的。现在看来是低估了我们能力的差距,对中国民机产业的落后状态认识不足。

事实上一个新的公司,研制技术跨度大的型号延误几乎不可避免,波音 B787、空客 A380 也都有延误,而多年没有研制新型号的庞巴迪的 C 系列飞机研制的取证时间延迟了 2 年,首飞晚了 9 个月,试飞周期增加了 15 个月。

再看一下日本 MRJ 的情况:2003 年日本政府提出研发新一代支线喷气客机并预计 5 年之内完成支线客机的开发项目。2004 年公布设计方案,飞机为 30 座级。2006 年日本政府宣布计划与三菱重工合资研发生产日本第一架国产支线客机,预期投资 1 200 亿日元,首次公开其 70~90 座级的喷气支线客机设计方案,定名为"三菱喷气式支线客机",简称 MRJ,计划在 2012 年投入使用。2008 年 3 月 31 日决策在 2013 年交付,2008 年 4 月,三菱重工成立三菱飞机公司 MAC,专门负责 MRJ 项目,估算研发费用 19 亿美元。

几经延迟,2014 年 10 月 18 日第一架 MRJ 飞机在名古屋总装下线,2015 年 11 月 11 日 MRJ 飞机完成首飞。

尽管采取了到美国试飞等多项措施,试飞并不顺利,不断暴露出设计问题,2017 年 1 月 23 日,日本三菱重工公司正式宣布,由于主要零部件需要重新设计,MRJ 的交货时期将延至 2020 年 7 月前后,这是该公司第五次推迟交货期,并透露研发成本已经比初始预算翻了 3 倍至 6 000 亿日元(53 亿美元)。

MRJ 的试飞还在进行,项目的后续发展需要时间来验证。

这些情况说明,现代民机的开创之路异常艰难。

5) 计划的科学性不够

回顾项目的历程,实践证明项目计划不够科学,取证进度的延误超出了所有人的预期。究其原因,首先是由于项目管理人员缺乏经验,未能做出完整、准确的项目规划。许多工作没有明确地安排在规划之中。其次是迫于市场和社会的压力,提出了过高的计划进度目标,对困难估计不足,计划的抗风险性差。个别情况为了赶进度,解决技术问题没有完全搞清机理,工作质量不高,不能真正解决问题,无法通过验证,造成反复,欲速而不达,也是延误进度的一个因素。

2007年的项目总结有这么一段话:"五年多的实践使我们真切地感受到了民机产业创业的艰难,特别是自主发展民机的艰难。市场竞争激烈而基础薄弱,队伍缺乏实践、缺乏经验,缺乏技术储备,基础技术能力不足,任何意外都可能让我们丧失宝贵的时间。新支线飞机项目的确是为中国民机产业奠定基础的项目。我们认识到,要想在强者如林的世界民机产业占有一席之地,绝非轻而易举,必定是困难重重,艰难曲折,不能指望一帆风顺,必须要艰苦奋斗、矢志不移。"但是,事非经历不知难,没有经过实践就体会不到究竟难在何处,整个项目的进程正是不断地发现难点、认识难点、解决难点的过程,是自主发展民机产业的宝贵实践。2006年,时任国防科工委主任张云川说:"我觉得立足于自主设计、系统集成,通过技术创新、关键技术攻关,新支线飞机在技术方面能闯出一条路来。而将新支线飞机研制作为一个载体,探索建立适合市场经济发展的一套民用飞机研制、生产、销售和营运的体制、机制,同样是一个重要任务,也许这方面的任务比前者更重,对今后的意义更大。"实践让我们有了自己的体会,我们应该认真总结经验教训,提高项目的规划和管理水平,为后续项目提供借鉴。

2.10.3　实现伟大的理想,没有平坦的大道可走

中国商飞是实施国家大型飞机重大专项中大型客机项目的主体,也是统筹干线飞机和支线飞机发展、实现我国民用飞机产业化的主要载体。要完成这个任务,实现我们的梦想,我们还刚刚起步。

产业化是指某种产业在市场经济条件下,以行业需求为导向,以实现效益为目标,依靠专业服务和质量管理,形成的系列化和品牌化的经营方式和组织形式,即形成社会普遍承认的规模程度的过程。

一般理解,大型民用飞机产业,指的是设计、制造和装配大型民用飞机并提供服务的企业群。要有一个较为成熟的企业群,在飞机主制造商带动下提供产前产中产后的全方位服务,形成在产业链条上的分工、协作的上下游关系。

产业化周期通常可分为四个阶段:导入期、发展期、稳定期和动荡期(见图2－11)。

导入期:是指产业的技术研究开发和生产技术的形成阶段,主要包括研发、产品化及商品化三个阶段,产品处于研发阶段,设计尚未成熟,制造工艺过程松散而不稳定,需要大量投入。

发展期:是指全面开展生产技术成果的商业运作的初级阶段,逐步走向规模生产,产品设计经受市场检验并得到完善和改进,制造工艺过程趋于成熟,产量逐步提高。经过小规模生产进入大规模生产后,生产工艺成熟,行业标准走向成熟,市场走

向成熟，产业开始全面盈利，大量企业涌进该产业，产品初步国际化。

稳定期：是指商业化运作成熟阶段，这一阶段整个产业全面盈利，生产规模依旧保持增长的势头，但是趋于稳定；技术成熟，分工专业化、区域化，形成了成熟的产业链及配套的产业集群，形成产业群链结合发展模式；产品多样化、差异化、国际化；行业标准系统化；市场成熟，趋于饱和状态，市场竞争激烈，有企业退出，也有企业进入。新的相关技术或产业开始出现，但趋势不明显。

动荡期：新的相关技术或产业开始崛起，生产规模开始缩减，利润萎缩，整个产业体系出现动荡，并逐步退出。

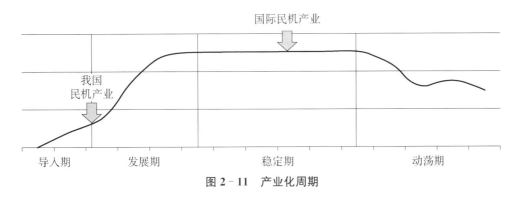

图 2‑11　产业化周期

随着 ARJ21‑700 飞机取证、交付并投入运营，我国的民机产业进入了发展期，但导入期还没有完全结束，ARJ21‑700 飞机尚未成熟，主力机型 C919 的研发尚在试飞取证阶段，处于产业发展的初期，路还长，任务十分繁重。

1）只有达到项目商业成功才能说型号项目成功

民机型号研制不仅仅是科研项目，更是公司产品开发的重大经营行为。ARJ21‑700 飞机取得型号合格证，交付首家客户成都航空，标志着 ARJ 新支线飞机项目迈出了重要而扎实的一步，可喜可贺。但是作为一个商品，这只是它的生命的开始。为了中国民机产业的发展，必须实现批量生产和交付，获得市场成功、商业成功。获得市场成功的标志是卖出去的飞机得到用户的好评，有回头客，从而占有一定的市场份额；商业成功的标志是赚钱，客户赚钱，制造商自己也赚钱。

每一个成功的型号在它的全寿命中都有一个成熟期或者叫市场导入期，一般要有 3～5 年，波音 B787 也是渡过了部件不可靠和锂电池危机，解决了导致飞机延误的电源起火、扰流板控制装置、起落架系统以及飞机计算机系统误报等问题，最近才趋于稳定，进入批量投产运营。对于 ARJ21‑700 飞机，无论是中国商飞交付飞机还是成都航空担当首发用户都是第一次，前面的道路不会平坦。为了 ARJ21 飞机的声誉、为了中国商飞的声誉、为了国产民机的声誉，必须把 ARJ21‑700 飞机运营好。ARJ21 飞机项目的探路任务还远没有完成，经得起使用考验的设计才是好设计,实现批量生产、交付后续工作还很多。要保证运行,要完善设计,要建成客户服务体系,要研究市场营销战略,要实现系列化发展,要让 ARJ21 飞机成为中国支线航空的主力并且走向世界,还要做大量的工作。

2) 要有多型号的发展,要形成完整的产业链

要形成完整的民机产业,只有一个型号不行,必须实现产品多样化、差异化、国际化,发展多个型号以满足国内外民机市场的多样化需求,要有批量,形成规模,通过产品持续升级形成能够覆盖一定市场的产品系列;ARJ21-700 的取证交付还仅仅是中国现代民机产业的起步。

要提升自主设计水平和系统集成能力,突破共性关键技术与工程化、产业化瓶颈,组织开展应用试点和示范,提高创新发展能力和国际竞争力,抢占竞争制高点,仅有能够站在构架顶层的主机制造商还远远不够,要打破关键领域核心技术受制于人的局面,赢得国际竞争的主动权还要解决发动机严重落后的局面,开发先进机载设备及系统,包括材料工业、加工装备、工装工具以及物流保障等,形成自主完整的航空产业链,才能真正承担起工业之花的发展,拉动整个制造业产业升级的任务,任重而道远。当务之急是实现 ARJ21-700 飞机批量生产、批量交付,只有批量生产才有规模经济,才能带动机载设备和相关工业的发展。

3) 贵在实践、重在积累、坚定信念、坚韧不拔、扎扎实实向前推进

承担这样一个复杂的高科技系统工程必须有一支信念坚定、技术水平高、作风顽强、富有经验的队伍,这样一支队伍只能在实践中形成。认识来源于实践。招聘、培训能够形成队伍的规模,其成员要真正胜任自己的工作,队伍要具备合理的结构则只有在实战锻炼中形成。ARJ21-700 飞机研制正是一次这样的宝贵实践,花费了巨大的代价,有了自己的经验、教训和体会,要总结、要固化、要传承,水平在积累中提高。人是经验和体会的最好载体,队伍稳定是传承的必要条件。ARJ21-700 取证交付是一个重要的节点,一个重大的胜利,它提升了我们的能力,增加了我们的底气。

从头一个型号原型机取证到实现中国民机产业的振兴,路还很长很长,但是我们毕竟走出了一步。重要的是队伍要有坚定的信念,领导要有担当。

ARJ21 飞机项目之初,业外缺乏信任,业内没有信心,国家的支持也是很有保留的,在项目的进展中遇到困难时,得不到理解、支持和鼓励,有的是责难和怀疑,队伍内部战略目标不明确、思想混乱、意见不一,甚至有人要推翻技术方案,人心不稳、人才大量流失,这种情况在 2005 年上半年达到极点,连供应商也担心项目走不下去了,纷纷减少人员、转移资源(正是这一段时间供应商对形势的判断错误使他们耽误了时间,影响了整个项目的进展)。在这种情况下中航一集团党组召开专题会议,做出关于新支线项目的决定,上下统一思想、坚定不移地走下去。到 2006 年下半年大部件陆续交付,2007 年实现总装下线。

在试飞取证阶段，设计不成熟的问题暴露出来，试飞和适航验证能力不足的矛盾突出出来，原定 2 年的试飞取证阶段持续了 6 年，业内外议论纷纷，中国商飞不为所动，冷静地分析形势，调配资源，组织群众做好"长期奋斗、长期攻关、长期吃苦、长期奉献"的准备，埋头苦干，艰苦攻关，扎扎实实地推进项目，终于闯过了试飞取证关。

实现伟大的理想，没有平坦的大道可走，民机产业几十年的差距绝非一个型号的研制就可以消除。但是，有这样一批信念坚定的人做民族的脊梁，埋头苦干，不怕别人议论，坚定地走自己的路，按照既定的战略目标稳步前进，不达目标决不罢休，中国的民机产业一定能够迎来灿烂的明天。

正是：

雄关漫道真如铁，而今迈步从头越！

附录 ARJ21 – 700 新支线 飞机项目大事记

2000 年

2 月,国务院召开专门会议听取民用飞机发展思路汇报,决定集中力量研制支线飞机,搞出世界水平的涡扇支线飞机。

7 月 17 日,中航一集团向国防科工委呈报新支线飞机项目建议书。

11 月 6 日,国防科工委在第三届珠海国际航展的国务院新闻发布会上宣布中国将按照国际适航标准研制具有自主知识产权的 50～70 座级新型涡扇支线飞机。

11 月 7 日,中航一集团在第三届珠海国际航展宣布组建按现代企业制度运作的新支线飞机项目公司,研发具有自主知识产权的涡扇发动机为动力的新支线飞机。

11 月 17 日,中航一集团在上海 640 所宣布新支线飞机项目公司筹备组成立并立即开展工作。

11 月 17 日,新支线飞机项目公司筹备组提出意为"面向 21 世纪的先进涡扇支线飞机"的英译缩略语"ARJ21"作为新型涡扇支线飞机系列的代号。

12 月 29 日,新支线飞机项目公司筹备组内部发布新支线飞机第一轮总体布局定义,基于候选发动机 BR710,定义了基本型飞机客座数混合级 72 座、全经济级 79 座,机翼参考面积为 85 平方米,巡航马赫数为 0.76。

2001 年

2 月 14 日,新支线飞机项目公司筹备组在中航一集团的协调下首次会晤中国民航适航当局,协商新支线飞机项目适航的申请资格,审查工作方法、要求等问题。

2 月 22 日,新支线飞机项目公司筹备组首次走访航空公司,到上海航空股份有限公司进行市场调研,听取新支线飞机研制的意见和建议。

4 月 27 日,新支线飞机项目公司筹备组访问山东航空股份有限公司,双方签订新支线飞机项目首家启动用户意向书,山东航空意向订购 30 架新支线飞机,新支线飞机项目公司筹备组承诺向山东航提供首家启动用户的优惠待遇。

5 月 16 日,新支线飞机项目公司筹备组访问上海航空股份有限公司,上海航空公司表示订购 20 架新支线飞机并愿意成为新支线飞机启动用户的意向。

5 月 31 日,新支线飞机项目公司筹备组访问深圳金融租赁公司,双方签订订购 40 架新支线飞机的意向书。

6 月 2 日,新支线飞机项目公司筹备组访问四川航空公司,双方签订订购 10 架新支线飞机的意向书。

6 月 26 日,新支线飞机项目公司筹备组上报中航一集团新支线飞机项目可行性研究报告送审稿。

7 月 11 日,新支线飞机项目公司筹备组向国家工商总局申请核准"中航商用飞机有限公司"的注册名称。

7 月 18 日,新支线飞机项目公司筹备组发布新支线飞机第二轮总体布局定义,作为立项报告的附件。相比第一轮总体布局定义,机翼参考面积改为 75 平方米。

8 月 20 日,中航一集团向国防科工委上报新支线飞机项目立项请示。

9 月 17 日,新支线飞机项目公司筹备组同中国民航适航司交换新支线飞机项目适航申请有关问题的意见,讨论适航工作方案等问题,明确双方的定期会议制度。

11 月 27 日,中航一集团与中国民航适航司在北京召开新支线飞机适航工作会议,商议新支线飞机项目组织管理方案、双方工作联系渠道及新支线飞机型号合格证申请前的工作。

2002 年

1 月 11 日,新支线飞机项目公司筹备组发布新支线飞机第三轮总体布局定义,相比第二轮总体布局定义,机翼参考面积改为 79.859 8 平方米,巡航马赫数改为 0.78,并定义了系列化发展,加长型客座数 92 座/99 座。

3 月 13 日,国家工商行政管理总局核准"中航商用飞机有限公司"的企业名称。

4 月 18 日,新支线飞机项目公司筹备组向美国 Honeywell 公司和 Collins 公司、法国 Thales 公司发放新支线飞机项目航电系统的信息征询书(RFI),这是新支线飞机项目首份正式对国外供应商发放的商务文件。

4 月 30 日,国务院召开总理办公会议,同意中航一集团新支线飞机项目建议书。要求坚决贯彻国务院关于发展国产支线飞机的决定,从国家利益出发,抓住当前有利时机,抓紧实施项目。新支线飞机由上海、西安航空制造企事业单位联合设计研制,总装厂设在上海。

5 月 9—10 日,新支线飞机项目公司筹备组在成都召开新支线飞机的发动机选型研讨会,听取航空公司用户对发动机选型的意见。

5 月 29 日,新支线飞机项目公司筹备组根据国家工商行政管理总局关于民用航空器制造单位设立注册登记的规定,发文中国民用航空总局请示设立中航商用飞机有限公司。

5月31日—6月1日,新支线飞机项目公司筹备组在杭州召开新支线飞机项目产品支援研讨会,听取航空公司用户对新支线飞机产品支援工作的意见。

6月14日,国家计委发文批准新支线飞机项目立项,要求中航一集团据此向国家计委编报项目可行性研究报告,以及研制经费和研制进度等。

7月2—4日,新支线飞机项目公司筹备组在青岛召开新支线飞机机载设备系统选型研讨会,听取航空公司用户对机载设备系统选型的意见。

8月2日,新支线飞机项目公司筹备组向美国 GE 公司、德国 RRD 公司、加拿大 PW 公司和法国 SNECMA 公司发放发动机采购招标书(RFP),这是新支线飞机项目对外发放的首份机载系统采购招标书。

8月20日,中国民用航空总局发函认为中航商用飞机有限公司的设立符合成立民用航空器设计、生产企业的条件,同意设立中航商用飞机有限公司。

9月3日,中航商用飞机有限公司(简称"中航商飞")第一次股东大会在陕西省西安市阎良区召开,审议并通过《中航商用飞机有限公司章程》,选举中航商飞首届董事会和首届监事会。确定杨育中任董事长,汤小平为总经理。

10月25日,陕西省西安市工商行政管理局向中航商用飞机有限公司颁发《企业法人营业执照》,中航商用飞机有限公司正式注册成立。

10月25日,中航一集团向国家计委、国防科工委上报新支线飞机项目可行性研究报告,详细阐述新支线飞机项目运作、市场预测及分享量、新支线飞机技术方案、飞机销售和产品支援、研制途径及研制进度、生产规划及经济性分析。

11月1日,新支线飞机项目选定美国通用电气公司(GE)的 CF34－10A 发动机作为新支线飞机的发动机。

11月4日,新支线飞机首次推介会在珠海"第四届中国国际航空航天展"举行,介绍 ARJ21 新支线飞机及其研发情况。

11月4日,中航商飞同美国通用电气公司(GE)签署 CF34－10A 发动机合作意向书。

2003 年

1月5日,中航商飞在上海召开 ARJ21 新支线飞机动力装置联合定义阶段(JDP)联合工作队第一次工作会议,JDP 领导小组提出工作要求。

1月15日,国防科工委发文原则同意新支线飞机项目可行性研究报告。

1月20日,中航商飞向中国民用航空总局提交 ARJ21 新支线飞机型号合格审定申请书。

3月4日,中航商飞发布新支线飞机第四轮总体布局定义,发动机改为 CF34－10A,基本型飞机客座数混合级增加到 78 座、全经济级增加到 85 座,同时系列化中的加长型客座数增加到 98 座/105 座。

3 月 27 日,中国民用航空总局发给中航商飞受理申请通知书,同意受理新支线飞机的型号合格审查申请。

3 月 28 日,新支线飞机项目航电系统选定美国 Collins 公司为供应商,中航商飞与 Collins 公司在海南博鳌签署新支线飞机航电系统合作意向书。

6 月 27 日,中航商飞发布新支线飞机第五轮总体布局定义。作为预发展阶段结束的飞机构型定义,并作为向启动用户销售飞机的构型定义文件。

8 月 22 日,中航商飞与上海航空公司签订 5 架 ARJ21－700 新支线飞机意向订单。

9 月 17 日,中航商飞在北京同新支线飞机启动用户举行"ARJ21－700 型启动用户购机协议签字仪式暨新闻发布会",分别与山东航空股份有限公司、深圳金融租赁有限公司签订总数 30 架新支线飞机的购机协议,并在新闻发布会上宣布上海航空公司先前已签订 5 架新支线飞机意向订单,因此 ARJ21 新支线飞机的启动用户为 3 家,共订购 35 架飞机。

9 月 25—26 日,新支线飞机型号合格审定委员会(TCB)首次会议在上海国际会议中心召开,TCB 主任周凯旋和全体 TCB 成员出席会议,美国联邦航空局派观察员出席会议。会议期间,中航商飞与中国民用航空总局签署"安全保障合作计划"。

10 月 6 日,中国民用航空总局适航司发文《ARJ21 新型涡扇支线飞机研制适航审定管理工作的框架》,规定 ARJ21 项目型号合格审查的组织形式和工作流程。

11 月 6—7 日,国防科工委在上海主持召开"新支线飞机项目预发展阶段评审会议",专家评审组在听取中航商飞的报告后,认为新支线飞机项目基本完成了预发展阶段的任务,可以转入工程发展阶段。

12 月 20 日,新支线飞机项目零件制造在四厂同时开工。

2004 年

1 月 29 日,国防科工委发文批复中航一集团,同意新支线飞机项目转入工程发展阶段,批复同时明确项目研制目标、研制内容和研制进度,并对项目工作提出具体要求。

2 月 10 日,中航商飞发文决定组建 ARJ21 新支线飞机驾驶舱设计评估指导委员会,实施顶层协调和并行工程的评审,委员会由航空运输企业、适航部门、主制造商和供应商委派的资深专家组成。

3 月 17 日,中航商飞发文中国民用航空总局,请求中国民航成立 ARJ21－700 飞机型号合格审定维修审查委员会(MRB)、飞行标准委员会(FSB)和飞行运行评审委员会(FOEB)等委员会和相应评审组,明确 ARJ21－700 飞机运行和维修的审定要求。

5 月 16—19 日,中航商飞启动新支线飞机项目供应商联合定义阶段(JDP)初步设计评审(PDR)。

7月9日,新支线飞机项目系统综合试验室厂房在一飞院上海分院大场院区开工。

7月23日,中航商飞与厦门航空公司签订6架ARJ21－700飞机基本型购机意向书。

8月25—26日,为新支线飞机维修、持续适航工作的开展,中航商飞成立ARJ21新支线飞机工业指导委员会,并召开成立大会和第一次工作会议。

9月13日,中航一集团调整中航商飞公司主要领导,郑强为中航商飞总经理,汤小平不再担任中航商飞总经理。

11月26日,中航商飞变更公司注册地,上海市工商行政管理局准予中航商飞在上海市设立登记。

12月25日,一飞院发布ARJ21－700飞机D版《总体布局定义》,根据设计方案的细化,对原第五轮总体布局定义进一步修订、完善和扩展。

2005 年

1月18日,一飞院发布ARJ21－700飞机E版《总体布局定义》,根据优化设计,机身增加两个框,并进行重量指标和全机重心位置的调整,修订D版飞机的总体布局定义。

5月12日,国家发改委通知中航一集团,由中航一集团上报、发改委转报的新型涡扇支线飞机项目可行性研究报告的请示已获国务院批准。

7月18日,新支线飞机项目被列入国家重点建设项目名单。2005年国家重点建设项目名单共145项,"航空一集团公司新型涡扇支线飞机项目"被列为"科学项目"的七项之一。

7月19日,新支线飞机项目系统综合试验室厂房竣工,该试验室是我国第一座专门用于民用飞机系统综合试验的具有国际水平的试验室。

8月31日,中航一集团党组召开研究新支线飞机项目研制工作进展的专题会议,要求正确认识当前新支线飞机项目面临的严峻挑战,切实把思想和行动统一到党组的决定上来,按照"一个目标,一个团队,一个计划",精心组织,全力以赴,超常奋战,确保研制节点,确保项目成功。会后党组正式发出《中国航空工业第一集团公司党组关于加强新支线飞机项目研制工作的决定》。

10月23日,中航商飞第五次股东会选举第二届董事会,第二届董事会第一次会议选举杨育中任董事长。

11月7日,中国民用航空总局下发通知,决定成立ARJ21－700飞机型号合格审定领导小组。领导小组组长为民航总局局长杨元元,副组长为民航总局副局长王昌顺。

12月26日,新支线飞机客户支援中心建设工程在上海闵行区紫竹科学园区开工,客户支援中心包括培训中心和备件服务中心两大部分。

12月28日,ARJ21-700飞机型号合格审定委员会(TCB)第一次中间会议在北京召开。会议宣布成立 ARJ21-700 飞机型号合格审定领导小组,TCB 主任由赵越让担任。中国民航总局适航审定司与中航商飞签署了修改后的航空安全保障合作计划(PSP)。

2006 年

1月15日,新支线飞机项目完成全部结构图纸发放任务。

1月22日,新支线飞机项目完成全部系统图纸发放任务。

2月18日,新支线飞机项目总装厂房改扩建工程开工。

3月18日,中航商飞与加拿大 CAE 公司在加拿大蒙特利尔市正式签署 ARJ21-700 飞机首台全动飞行模拟机的采购协议。

4月26—28日,中航商飞在上海组织召开 ARJ21-700 飞机详细设计评审会,由顾诵芬、陈一坚、李明院士和郑作棣等20多位专家组成的评审组,对 ARJ21-700 飞机各专业的详细设计进行评审,认为 ARJ21-700 飞机已完成详细设计阶段的工作,可以转入全面试制阶段。

5月23—24日,美国联邦航空局派出10多名审定专家在上海与中国民航总局适航司以及新支线飞机工程设计人员共同讨论和确认 ARJ21-700 飞机的符合性方法(MOC)。

5月31日,国防科工委在北京召开新支线飞机项目转阶段评审会议,评审通过后,国防科工委宣布 ARJ21-700 飞机转入全面试制阶段。

7月25日,中国民航总局在一飞院上海分院宣布成立新支线飞机型号合格审定审查组现场办公室。

8月12日,中航一集团党组在北京召开新支线飞机项目推进工作会议,为加强对新支线飞机项目的领导和管理,进一步推动项目研制,中航一集团决定成立新支线飞机项目指挥部。中航一集团总经理林左鸣任总指挥,副总经理李玉海、总经理助理兼中航商飞总经理郑强任副总指挥。

9月9日,新支线飞机首个大部件——01架机前机身部件在西飞完成装配并交付上飞厂。

9月26日,新支线飞机机翼整体壁板在西飞完成铆接和装配。该壁板长13米,其中喷丸成型和自动钻铆是该部件加工过程中攻关成功的关键工艺技术难点,填补了国内民机制造技术的空白。

10月,美国联邦航空局(FAA)与中国民用航空总局(CAAC)签署美国境内供应商制造符合性检查双边协议,FAA 同意代表 CAAC 进行研制批 ARJ21 项目美国供应商产品的制造符合性检查工作。

10月28日,中航商飞第二届董事会第三次会议同意杨育中因年龄原因辞去第二届董事会第一任董事长职务。同日,第二届董事会第四次会议选举林左鸣担任第二届董事会第二任董事长。

10月31日,中航商飞与上海电气租赁有限公司签署购买30架ARJ21－700飞机的合作意向书。

11月16日,ARJ21－700飞机101架机中后机身上部组件在西飞交付。

11月23日,ARJ21－700飞机首架发动机吊挂(01架机)在沈飞交付。

12月1日,新支线飞机雷达天线罩在特种所(637所)研制成功并开工制造。

12月20日,ARJ21－700飞机首架机头(101架机)在成飞交付。

2007 年

3月7日,ARJ21－700飞机首架(101架机)机翼在西飞交付。

3月13日,ARJ21－700飞机首架(101架机)尾段在沈飞交付。

3月29日,新支线飞机供配电、铁鸟升降舵/方向舵试验在上海大场综合试验室启动。

3月30日,新支线飞机首架机(101架机)总装、试验全面启动誓师大会在上飞厂举行,新支线飞机首架机正式进入总装,国防科工委主任张云川、上海市市长韩正出席会议并讲话,中航一集团总经理林左鸣宣布总装开铆。

4月16日,新支线飞机上海大场基地总装厂房竣工交付。

4月29日,中国民用航空总局适航司在上海主持召开新支线飞机型号合格审定委员会(TCB)第二次中间会议。

5月11日,新支线飞机首架雷达罩在特种所交付。

6月14日,中航一集团调整新支线飞机项目主要领导,罗荣怀任ARJ21新支线飞机项目指挥部副总指挥、中航商飞总经理,郑强另有任用。

7月2日,新支线飞机首次签署国际意向订单,在老挝首都万象,中航一集团与老挝航空公司签署增购2架新舟60飞机正式合同和购买2架新支线飞机的意向合同。

9月20日,中航一集团在上飞厂举行以新支线飞机总装和试验为主战场的"百日会战"誓师大会。时任上海市委书记习近平出席誓师大会并讲话。

9月28日,ARJ21－700飞机101架机(静力试验机)在西安阎良由上飞厂交付强度所。

10月23日,中国民航总局(CAAC)和美国联邦航空局(FAA)在上海召开新支线飞机适航审定计划评估会议,评估ARJ21－700飞机项目适航工作的进展,评审系统级合格审定计划CP。

11 月 18 日，新支线飞机自由飞模型机失速飞行试验首飞成功，首飞同时验证了遥控、遥测各系统及其测试设备的可靠性。

12 月 14 日，新支线飞机全机静力试验首项试验——机身气密舱充压限制载荷（67％极限载荷）试验在强度所进行，试验取得成功。

12 月 19 日，新支线飞机上海大场基地竣工。

12 月 20 日，新支线飞机客户支援中心项目竣工。

12 月 21 日，ARJ21-700 飞机 101 架机在上海总装下线。

12 月 21 日，在 ARJ21-700 飞机首架机总装下线仪式上，中航商飞与深航鲲鹏航空公司签署 100 架 ARJ21-700 飞机的购机协议。

2008 年

1 月 21 日，中国民用航空总局发文调整 ARJ21-700 型飞机型号合格审定领导小组成员，调整后的领导小组组长为李家祥（民航总局局长），副组长为李健（民航总局副局长）。

3 月 17 日，国防科工委与国家发改委、科技部、财政部、国务院国有资产监督管理委员会联合发文，印发中国商用飞机有限责任公司（简称"中国商飞公司"）组建方案，中国商飞公司是实施国家大型飞机重大专项中大型客机项目的主体，也是统筹干线飞机和支线飞机发展，实现中国民用飞机产业化的主要载体。中国商飞公司为 ARJ21 新支线飞机的项目管理责任主体，负责完成 ARJ21 新支线飞机研制工作，取得适航证并交付用户，形成批量生产能力，扩大市场占有率。

3 月 28 日，中航商飞和美国通用电气商业航空服务公司（GECAS）签署确认购买 5 架和意向购买 20 架 ARJ21-700 飞机的谅解备忘录。中航商飞同幸福航空有限责任公司签署 10 架 ARJ21-700 飞机的购机意向书。

4 月 15 日，中航商飞发文向中国民用航空总局（CAAC）请示 ARJ21-700 飞机申请美国联邦航空局（FAA）型号合格证，请 CAAC 按适航管理程序向 FAA 递交 ARJ21-700 飞机型号合格证申请书。

4 月 16 日，中航一集团和中国商飞公司联合发文，决定将隶属于中航一集团的中航商飞、上飞所、上飞厂、上航公司总部整建制划入中国商飞公司。

5 月 6 日，ARJ21-700 飞机型号合格审定委员会（TCB）第三次中间会议在成都召开，会议明确了颁发 ARJ21-700 飞机型号核准书（TIA）前申请人和审查组应完成的工作和要求以及在型号合格审定阶段开展交付飞机的零部件生产活动的管理原则。

5 月 8 日，中国商飞公司和中航一集团联合发文成立 ARJ21 新支线飞机项目联合指挥部，明确联合指挥部对 ARJ21-700 飞机项目主管单位中国商飞公司负责。林左鸣任总指挥，罗荣怀任副总指挥。

5月11日,中国商飞公司成立挂牌大会在上海举行,中共中央政治局委员、国务院副总理张德江,中共中央政治局委员、上海市委书记俞正声出席成立大会并为中国商飞公司揭牌。

5月12日,ARJ21 新支线飞机项目联合指挥部在上海召开首次会议,对有关问题进行了决策。

5月28日,美国联邦航空局西雅图运输类飞机审定中心主任给中国民航适航审定司司长复函,正式同意受理中航商飞 ARJ21－700 飞机型号合格证申请。

10月7日,中国商飞上海飞机客户服务有限公司挂牌成立(2009 年 9 月 3 日中国商飞明确客服公司承担客户服务中心的职责)。

10月13日,ARJ21－700 飞机全机地面共振试验——起落架模态测试试验在101 架机上进行,经适航审查代表审核确认,整个试验数据准确有效,全机地面共振试验完成。

10月25日,ARJ21－700 飞机 101 架机在上海大场机场进行首次低速滑行。

10月27日,ARJ21－700 飞机完成首飞前全部限制载荷(67％极限载荷)静力试验,包括 14 个试验项目,79 个试验工况。

10月30日,在操纵、液压、电源、航电系统模拟试验完成的基础上,进行全机系统联试,完成了首飞前系统试验室综合试验。

11月4日,中国商飞公司与美国 GE 金融航空服务有限公司签订 25 架 ARJ21－700 飞机购机协议。

11月7—9日,工信部与中国商飞公司在上海召开 ARJ21－700 飞机首飞前技术评审会。通过技术评审。

11月12日,ARJ21－700 飞机召开首飞放飞评审会,101 架机通过放飞评审,可进行首飞。

11月25日,ARJ21－700 飞机 101 架机签署首飞放飞声明,ARJ21－700 飞机总设计师陈勇、总工程师姜丽萍、总质量师孙善福分别宣读并签署 ARJ21－700 飞机设计、制造、质量的首飞放飞声明;中国商飞公司副总经理、中航商飞总经理、ARJ21 新支线飞机项目联合指挥部副总指挥罗荣怀宣读并签署 ARJ21－700 飞机首飞放飞声明。

11月28日,ARJ21－700 飞机首飞成功。首飞开始前,中国民用航空局颁发 ARJ21－700 飞机 101 架机特许飞行证,中国民航华东管理局颁发 ARJ21－700 飞机 101 架机无线电执照。随后,上飞厂厂长贺东风报告首飞准备情况,中国商飞公司董事长张庆伟、副总经理罗荣怀、试飞指挥员汤连刚分别在首飞放飞批准书上签字。首飞任务由赵鹏、陈明、赵生组成的机组执行。中午 12 时 23 分,张庆伟下达命令,101 架机滑行、起飞、升空,飞行高度达 4 000 米,飞行时间 1 小时零 1 分钟,13 时24 分飞机安全着落。

12 月 18 日,工业和信息化部在北京组织召开 ARJ21-700 飞机项目转入试飞取证阶段审查会议,会议认为 ARJ21-700 飞机项目已全面完成试制阶段的工作任务,具备转阶段条件,可以转入试飞取证阶段。

2009 年

1 月 22 日,中国商飞公司和中航工业集团公司领导在北京举行高层会晤,共同探讨两个集团在 ARJ21-700 飞机项目工作中的协调、沟通和交流机制。双方同意建立 ARJ21-700 飞机项目快速协调机制,中国商飞公司副总经理罗荣怀担任 ARJ21 项目总指挥;中航工业集团公司副总经理耿汝光为中航工业主管负责 ARJ21 项目的公司领导,中航工业在集团内新设立一套为 ARJ21 项目接口的行政组织机构。

2 月 9 日,工信部发文同意 ARJ21-700 飞机项目转入试飞取证阶段及对研制进度进行调整的意见。

4 月 15 日,中国民航局调整 ARJ21-700 飞机型号合格审定委员会(TCB)主任,适航审定司副司长殷时军任 TCB 主任。

4 月 27 日,ARJ21-700 飞机型号合格审定委员会(TCB)在北京召开第四次中间会议,对 ARJ21-700 飞机型号合格审定工作做阶段性总结,对迎接美国联邦航空局影子审查提出要求。会议期间,中航商飞与中国民航适航司签署《ARJ21-700 飞机预投产适航管理框架协议》。

4 月 28 日,中国民航发明传电报通知中航商飞,正式受理 ARJ21-700 飞机预投产适航审查申请。

5 月 27 日,经同中航工业集团公司协商,中国商飞公司决定成立 ARJ21-700 新支线飞机项目行政指挥系统,罗荣怀任项目总指挥。

6 月 6 日,由原上飞厂改制的上飞公司暨中国商飞总装制造中心正式挂牌成立。

7 月 1 日,ARJ21-700 飞机 102 架机在上海首飞成功。

7 月 15 日,ARJ21-700 飞机 101 架机从上海转场阎良,投入试飞取证工作。

7 月 31 日,ARJ21-700 飞机机身气密舱充压 100% 极限载荷静力试验在强度所 101 架机上完成,此项试验是 ARJ21-700 飞机首飞后全机极限载荷静力试验的第一项试验,首飞后的静力试验,共 26 项试验、90 个工况。

8 月 14 日,ARJ21-700 飞机 102 架机从上海转场西安阎良,投入试飞取证工作。

9 月 12 日,ARJ21-700 飞机 103 架机在上海首飞成功。

9 月 16 日,ARJ21-700 飞机 101 架机在阎良测试改装后首次飞行。

10 月 15 日,中国商飞公司与鹰联航签订 30 架 ARJ21-700 飞机购机合同,同时,中国商飞公司与四川航空集团公司、成都交通投资公司就重组鹰联航空有限公司在成都签署合作协议,中国商飞公司成为鹰联航第一大股东。重组后的鹰联航更名为成都航空。成都航成为 ARJ21-700 飞机首家用户。

11 月 17 日,客服公司与加拿大航空电子有限公司(CAE)在上海签署 ARJ21-700 飞机全动飞行训练模拟机采购合同。

11 月 30 日,上海飞机设计研究院暨中国商飞设计研发中心揭牌。

12 月 1 日,ARJ21-700 飞机 101 架机全机稳定俯仰 2.5g 极限载荷试验在强度所试验过程中,当加载到 87% 极限载荷时,因中机身龙骨梁后延伸段出现异常,自动卸载保护启动,试验中止。

2010 年

1 月 8 日,中国商飞公司与老挝航空公司在老挝首府万象签署 2 架 ARJ21-700 飞机购机协议。

1 月 9—17 日,ARJ21-700 飞机 102 架机在内蒙古海拉尔机场进行高寒试验试飞,对防火、动力装置、燃油、液压、飞控等系统进行地面和空中的研发试验试飞。

1 月 17—24 日,ARJ21-700 飞机 103 架机在内蒙古海拉尔机场进行高寒试验试飞,包括辅助动力装置和发动机起动试验、燃油系统供油性能试验、飞控系统舵面检查试验、液压系统低温试验、空调系统加温功能试验以及全机系统设备在寒冷气候下的工作检查。

2 月 1 日,美国联邦航空局正式告知中国民用航空局启动对 ARJ21-700 飞机的影子审查。

3 月 16—25 日,中国民用航空局(CAAC)、美国联邦航空局(FAA)、中航商飞在上海组织召开 ARJ21-700 飞机 FAA 影子审查全面熟悉性会议(影子审查开球会)。

4 月 13 日,ARJ21-700 飞机 104 架机在上海大场机场首飞成功。

5 月 16—31 日,ARJ21-700 飞机 102 架机在甘肃鼎新机场进行大侧风试验试飞。

6 月 28 日,ARJ21-700 飞机全机稳定俯仰 2.5g 极限载荷静力试验在强度所 01 架机上完成,中国民用航空局和美国联邦航空局的适航代表全程监控和目击本次试验。本次试验是在对中止进行原因调查,对龙骨梁进行设计更改并重新试验验证成功后进行的。

7 月 20 日—8 月 2 日,ARJ21-700 飞机 103 架机在海南三亚进行高温高湿试验试飞。

7 月 24 日,ARJ21-700 飞机 102 架机(疲劳试验机)由上飞公司交付强度所。

8 月 19 日,ARJ21-700 飞机型号合格审定委员会(TCB)第五次中间会议召开。

8 月 23—27 日，欧洲航空安全局（EASA）ARJ21‐700 飞机维修审查委员会（MRB）第一次审查会议召开，会议向 EASA MRB 代表介绍 ARJ21‐700 飞机项目进展、设计技术状态、制定维修大纲的政策和程序手册（PPH）以及各工作组已进行的 MSG‐3 分析实例，初步确定后续评审工作计划和安排。

8 月 25 日，中国商飞公司和中航工业集团公司在西安阎良召开 ARJ21‐700 飞机设计工作技术责任转移协调会，决定由一飞院原承担的 ARJ21‐700 飞机设计工作技术责任全部转移至上飞院。

9 月 17 日，ARJ21‐700 飞机 104 架机由上海转场西安阎良，加入试验试飞行列。

10 月 21 日，ARJ21‐700 飞机 101 架机全机级极限载荷最后一个静力试验——最大垂直力着陆极限载荷静力试验在强度所完成。至此，取证前的全机级极限载荷静力试验全部完成。

11 月 16 日，在珠海第八届中国国际航空航天博览会开幕式上，ARJ21‐700 飞机首次向公众进行飞行表演。

11 月 17 日，中国商飞公司在珠海航展与中国航空技术国际控股有限公司签署 100 架 ARJ21‐700 系列飞机销售协议。

12 月 2 日，ARJ21‐700 飞机开始失速试飞，首次失速试飞在 101 架机上进行。

12 月 10 日，ARJ21‐700 飞机全机疲劳试验按局方批准的试验大纲在阎良强度所开试。

12 月 15—16 日，ARJ21‐700 飞机运行和持续适航文件首次 AEG 评审会议召开，确定 ARJ21‐700 飞机运行和持续适航文件的 AEG 评审要求、评审重点和评审流程，明确 CMM 手册的 AEG 评审范围。

12 月 24 日，上海民机大场基地新支线飞机建设项目通过竣工验收。

2011 年

3 月 12 日，ARJ21‐700 飞机首次夜航试飞，103 架机在阎良机场进行 2 个架次的夜航试飞。

4 月 2 日，ARJ21‐700 飞机首次进行自然结冰试验试飞，104 架机在新疆乌鲁木齐执行正常天气环境下风挡干空气防冰试飞的飞行任务。

4 月 9 日，ARJ21‐700 飞机完成取证前全部静力试验任务，自 2010 年 10 月 21 日完成取证前全部全机级极限载荷静力试验后，又完成了全部 12 项部件级极限载荷静力试验，试验结果表明飞机结构静强度通过验证，符合设计指标和适航条款的要求。

4 月 22 日，ARJ21‐700 飞机自然结冰第一阶段试验试飞结束，由于云层中液态水含量不足未能达到验证试飞所需的结冰气象条件，未能完成既定结冰试飞任务。

5月5日,ARJ21－700 飞机全动飞行模拟机建模数据提取地面试验全部完成,所得测试数据经飞模研制供应商加拿大 CAE 公司确认有效。

5月7日,ARJ21－700 飞机完成颤振试飞地面试验,试验在101架机上执行,中国民用航空局 ARJ21－700 飞机型号合格审定审查组代表对试验进行检查和目击。

5月9日,成都航客户监造代表正式入驻上飞公司,开始实施 ARJ21－700 飞机客户监造工作。

6月1日,ARJ21－700 飞机 101 架机开始颤振验证试飞。

6月2日,中国商飞公司与缅甸航空公司签署 2 架 ARJ21－700 飞机销售协议。

6月21日,客服公司向中国民航华东管理局正式递交 CCAR－142 部、CCAR－147 部合格审定申请。

7月9日,中国民用航空局(CAAC)审查代表与美国联邦航空局(FAA)影子审查代表在遥测数据监控大厅共同目击 ARJ21－700 飞机 101 架机三个颤振试飞点的颤振试飞。这是 CAAC 首次正式目击的验证试飞科目,也是 FAA 影子审查首次参与中国民机的验证试飞科目。

7月19日,ARJ21－700 飞机设计工作技术责任转移总结会在西安阎良召开,ARJ21－700 飞机设计工作技术责任转移相关工作全部完成。

8月3日,ARJ21－700 飞机完成颤振验证试飞。

8月9日,ARJ21－700 飞机局方试飞员与试飞工程师正式进驻西安现场,启动西安现场的局方试飞准备工作。

10月30日,ARJ21－700 飞机完成全部鸟撞验证试验,共有风挡、机头、机翼前缘、尾翼前缘(包括垂尾与平尾)四项鸟撞试验,试验结果表明机体结构符合鸟撞适航条款要求。

11月25日,中国商飞公司与河北航空公司签署 10 架 ARJ21－700 飞机销售协议。

12月17日,ARJ21－700 飞机完成型号检查核准书前要求的全部失速试飞科目。

12月22日,ARJ21－700 飞机全部完成中国民用航空局审定信函要求的型号检查核准书(TIA)颁发前的 49 项试飞科目和 167 项试验任务。

12月28日,中国商飞公司与中国民用航空局共同召开 ARJ21－700 飞机型号检查核准书(TIA)准备工作阶段总结会议,全面梳理和总结进入 TIA 前的准备工作,讨论和部署后续工作计划。会议认为 ARJ21 新支线飞机项目基本具备进入 TIA 的条件。

2012 年

2月14日,ARJ21－700 飞机型号合格审定委员会(TCB)在上海召开验证试飞前会议,中国民用航空局 ARJ21-700 飞机型号合格审定审查组签发型号检查核准书(TIA),ARJ21-700 飞机型号合格适航审定工作进入局方审定试飞阶段。美国联邦航空局影子审查组组长出席会议。

2月14日,中国商飞公司与印尼鸽记航空公司签署40架 ARJ21-700 飞机销售备忘录。

2月16日,中国民航适航当局根据签发的 ARJ21-700 飞机的型号检查核准书(TIA)正式对101至104架机开展地面检查。

2月25—28日,ARJ21-700 飞机104架机在哈尔滨进行短舱防冰系统结冰条件机上地面试验和飞机地面结冰条件下发动机风扇冰脱落研发试验。

2月29日,ARJ21-700 飞机首次进行局方审定试飞,试飞在西安阎良102架机上进行,科目为空速校准。

3月3日—4月1日,ARJ21-700 飞机104架机在乌鲁木齐进行自然结冰局方审定试飞,由于气象原因,未能完成预定的自然结冰试飞任务。

4月13日,中国民航局航空器适航审定司司长张红鹰赴阎良进行 ARJ21-700 飞机审定试飞现场调研,并登机体验 ARJ21-700 飞机飞行。在接受媒体采访时,张红鹰表示,ARJ21飞机飞行非常平稳,状态非常良好。

4月23日,中国商飞民用飞机试飞中心成立并揭牌。

4月23日—5月14日,ARJ21-700 飞机102架机在甘肃嘉峪关进行大侧风局方审定试飞,鉴于气象条件,此次试飞遗留的科目有待后续进行补充。

6月22—28日,ARJ21-700 飞机102架机在西安阎良进行溅水试验,由于试验条件等问题,试验还需继续进行。

8月22—23日,ARJ21-700 飞机102架机完成负加速度试飞,该项试飞在我国尚属首次,通过试飞验证飞机在负过载飞行中燃油系统、滑油系统、发动机以及 APU 的工作能力,同时确定进入负过载的操作方法。

8月21—28日,ARJ21-700 飞机完成失速速度表明符合性试飞,试飞在104架机上进行。

9月14日,ARJ21-700 飞机104架机完成失速特性表明符合性试飞。

9月21日,ARJ21-700 飞机全机地面应急撤离试验成功,试验在上飞公司总装厂房103架机上进行,根据适航条款的规定,全机地面应急撤离时间为不超过90秒,本次试验,机上90名乘客和4名机组人员仅用时57秒就安全撤离了飞机。

12月25日,ARJ21-700 飞机完成失速速度局方审定试飞。

2013 年

3月12日,ARJ21-700 飞机前起落架应急放重大技术攻关获得成功。

4月12日,中国商飞公司首批试飞员首次登机 ARJ21-700 飞机进行飞行培训。

5月14日,ARJ21-700飞机首架预投产批飞机——105架机总装开工。

5月22日,客服公司在西安阎良试飞现场组织开展飞机停场(AOG)故障应急支援首次演练,验证 ARJ21-700 飞机客户服务工程技术应急支援程序。

6月18—28日,ARJ21-700飞机102架机在青海格尔木机场进行高原试飞。

7月10日,ARJ21-700飞机在强度所完成襟翼子翼疲劳试验,襟翼子翼疲劳试验于2011年底开试,共进行4次限制载荷静力试验、1次极限载荷静力试验和累计124 000次飞行起落的疲劳试验。

7月15—26日,ARJ21-700飞机103架机在湖南长沙进行高温高湿试飞。

8月30日,根据2013年1月24日中国商飞公司联合中航商飞向中国民用航空局航空器适航审定司递交的 ARJ21-700 飞机型号合格证申请人变更的请示,中国民用航空局批复,同意 ARJ21-700 飞机型号合格证申请人由中航商飞公司变更为中国商飞公司。

9月28日,ARJ21-700飞机104架机完成全部噪声研发试飞和局方审定试飞。

11月6—23日,ARJ21-700飞机104架机在乌鲁木齐第三次进行自然结冰试飞,由于气象条件没有达到试验试飞的要求,未能完成预定的试飞任务。

12月27日,ARJ21-700飞机全动飞行训练模拟机获中国民航局颁发 CCAR-60 部过渡 C 级合格证。

12月28日,中国商飞公司向中国民航华东管理局发文,提交 ARJ21-700 飞机生产许可证(PC)申请书。

12月30日,ARJ21-700飞机首批交付客户飞机 105 和 106 架机总装下线。

12月29日—1月18日,ARJ21-700飞机103架机在海拉尔机场进行高寒试验试飞,在−43.2℃环境下,完成飞机应急发电装置(RAT)地面释放、襟缝翼伸出试验、地面稳态加温表明符合性试验等4项机上地面试验(MOC5)与12项飞行试验(MOC6)。

2014 年

2月13日—3月1日,ARJ21-700飞机104架机第四次在新疆乌鲁木齐进行自然结冰试飞,由于气象条件不具备,未能完成自然结冰试验试飞任务。

3月15日—4月28日,ARJ21-700飞机104架机在加拿大温莎完成自然结冰试飞,先后进行了9架次、27小时14分钟的试验试飞,圆满完成局方审定试飞要求的所有试飞科目,并在往返途中完成了环球飞行。ARJ21-700飞机北美自然结冰试飞打通了中国民机到国外试飞的通道,为后续国产民机型号在国外开展特殊气象条件下的试飞工作积累了经验。

5月10日,中国商飞公司与上海盐商集团有限公司在上海签署 ARJ21-700 飞机公务机购买意向协议,盐商集团将成为 ARJ21-700 飞机公务机首家客户。

5 月 20 日,ARJ21-700 飞机主起落架舱轮胎"X 型"爆破试验在广西桂林曙光橡胶研究院取得成功。这是我国首次按照国际适航标准进行的飞机主起落架舱内轮胎爆破试验,对提高我国航空器飞行安全具有重要意义。

5 月 23 日,习近平总书记视察中国商飞设计研发中心,在综合试验大厅的 C919 大型客机展示样机上,了解飞机研制情况,在播放 ARJ21 新支线飞机环球试飞视频的电子屏前,了解自然结冰试验试飞情况。总书记说:"中国是最大的飞机市场,过去的逻辑是造不如买,买不如租,每年成百上千亿花在买飞机上。现在要倒过来,我们首先是花更多的钱来研发、制造自己的飞机,形成我们的独立自主能力、研制能力、生产能力,我们必须搞成这件事情。"

6 月 6—16 日,ARJ21-700 飞机 103 架机完成 APU 排液局方审定试飞,中国民用航空局审查代表和美国联邦航空局影子审查代表现场目击审定试飞。

6 月 18 日,ARJ21-700 飞机首架交付客户飞机——105 架机进行第一次飞行,本次试飞是中国商飞民用飞机试飞中心首次独立承担的型号试飞任务。

6 月 20 日,中国商飞公司与中国民航局在上海召开专题会议,研讨推进 ARJ21-700 飞机手册改进、运行支持体系及验证计划、航空器评审等相关工作。

7 月 8 日,ARJ21-700 飞机型号合格审定审查组组长正式签发 105 架机型号检查核准书(TIA)。

7 月 14 日,ARJ21-700 飞机 105 架机在山东东营完成缩小最低垂直间隔(RVSM)局方审定试飞,飞机飞行空域的最小垂直间隔由 600 米减少为 300 米。

7 月 14 日,中国商飞公司在第 49 届英国范堡罗航展同上海盐商集团、南山集团、刚果(布)分别签署 ARJ21 新支线飞机购机文件,与上海盐商集团签署首架 ARJ21 公务机购买协议;与南山集团签署 2 架 ARJ21 公务机购机意向协议;与中航国际、刚果(布)交通部签署 3 架 ARJ21-700 飞机购机备忘录。

7 月 25 日,ARJ21-700 飞机 103 架机在西安阎良进行防火系统局方审定试飞,中国民用航空局与美国联邦航空局审查代表审定了该项试飞科目。

8 月 1 日,中国商飞四川分公司在成都挂牌成立。中国商飞四川分公司是中国商飞公司组建的首个公司级地区发展平台,开展民机飞行模拟训练、航空器维修、航材支援、工程技术支援四大业务,支持和服务 ARJ21-700 等国产民用飞机的运营。

8 月 7 日,ARJ21-700 飞机模拟器试验(MOC8)完成。

9 月 5 日,ARJ21-700 飞机 105 架机从上海转场阎良,执行功能和可靠性试飞。

9 月 15—29 日,ARJ21-700 飞机 104 架机在成都双流机场进行最小飞行机组试飞。

10 月 29 日,ARJ21-700 飞机 105 架机开始功能和可靠性试飞。

11 月 8 日,ARJ21-700 飞机最大刹车能量中止起飞试验获得成功。

11月11日，ARJ21-700 飞机 106 架在珠海航展进行静态展示和飞行表演。

11月11日，中国商飞公司在珠海航展与刚果(布)交通部签署 2 架 ARJ21-700 飞机和 1 架公务机购机协议，刚果(布)正式成为首个购买和运营新支线飞机的非洲国家。

11月11日，中国商飞与朗业(天津)国际租赁签署 20 架 ARJ21-700 飞机购机意向协议。

12月9日，民航华东地区管理局受理了 ARJ21-700 飞机的生产许可证(PC)申请。

12月13日，ARJ21-700 飞机完成结构载荷审定试飞。

12月16日，ARJ21-700 飞机功能和可靠性试飞完成既定任务，标志着 ARJ21-700 飞机中国民航局型号合格证 TC 取证前试飞任务全部完成，共安全飞行 2 942 架次、5 257 小时 38 分钟，完成申请人表明符合性试飞 285 个科目，局方审定试飞 243 个科目。

12月23日，在申请人和审查组共同努力下，完成了适用条款的审查工作，关闭了审定基础要求的全部共 398 个适用条款。

12月26日，ARJ21-700 飞机型号合格审查委员会召开最终 TCB 会议，做出型号合格审定结论，向适航司建议为中国商用飞机有限责任公司颁发 ARJ21-700 型飞机的型号合格证。

12月30日，中国民航局向中国商飞颁发 ARJ21-700 飞机型号合格证(TC)。

2015 年

11月8日，ARJ21-700 飞机 T5 测试及航空器评审总结会在上海召开。中国民航局飞行标准司根据 ARJ21-700 飞机的设计特征和计划用途，按照中国商飞制订的驾驶员资格计划，通过飞行标准化委员会(FSB)转机型训练(T5)测试确定了 ARJ21-700 飞机的驾驶员型别等级和训练规范，并完成了对成都航空公司三名驾驶员的型别等级实践考试，成都航空四名驾驶员获得了首批 ARJ21-700 飞机驾驶员资格授权书(LOA)；中国商飞公司建立了持续适航体系和运行支持体系，并与上海审定中心签署 ARJ21-700 飞机 AEG 持续评审合作计划。

11月28日，ARJ21-700 飞机 106 架机获得单机适航证(AC)。

11月29日，ARJ21-700 飞机 106 架机交付成都航空公司并转场成都。

索　引

大飞机出版工程
书　　目

一期书目（已出版）

《超声速飞机空气动力学和飞行力学》（译著）

《大型客机计算流体力学应用与发展》

《民用飞机总体设计》

《飞机飞行手册》（译著）

《运输类飞机的空气动力设计》（译著）

《雅克-42M 和雅克-242 飞机草图设计》（译著）

《飞机气动弹性力学和载荷导论》（译著）

《飞机推进》（译著）

《飞机燃油系统》（译著）

《全球航空业》（译著）

《航空发展的历程与真相》（译著）

二期书目（已出版）

《大型客机设计制造与使用经济性研究》

《飞机电气和电子系统——原理、维护和使用》（译著）

《民用飞机航空电子系统》

《非线性有限元及其在飞机结构设计中的应用》

《民用飞机复合材料结构设计与验证》

《飞机复合材料结构设计与分析》（译著）

《飞机复合材料结构强度分析》

《复合材料飞机结构强度设计与验证概论》

《复合材料连接》

《飞机结构设计与强度计算》

三期书目（已出版）

《适航理念与原则》

《适航性：航空器合格审定导论》（译著）

《民用飞机系统安全性设计与评估技术概论》

《民用航空器噪声合格审定概论》

《机载软件研制流程最佳实践》

《民用飞机金属结构耐久性与损伤容限设计》

《机载软件适航标准 DO-178B/C 研究》

《运输类飞机合格审定飞行试验指南》(编译)

《民用飞机复合材料结构适航验证概论》

《民用运输类飞机驾驶舱人为因素设计原则》

四期书目(已出版)

《航空燃气涡轮发动机工作原理及性能》

《航空发动机结构强度设计问题》

《航空燃气轮机涡轮气体动力学:流动机理及气动设计》

《先进燃气轮机燃烧室设计研发》

《航空燃气涡轮发动机控制》

《航空涡轮风扇发动机试验技术与方法》

《航空压气机气动热力学理论与应用》

《燃气涡轮发动机性能》(译著)

《航空发动机进排气系统气动热力学》

《燃气涡轮推进系统》(译著)

《燃气涡轮发动机的传热和空气系统》

五期书目(已出版)

《民机飞行控制系统设计的理论与方法》

《民机导航系统》

《民机液压系统》(英文版)

《民机供电系统》

《民机传感器系统》

《飞行仿真技术》

《民机飞控系统适航性设计与验证》

《大型运输机飞行控制系统试验技术》

《飞行控制系统设计和实现中的问题》(译著)

《现代飞机飞行控制系统工程》

六期书目(已出版)

《民用飞机构件先进成形技术》

《民用飞机热表特种工艺技术》

《航空发动机高温合金大型铸件精密成型技术》

《飞机材料与结构检测技术》

《民用飞机构件数控加工技术》

《民用飞机复合材料结构制造技术》

《民用飞机自动化装配系统与装备》

《复合材料连接技术》

《先进复合材料的制造工艺》(译著)

七期书目(已出版)

《支线飞机设计流程与关键技术管理》

《支线飞机验证试飞技术》

《支线飞机电传飞行控制系统研发及验证》

《支线飞机适航符合性设计与验证》

《支线飞机市场研究技术与方法》

《支线飞机设计技术实践与创新》

《支线飞机项目管理》

《支线飞机自动飞行与飞行管理设计与验证》

《支线飞机电磁环境设计与验证》

《支线飞机动力装置与防火系统设计与验证》

《支线飞机强度设计与验证》

《支线飞机结构设计、制造与验证》

《支线飞机环控与防冰系统研发与验证》

《支线飞机运行支持体系技术》

《ARJ21-700新支线飞机项目发展历程、探索与创新》

《飞机运行安全与事故调查技术》

《基于可靠性的飞机维修优化》

《民用飞机实时监控与健康管理》

《民用飞机工业设计的理论与实践》

《民用运输类飞机驾驶舱人为因素设计原则》